U0393936

数字孪生系统
设计与实践

丁盈 朱军 王晓征 编著

清華大學出版社
北京

内 容 简 介

本书以数字孪生平台顶层设计方法入手，对数字孪生软件系统的核心逻辑进行讲解，对数字孪生系统平台化实现进行描述，对数字孪生实现的核心路径——工业物联、智慧城市、通信网络——进行呈现。全书共 5 部分，第一部分介绍数字孪生技术发展趋势，第二部分介绍我国数字孪生产业发展需求，第三部分介绍开放式数字孪生体系架构，第四部分介绍通用数字孪生平台设计和实现，第五部分介绍数字孪生方案实践及未来展望。

本书适合智慧城市、通信网络、工业物联等领域的数字孪生系统的顶层规划设计师、软件系统设计师、产品经理、技术工程师等阅读。

本书封面贴有清华大学出版社防伪标签，无标签者不得销售。

版权所有，侵权必究。举报：010-62782989，beiqinquan@tup.tsinghua.edu.cn。

图书在版编目(CIP)数据

数字孪生系统设计与实践 / 丁盈，朱军，王晓征编著 . —北京：清华大学出版社，2023.1
（5G 与 AI 技术大系）
ISBN 978-7-302-62373-1

Ⅰ.①数…　Ⅱ.①丁…②朱…③王…　Ⅲ.①智能制造系统—研究　Ⅳ.① TH166

中国版本图书馆 CIP 数据核字 (2022) 第 256304 号

责任编辑：王中英
封面设计：陈克万
版式设计：方加青
责任校对：胡伟民
责任印制：丛怀宇

出版发行：清华大学出版社
　　网　　　址：http：//www.tup.com.cn，http：//www.wqbook.com
　　地　　　址：北京清华大学学研大厦 A 座　　　　　邮　　编：100084
　　社 总 机：010-83470000　　　　　　　　　　　邮　　购：010-62786544
　　投稿与读者服务：010-62776969，c-service@tup.tsinghua.edu.cn
　　质 量 反 馈：010-62772015，zhiliang@tup.tsinghua.edu.cn
印 装 者：北京同文印刷有限责任公司
经　　销：全国新华书店
开　　本：170mm×240mm　　　印　　张：18.75　　　字　　数：370 千字
版　　次：2023 年 1 月第 1 版　　　印　　次：2023 年 1 月第 1 次印刷
定　　价：89.00 元

产品编号：097964-01

作者介绍

丁盈，现任亚信科技研发中心数字孪生与 GIS 产品与方案规划部总监、高级专家。拥有 18 年通信行业软件产品规划和设计经验，负责数字孪生市场和产品体系的业务咨询、顶层设计、产品规划、研发和商业化落地。

朱军博士，现任亚信科技研发中心数据智能技术与产品高级规划总监暨首席架构师。负责数智产品的整体技术架构设计与产品创新规划，并为大型企业客户提供数智化转型解决方案及架构设计等咨询服务。

王晓征，现任中国移动集团首席专家，中国移动浙江公司信息技术与数据管理部总经理，兼中国移动（浙江）创新研究院常务副院长，高级工程师。多年来一直致力于运营商数字化转型发展，获评"2021 年度数字化发展先锋人物""2020 年度数字化发展风云人物"等奖项。

丛书序

2019 年 6 月 6 日，工信部正式向中国电信、中国移动、中国联通和中国广电四家企业发放了 5G 牌照，这意味着中国正式按下了 5G 商用的启动键。

三年来，中国的 5G 基站装机量占据了世界总量的 7 成，地级以上城市已实现 5G "全覆盖"；近 5 亿 5G 终端连接，是全世界总量的 8 成；中国的 5G 专利数超过了美日两国的总和，在全球遥遥领先；5G 在工业领域和经济社会各领域的应用示范项目数以万计……

三年以来，万众瞩目的 5G 与人工智能、云计算、大数据、物联网等新技术一起，改变个人生活，催生行业变革，加速经济转型，推动社会发展，正在打造一个 "万物智联" 的多维世界。

5G 带来个人生活方式的迭代。更加畅快的通信体验、无处不在的 AR/VR、智能安全的自动驾驶……这些都因 5G 的到来而变成现实，给人类带来更加自由、丰富、健康的生活体验。

5G 带来行业的革新。受益于速率的提升、时延的改善、接入设备容量的增加，5G 触发的革新将从通信行业溢出，数字化改造得以加速，新技术的加持日趋显著，新的商业模式不断涌现，产业的升级将让千行百业脱胎换骨。

5G 带来多维的跨越。C 端消费与 B 端产业转型共振共生。"4G 改变生活，5G 改变社会"，5G 时代，普通消费者会因信息技术再一次升级而享受更多便捷，千行百业的数字化、智能化转型也会真正实现，两者互为表里，互相助推，把整个社会的变革提升到新高度。

近三年是 5G 在中国突飞猛进的三年，也是亚信科技战略转型升级取得突破性成果的三年。作为中国领先的软件与服务提供商、领先的数智化全栈能力提供商，亚信科技紧扣时代发展节拍，积极拥抱 5G、云计算、大数据、人工智能、物联网等先进技术，积极开展创造性的技术产品研发演进，与业界客户、合作伙伴共同建设"5G+X"的生态体系，为 5G 赋能千行百业、企业数智化转型、产业可持续发展积极做出贡献。

在过去的三年中，亚信科技继续深耕通信业务支撑系统（Business Supporting System，BSS）的优势领域，为运营商的 5G 业务在中华大地全面商用持续提供强有力的支撑。

亚信科技抓住 5G 带来的 B ＆ O 融合的机遇，将能力延展到 5G 网络运营支撑系统（Operation Supporting System，OSS）领域，公司打造的 5G 网络智能化产品在运营商中取得了多个商用局点的突破与落地实践，帮助运营商优化 5G 网络环境，提升 5G 服务体验，助力国家东数西算工程实施。

亚信科技在 DSaaS（数据驱动的 SaaS 服务）这一创新业务板块也取得了规模化突破。在金融、交通、能源、政府等多个领域，帮助行业客户打造"数智"能力，用大数据和人工智能技术，协助其获客、活客、留客，改善服务质量，实现行业运营数字化转型。

亚信科技在垂直行业市场服务领域进一步拓展，行业大客户版图进一步扩大，公司与云计算的多家主流头部企业达成云 MSP 合作，持续提升云集成、云 SaaS、云运营能力，并与其一起，帮助邮政、能源、政务、交通、金融、零售等百余个政府和行业客户上云、用云，降低信息化支出，提升数字化效率，提高城市数智化水平，用数智化手段为政企带来实实在在的价值提升。

亚信科技同时积极强化、完善了技术创新与研发的体系和机制。在过去的三年中，多项关键技术与产品获得了国际和国家级奖项，诸多技术组合形成了国际与国家标准。"5G+ABCDT"的灵动组合，重塑了包括亚信科技自身在内的行业技术生态体系。"5G 与 AI 技术大系"丛书是亚信科技在过去几年中，以匠心精神打造我国 5G 软件技术体系的创新成果与科研经验的总结。我们非常高兴能将这些阶段性成果以丛书的形式与行业伙伴们分享与交流。

我国经历了从 2G 落后、3G 追随、4G 同步，到 5G 领先的历程。在这个过程中，亚信科技从未缺席。在未来的 5G 时代，我们将继续坚持以技术创新为引领，与业界合作伙伴们共同努力，为提升我国 5G 科技和应用水平，为提高全行业数智化水准，为国家新基建贡献力量。

2022 年 9 月于北京

前　言

2021 年 3 月，国家"十四五"规划纲要明确提出要"探索建设数字孪生城市"，为数字孪生城市建设提供了国家战略指引。此后，国家陆续印发了不同领域的"十四五"规划，为各领域如何利用数字孪生技术促进经济社会高质量发展做出了战略部署。在"两化"领域，工信部发布的智能制造典型场景，将数字孪生列为被选用的通用技术。Gartner 将数字孪生列为未来十大科技发展战略之一。Markets 预测到 2023 年年底数字孪生市场规模将达到 157 亿美元，并以 38% 复合年增长率增长；2024 年将超过 210 亿美元，到 2025 年将突破 260 亿美元。数字孪生提供了无与伦比的跟踪、监视和诊断资产的能力，通过促进数据驱动的决策和协作、简化业务流程和新的业务模型，来改变传统的供应链。

随着"智慧泛在、数字孪生"的 6G 愿景成为业界共识，数字孪生技术也将在未来网络演进中发挥重要作用。结合数字孪生技术的数字孪生网络（Digital Twin Network）是实现未来自治网络的重要支撑，有望改变现有网络规、建、维、优的既定规则，成为 6G"重塑世界"的关键技术。

笔者认为，数字孪生不等同于三维可视化或工业仿真，在不同的行业领域数字孪生实现逻辑是有差异的，在所涉及业务的深度、顶层规划、逻辑、结构、路径、方法、关键技术、功能设计等端到端的实战打法上，需要实践经验和模式引领。亚信科技是最早推出数字孪生平台产品的厂商之一，得益于 5G 背景优势，对传统数字孪生表述的"连接派、数据派、仿真派"进行了技术融合和创新，在智能物联、智慧城市、通信网络智能化等方面积累了大量的实践案例经验。在 2021 年度数字孪生城市核心技术代表企业图谱中，亚信科技被收录进关键企业之列。在 2021 年 TM Forum 催化剂项目凭借智能城市生态系统的开放数字孪生框架（Open Digital Twin Framework for Smart City Ecosystem）独得"行业影响力大奖"和"可持续创新大奖"。

在当今时代的风口浪尖，我们应该积极拥抱变化。笔者所在的亚信科技的价值观是"关注客户、结果导向、开放协作、追求效能、拥抱变化"。拥抱变化是亚信科技一直追寻的一个极其重要的方向。拥抱变化，开放协作，才能更好地面对挑战。

本书由亚信科技产品研发中心编写，编写组成员包括柏杨、陈果、鹿岩、赵立勋，同时感谢欧阳晔博士、齐宇、黄波、赵菲、任志东、王娟为本书出版所做的工作。同时感谢齐宇的审阅工作。本书参考文献可扫描下方二维码查看。

由于编者水平和精力有限，不足之处在所难免，若读者不吝告知，我们将不胜感激。

编者

2022 年 9 月

目　录

第一部分　数字孪生技术发展趋势

第二部分　我国数字孪生产业发展需求

第四部分　通用数字孪生平台设计和实现

第五部分　数字孪生方案实践及未来展望

第一部分
数字孪生技术发展趋势

第**1**章 数字孪生概述

　　人类社会进入 21 世纪 20 年代，世界正处于百年未有之大变局，在变局和危机中，数字化转型和智能化升级已经成为推动各行各业转型升级的关键因素，也成为世界各国关于未来全球发展的共识。作为我国的重点发展战略，"数字中国"最基础的技术驱动因素就是数字化和智能化。

　　经过近 20 年的发展，数字孪生技术正从制造业走入千行百业，走进普罗大众的生活。数字孪生城市是基于数字孪生技术的城市发展新理念与新模式，对其概念的认识正逐渐清晰。

　　2002 年，"信息镜像模型"概念首次提出，初步描绘数字孪生概念。Michael Grieves（迈克尔·格里夫斯）教授在美国密歇根大学任教时首次提出"镜像空间模型（Mirrored Spaces Model）"概念，并于 2006 年发表著作明确为"信息镜像模型"，即在虚拟空间构建一套数字模型，可以与物理实体进行交互映射，完全描述物理实体全生命周期的运行轨迹。

　　2012 年，"数字孪生与数字孪生体"定义首次被提出，之后在工业中开展应用。受美国航空航天局阿波罗计划（NASAS Apollo program）启发，E.H.Glaessgen&DS.Stargel 首次给出了数字孪生的定义：数字孪生是指充分利用物理模型、传感器、运行历史等数据，集成多学科、多尺度的仿真过程，它作为虚拟空间中对实体产品的镜像，反映了相对应物理实体产品的全生命周期过程。

　　2017 年，"数字孪生城市"理念首次被提出，并用于智慧城市规划建设。中国信息通信研究院首次提出数字孪生城市概念，即基于数字化标识、自动化感知、网络化连接、普惠化计算、智能化控制、平台化服务的信息技术体系，在数字空间再造一个与物理城市匹配对应的数字城市，全息模拟、动态监控、实时诊断、精准预测城市物理实体在现实环境中的状态，推动城市全要素数字化和虚拟化、全状态实时化和可视化、城市运行管理协同化和智能化，实现物理城市与数字城市协同交互、平行运转。

　　2017 年，"智慧城市数字孪生体"概念被提出。佐治亚理工学院从城市平台角度提出，智慧城市数字孪生体是一个智能的、支持物联网、数据丰富的城市虚拟平台，可用于复制和模拟真实城市中发生的变化，以提升城市的韧性、可持续发展性和宜居性。

2018 年，"数字孪生五维模型"初步提出并构建。北京航空航天大学陶飞教授提出了物理实体、虚拟实体、服务、孪生数据、连接的数字孪生的五维模型，并认为数字孪生是以数字化方式创建物理实体的虚拟模型。借助数据模拟物理实体在现实环境中的行为，通过虚实交互反馈、数据融合分析、决策选代优化等手段，为物理实体增加或扩展新的能力。

2019 年之后，"数字孪生城市"概念被广泛推广和普遍认可。从历次概念的提出和演进上来看，数字孪生城市是"数字孪生"概念用于智慧城市建设的一种新模式，即在数字空间再造一个与现实世界一一映射、协同交互的复杂巨系统，实现城市在物理维度和数字维度的虚实互动。

数字孪生作为通用目的技术，以多维模型和融合数据为驱动，通过实时连接、映射、分析、交互来刻画、仿真、预测、优化和控制物理世界，使物理系统的全要素、全过程、全价值链达到最大限度的优化。数字孪生与各产业的深化融合能够有力推动各产业的数字化、网络化、智能化发展进程，成为产业变革的强大助力。数字孪生契合了我国以信息技术为产业转型升级赋能的战略需求，成为了应对当前百年未有之大变局的关键因素。数字孪生日益成为各界研究热点，应用发展前景广阔。

本章先简单回顾数字孪生发展的历史，并通过对其不同发展阶段的侧重点分析明确当下数字孪生概念的内涵与外延，之后再针对当前企业数字化系统现状及存在的问题，说明数字孪生如何整合多元技术，并更高效地加速企业的数字化转型和智能化升级，最后阐述作为通用目的技术的数字孪生怎样成为奠定全社会数字化、网络化、智能化发展的基石。

1.1　数字孪生的前世今生

在 20 世纪 60 年代，美国宇航局（NASA）实施了一系列载人登月任务，简称阿波罗计划（Apollo Program），目的是实现载人登月飞行，对月球进行实地考察。在阿波罗计划中，NASA 建设了一套完整的、高水准的地面半物理仿真系统，用于培训宇航员和操控人员所用到的全部任务操作。这些功能各式各样的模拟器，由联网的多台计算机控制，其中十台模拟器被联网用来模拟一个单独的问题空间，指令舱模拟器用了四台计算机，登月舱模拟器用了三台计算机，如图 1-1 所示。在模拟培训中，真实的事物只有乘员、座舱和任务控制台，其他所有的一切，都是由一堆计算机、许多的公式以及经验丰富的技术人员仿真创造出来的。

图 1-1　前部的是登月舱模拟器，后部的是指令舱模拟

NASA 在其特定的工程实践中认识到了建设物理孪生的重要性。随着计算机、网络技术的高速发展，特别是软件技术与仿真技术的高度发展，使得各种物理孪生对象，从功能上、行为上完全可以用计算机系统进行仿真替代。首先在汽车、飞机等复杂产品工程领域出现的"数字样机"的概念，就是对数字孪生的一种先行实践活动。数字样机最初是指在 CAD 系统中通过三维实体造型和数字化预装配后，得到一个可视化的产品数字模型，可用于协调零件之间的关系，进行可制造性检查，因此可以基本上代替物理样机的协调功能。但随着数字化技术的发展，数字样机的作用也在不断增强，人们在预装配模型上进行运动、人机交互、空间漫游、机械操纵等飞机功能的模拟仿真。之后又进一步与机器的各种性能分析计算技术结合起来，使之能够模拟仿真出机器的各种性能。

20 世纪，这些计算机仿真与设计软件的积累，为数字孪生的出现奠定了技术基础，从而使得在进入 21 世纪后，随着产品生命周期管理的加强与传感技术的兴起，数字孪生的概念被提出，并经历了孵化期、探索期，直至当前的爆发期。

1.1.1　孵化期（2000—2015年）

NASA 基于其成功的工程实践，在 2010 年发布的 Area 11 技术路线图的 Simulation-Based Systems Engineering 部分中，首次提出了数字孪生（Digital Twins）的概念：数字孪生是一种集成化了的多种物理量、多种空间尺度的运载工具或系统的仿真，该仿真使用了当前最为有效的物理模型、传感器数据的更新、飞行的历史等，来镜像出其对应的飞行当中孪生对象的生存状态。

NASA 提出数字孪生概念，有明确的工程背景，即服务于自身未来宇航任务的需要。NASA 认为基于 Apollo 时代积累起来的航天器设计、制造、飞行管理与支持等方式方法（相似性、统计模式的失效分析、原型验证等），无论在技术方面还是在成本方面等，均不能满足未来深空探索（更大的空间尺度、更极端的环境、更多未知因数）的需要，需要找到一种全新的工作模式，称为数字孪生。NASA 的数字孪生基于其之前的宇航任务实践经验，以及未来完成的宇航任务，涉及天上、地下、材料、结构、机构、推进器、通信、导航等众多专业，是一个极其复杂的系统工程，所以，NASA 更强调上述内容的集成化的仿真，从某种意义上，是其系统工程方法的落脚点。换个看问题的角度，NASA 的数字孪生，就等同于其基于仿真的系统工程。

另一个更具工程应用意义的数字孪生是 2009 年美国空军研究实验室 AFRL 发起的一个"机身数字孪生"项目，简称 ADT。该项目综合了每架飞机制造时的机身静态强度数据、每架飞机的飞行历史数据，以及日常运维数据，采用仿真的方法，来预测飞机机身的疲劳裂纹，实现了飞机结构的寿命管理，有效地提高了机身运维效率，以及机身的使用寿命。该项工作发表在 2011 年 Tuegel EJ 等人撰写的文章 *Reengineering Aircraft Structural Life Prediction Using a Digital Twin* 中。

在军工制造领域进行数字孪生应用实践的同时，学术界也进行了更具有理论色彩的数字孪生技术探讨。2002 年 Michael Grieves 在密歇根大学为产品生命周期管理 PLM 中心成立而发表的演讲中，首次提出的 PLM 概念模型中出现了现实空间（Real Space）、虚拟空间（Virtual Space），从现实空间到虚拟空间的数据流（Data Process），从虚拟空间到现实空间的信息流（Information Process），以及虚拟子空间的表述，如图 1-2 所示。

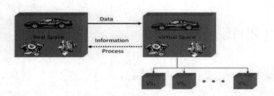

图 1-2   产品生命周期管理概念模型

按 Michael Grieves 的说法，这已经具备了数字孪生的所有要素。该模型在随后的 PLM 课程中，被称为镜像空间模型（Mirrored Spaces Model），而在其 2006 年发表的著作 *Product Lifecycle Management: Driving the Next Generation of Lean Thinking* 中被改称为信息镜像模型。2011 年，Michael Grieves 发表的著

作 *Virtually Perfect: Driving Innovative and Lean Products through Product Lifecycle Management* 中引入了术语"数字孪生"，以描述信息镜像模型的合作者的方式附属于该信息镜像模型。之后 Michael Grieves 在 2014 年撰写的一份白皮书 *Digital Twin: Manufacturing Excellence through Virtual Factory Replication* 中提到，这归功于与他一起工作的就职于 NASA 的 John Vickers。

到了 2016 年，Michael Grieves 与 John Vickers 合写的 *Digital Twin: Mitigating Unpredictable, Undesirable Emergent Behavior in Complex Systems* 文章中提出了数字孪生的类型（Digital Twin Prototype，DTP）、数字孪生的实例（Digital Twin Instance，DTI）、数字孪生的集合（Digital Twin Aggregate，DTA）、数字孪生的环境（Digital Twin Environment，DTE）等概念。同时将数字孪生可以解决的问题进行了分类：

- 第一类是 Predicted Desirable（PD），预计得到的期望的结果。
- 第二类是 Predicted Undesirable（PU），预计得到的非期望的结果。
- 第三类是 Unpredicted Desirable（UD），未预料到的期望的结果。
- 第四类是 Unpredicted Undesirable（UU），未预料到的非期望的结果。

尽管 Michael Grieves 在 2016 年文章中称其首先给出了数字孪生的概念，但行业内对谁先提出这个概念还是存在一些争议的。事实上，Michael Grieves 在 2014 年发表的白皮书，以及 2011 年出版书的时间落后于 NASA 在 2010 年发表技术路线图的时间。但不可否认的是 Michael Grieves 在数字孪生的理论方法方面做出的突出贡献，尤其是其归纳总结出了的现实空间、虚拟空间的数据或信息的交互，以及映像或镜像，构成了数字孪生方法论方面的基础。特别是他对数字孪生可以解决的现实问题的划分，非完美且优雅，基本上覆盖了数字孪生的作用范围。Michael Grieves 在数字孪生方面的理论方面的工作，对数字孪生的普及应用，起到了至关重要的作用。

1.1.2　探索期（2015—2020年）

2013 年的汉诺威工业博览会上德国提出了工业 4.0 概念，旨在提升制造业的智能化水平，希望在新一轮工业革命中占领先机，建立具有适应性、资源效率及基因工程学的智慧工厂，在商业流程及价值流程中整合客户及商业伙伴。随着工业 4.0 步伐的加速，产品生命周期管理 PLM 显得越发重要。PLM 是从产品需求开始到产品淘汰报废的全部生命历程，旨在提供有效的手段为企业创造收入，降低成本。传统的管理模式大多仅针对产品的单个信息维度或多个信息维度进行建模仿真，存在信息反映不全面、实时交互性差以及管理低效等问题。

如何构建与实际产品完整且有效的交互体系已成为工业 4.0 发展的关键。

在此背景下，数字孪生自 2015 年后逐步成为跨国企业业务布局的新方向，领头的公司有西门子、达索、PTC 以及 ESI。而且每个公司所主要布局的领域也并不完全相同，西门子侧重于生产过程以及工艺布局规划，达索则侧重于产品研发的生命周期，PTC 则在 AR 领域持续发力，ESI 则在危险环境场所的混合孪生技术方面深耕。值得一提的是美国通用电气公司借助数字孪生这一概念，提出物理机械和分析技术融合的实现途径，让每个引擎，每个涡轮，每台核磁共振都拥有一个数字化的"双胞胎"，并通过数字化模型在虚拟环境下实现机器人调试、试验、优化运行状态等模拟，以便将最优方案应用在物理世界的机器上，从而节省大量维修、调试成本。德国软件公司 SAP 基于 Leonardo 平台在数字世界打造了一个完整的数字化双胞胎，在产品试验阶段采集设备的运行状况，进行分析后得出产品的实际性能，再与需求设计的目标比较，形成产品研发的闭环体系。而在中国也不乏这样的案例。在 2019 年 12 月，被誉为"世纪工程"的中俄东线天然气管道工程正式投产通气，得到了中俄两国元首的热烈祝贺和高度评价。作为中国首条"智能管道"样板工程，中俄东线管道工程就构建了一个"数字孪生体"，实现了在统一的数据标准下开展可研、设计、采办和施工。随着运营动态数据的不断丰富，"数字孪生体"将跟随管道全生命周期而共同生长。

国际咨询公司 Gartner 在 2017 年、2018 年和 2019 年连续三年将数字孪生列为十大技术趋势之一（如图 1-3 所示），对数字孪生的火热起到了推波助澜的作用。其将数字孪生定义为对象的数字化表示。进而将数字孪生分为了三类。

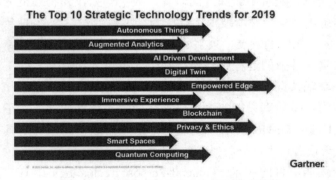

图 1-3　Gartner 2019 年十大战略技术趋势

● 离散数字孪生（Discrete Digital Twins）：单个产品/设备，人或任务的虚拟复制品，用于监视和优化单个资产、人和其他物理资源。

- 复合数字孪生（Composite Digital Twins）：用于监视和优化关联在一起的离散数字孪生的组合使用，如轿车和工业机器这样的多部件系统。
- 组织数据孪生（Digital Twins of Organizations，DTOs）：DTOs是复杂与大型实体的虚拟模型，由它们组成部分的数字孪生构成。DTOs用于监视与优化高级业务的性能。

Gartner 在实践中更为重视物联网 IoT 领域中数字孪生的应用。据其内部的一个调查统计，在所有计划实施 IoT 的企业中，59% 已经实施了或正在实施的数字孪生。这个比例，与 Gartner 在 2017 年、2018 年新兴技术成熟度曲线中将数字孪生的定位相比较而言，落地得实在是快了些，让人感到一些诧异。也许正因为此，Gartner 没有将数字孪生列入 2020 年的十大技术趋势。但事实上，数字孪生在 2020 年的关注度却再创新高。

1.1.3　爆发期（2020年以来）

进入 21 世纪 20 年代以来，数字孪生已广泛被全球各行业、各背景、各层次的专家、学者和企业研究与应用，当前数字孪生已得到了十多个行业关注并开展了应用实践。除在制造领域被关注和开展了较多的应用探索和落地实践外，近年来数字孪生还被应用于电力、医疗健康、城市管理、铁路运输、环境保护、汽车、船舶、建筑等领域，并展现出巨大的应用潜力。

文献统计分析表明，当前全球 50 多个国家、1000 多个研究机构、上千名专家学者开展了数字孪生的相关研究并有研究成果发表，其中包括德国、美国、中国、英国、瑞典、意大利、韩国、法国、俄罗斯等科技相对发达的国家的研究机构与一流企业。随着不断深入的研究，数字孪生作为物理世界和数字空间交互的概念体系，既是一种新技术，也成为一种新范式。自 2009 年正式被提出以来，经过十多年时间的发展，数字孪生体已经演化为一个新产业。

在产业数字化转型的过程中，传统基于虚拟仿真和启发式的工程方法虽然可以满足诸如车辆认证、车队管理、运维等场景的基本需要，但却并不是最有效的方法，因为虚拟仿真只能解决可以预计或经历过的问题，对于"不知道的未知问题"（Unknown Unknowns）则毫无办法，而这个问题对于具有高可靠性要求的航空航天设备，大部分时候是致命的。

作为新一代通用目的技术（General-Purpose Technologies，GPT），数字孪生本质上具有降维特征。从人参与的角度来看，人与机器的协作是高维度的自动化，人与信息系统的协作是中维度的自动化，而机器与机器之间进行协作则是低维度的自动化，这是数据驱动的数字孪生的最大特点。降维作为数字孪生体的本质特征，体现为颗粒度更小的数据驱动。数字孪生要求围绕数据来设计和运行，最近十年物联网、数据科学和人工智能等新一代信息技术快速发展，可以保证实时数据的获取和处理，这为数字孪生工程应用提供了基本条件。从技术上实现从人到信息再到数据的降维，促成数据自动化（Data Automation），最终可以实现系统级的自感知设备及产品。

从通用目的技术驱动经济增长规律来说，数字孪生降维策略将在企业战略规划中发挥巨大的作用。颠覆性创新强调从满足性能较低的需求开始，探索一条增长速度更快的新路径，随着时间的推移，这条路径提供的高性能将超越传统路径提供的性能要求，数字孪生就是迭代传统工业技术的新路径。数字孪生降维策略符合技术革命和经济增长的规律，可满足第四次工业革命发展的需要，它需要通过重点解决技术革命所需的基础设施问题，以加快技术的成熟和产业化发展。作为一种新型通用目的技术，数字孪生将遵循三个阶段的规律：第一阶段为发现通用目的技术；第二阶段为企业获得模板；第三阶段为在特定领域加以应用。

经过十多年时间的发展，数字孪生产业已经进入了一个新阶段，中国作为后发国家，加强数字孪生基础设施建设具有特别意义。国家发改委和中央网信办在 2020 年 4 月 7 日发布的《关于推进"上云用数赋智"行动 培育新经济发展实施方案》中，明确提出了"数字孪生创新计划"，这也成为了中国的数字孪生战略，并极大地促进了数字孪生技术的发展及其在各行各业的创新应用。

1.2　数字孪生的内涵与外延

数字孪生是一个伴随着计算机技术不断发展的，一个长期的、综合的、动态的、不断进化的过程。Gartner 自 2017 年开始，将数字孪生纳入其十大新兴技术专题进行了深入研究，以下是不同年度 Gartner 对数字孪生的解释。

2017 年：数字孪生是实物或系统的动态软件模型，在 3 ～ 5 年内，数十亿计的实物将通过数字孪生来表达。通过应用实物的零部件运行和对环境做出反应的物理数据，以及来自传感器的数据，数字孪生可用于分析和模拟实际运行状况，应对变化，改善运营，实现增值。数字孪生所发挥的作用就像一个专业技师和传统的监控和控制器（例如压力表）的结合体。推进数字孪生应用进行文化变革，结合设备维护专家、数据科学家和 IT 专家的优势，将设备的数字孪生模型与生产设施、环境，以及人、业务和流程的数字表达结合起来，以实现对现实世界更加精确的数字表达，从而实现仿真、分析和控制。

2018 年：数字孪生是现实世界实物或系统的数字化表达。随着物联网的广泛应用，数字孪生可以连接现实世界的对象，提供其状态信息，响应变化，改善运营并增加价值。

2019 年：数字孪生是现实生活中物体、流程或系统的数字镜像。大型系统，例如发电厂或城市也可以创建其数字孪生模型。数字孪生的想法并不新，可以回溯到用计算机辅助设计来表述产品，或者建立客户的在线档案，但是如今的数字孪生有以下四点不同——模型的健壮性，聚焦于如何支持特定的业务成果；与现实世界的连接，具有实现实时监控和控制的潜力；应用高级大数据分析和人工智能技术来获取新的商机；数字孪生模型与实物模型的交互，并评估各种场景如何应对的能力。

2020 年：估计将有 210 亿个传感器和末端接入点连接在一起，在不久的将来，数十亿计的物体将拥有数字孪生模型。Gartner 公司副总裁 David Cearley 指出，通过维修、维护与运营（MRO）以及通过物联网提升设备运营绩效，有望节省数十亿美元。

从上述分析中可以看出，Gartner 对于数字孪生的理解也有一个不断演进的过程，而数字孪生的应用主体也不局限于基于物联网来洞察和提升产品的运行绩效，而是延伸到更广阔的领域，例如工厂的数字孪生、城市的数字孪生，甚至组织的数字孪生。因此，本书也针对综合业界的主流观点进行分析，并明确我们所理解的内涵及外延。

1.2.1 百家争鸣

为了更全面地理解数字孪生的含义，首先来看看独立的咨询或研究机构的学术观点。全球著名的 PLM 研究机构 CIMdata 认为数字孪生模型不可能单独存在；可以有多个针对不同用途的数字孪生模型，每个都有其特征，例如数据分析数字孪生模型、MRO 数字孪生模型、财务数字孪生模型、工程孪生模型以及工程仿真数据孪生模型；每个数字孪生模型必须有一个对应的物理实体，数字孪生模型可以而且应该先于物理实体而存在；物理实体可以是工厂、船舶、基础设施、汽车或任何类型的产品；每个数字孪生模型必须与其对应的物理实体有某些形式的数据交互，但不必是实时或电子形式。

此外德勤认为数字孪生是以数字化的形式对某一物理实体过去和目前的行为或流程进行动态呈现。埃森哲认为数字孪生是指物理产品在虚拟空间中的数字模型，包含从产品构思到产品退市全生命周期的产品信息。而北京航空航天大学的陶飞教授指出，当前对数字孪生存在多种不同的认识和理解，目前尚未形成统一共识的定义，但物理实体、虚拟模型、数据、连接和服务是数字孪生的核心要素。另外在赵敏先生和宁振波先生撰写的《铸魂：软件定义制造》一书中指出，数字孪生是实践先行，概念后成；数字孪生模型可以与实物模型高度相像，而不可能相等；数字孪生模型和实物模型也不是一个简单的一对一的对应关系，而可能存在一对多、多对一、多对多，甚至一对少、一对零和零对一等多种对应关系。赛迪提出了数据、模型、软件这三大技术要素，认为"数据是基础，模型是核心，软件是载体"，这是实现数字孪生的技术链，如图 1-4 所示。

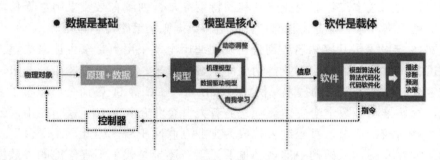

图 1-4　赛迪对数字孪生的定义

工业界基于自身的实践，各个企业也对数字孪生有不同的认知。GE Digital 认为数字孪生是资产和流程的软件表示，用于理解、预测和优化绩效以改善业务成果。数字孪生由三部分组成：数据模型、一组分析工具或算法，以及知识。西门子认为数字孪生是物理产品或流程的虚拟表示，用于理解和预测物理对象或产品的性能特征。数字孪生用于在产品的整个生命周期，在物理原型和资产投资之前模拟、预测和优化产品和生产系统。SAP 认为数字孪生是物理对象或系统的虚拟表示，但其不仅仅是一个高科技的外观。数字孪生使用数据、机器学习和物联网来帮助企业优化、创新和提供新服务。PTC 认为数字孪生正在成为企业从数字化转型举措中获益的最佳途径。对于工业企业，数字孪生主要应用于产品的工程设计、运营和服务中，以带来重要的商业价值，并为整个企业的数字化转型奠定基础。

工业 4.0 研究院 2015 年启动对数字孪生体的研究，在相继完成了《数字孪生体发展史》、《数字孪生关键技术》、《数字孪生体演进》和《数字孪生体标准》等主题研究后，形成了系统的知识体系，并提出了知名的三大流派（仿真派、连接派和数据派）判定。在此基础上，工业 4.0 研究院进一步设计了数字孪生体三大基本策略，即基于仿真的数字工程（Simulation-Based Digital Engineering）、物联网平台（IoT Platform）和数据驱动（Data-Driven）等策略。

事实上，基于仿真的数字工程开始成为复杂系统建设的标配，并逐渐用数字孪生体进行描述。航空航天、汽车和石油化工等高价值领域有较大投资冲动应用新技术，数字孪生技术跟它们的需求匹配度高，这些企业通常早就应用了 CAx，转向数字孪生体就成为顺理成章的事情。利用基于仿真的数字工程，在产品设计和生产现场交互上产生较好的效果，通常体现为产品数据管理（Product Data Management，PDM）或产品生命周期管理（Product Lifecycle Management，PLM），供应商为了获得更多收入，大都会推介其仿真功能。工业领域的仿真功能涉及基础科学知识，例如物理学、化学或生物学等，这给企业带来巨大的成本，除非企业产品利润特别高，否则没有必要采用基于仿真的数字工程策略，它们还有物联网平台策略和数据驱动策略可以应用。

2015 年，美国几家知名咨询公司发现通用电气采用数字孪生体来构建工业互联网技术体系，以便跟工业自动化体系融合起来，于是纷纷发布预测报告，把数字孪生体称为未来的技术。例如，Gartner、IDC 等 IT 咨询公司发布了多份报告，直接推动了数字孪生体热潮。随着大量企业介入工业互联网应用，云服务模式相对较为成熟，对应过来就成为工业互联网平台，因此，"平台"逐步成为工业互联网体系架构中的一种重要元素，逐步替代了不宜落地的"数据"功能体系。2020 年 4 月 23 日，信通院发布了《工业互联网体系架构 2.0》报告，在报告中，数字孪生体成为了数据功能实现的"关键支撑"。至此，数字孪生体连接派的理论体系已经成型，采用该体系架构的企业通常选择"物联网平台策略"，把物联网平台建设放到价值创造核心地位。需要指出的是，物联网平台策略对是否采用仿真没有要求，这需要企业根据自身情况选择，事实上，大部分企业并不需要仿真级别的数据呈现，它们大都需要有一个好看的几何模型即可。

以生产制造为核心的工业，基于物理学、化学、生物学等多学科建模仿真是前提，这是数字孪生体产生之初的主要需求，后来随着物联网感知带来网络化，改变了价值创造点。在物联网基础上，可实现远程可视化和一定的预测分析，成为物联网平台模式。而对于非制造业的能源、建筑、城市、农业等领域，仿真不是刚需，或者因为成本太高而变成多余的功能，这些应用场景的根本需求是利用数字孪生体，建立一套"数据驱动"（Data-Driven）的数字工程。采用数据驱动策略的企业，遵循的分析框架不同，价值创造方式自然也不一样，人工智能和大数据改变了传统工程科学工作方式。

2019 年 12 月 19 日，由中国电子信息产业发展研究院推出的《数字孪生白皮书（2019）》，在通信产业大会暨第十四届通信技术年会上正式发布，白皮书认为数字孪生是综合运用感知、计算、建模等信息技术，通过软件定义，对物理空间描述、诊断、预测、决策，进而实现物理空间与赛博空间的交互映射。

制造业专家朱铎先在其与他人合著的《三体智能革命》一书中认为，作者群体以东方文化视角，创造性地提出了物理实体、意识人体和数字虚体，以及三体联接、三体融合的智能演化路径，该模型也可以对数字孪生进行很好的解读。从三体智能模型视角来看（如图 1-5 所示），数字孪生是在数字虚体崛起的大背景下，以近乎无所不在的传感、无所不在的数据、无所不在的网络、无所不能的算力、无所不能的算法、无所不能的智能，基于意识人体的创想（创意和想法），通过数字虚体，解决意识人体不愿、不善、不能的问题，充分发挥与实现意识人体独特的创想能力，在物理实体世界，优化产品性能及研发 / 制造 / 服务过程，以获得更高的效率、更优的质量与更好的用户体验，根本目的是提升企业竞争力。

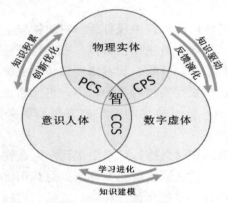

图 1-5　三体智能模型

以航空发动机为例，其设计制造过程首先是在人的大脑中进行构思，然后在计算机中通过 CAD/CAE/CAM/PLM/ERP/MES 等信息化系统进行数字化的设计、分析、加工和管理，经过迭代优化，在物理空间通过机床加工成型，最终装配与调试成所需产品。在这个过程中，最初的创想来自意识人体，最重要的过程是在数字虚体中孕育与发生，经过反复仿真和优化，最后以物理实体的形式体现最终价值。

因此，数字孪生价值不仅仅在于虚实两个空间的映射，也不仅仅是通过仿真实现对物理实体的模拟，更重要的是在数字虚体中对产品结构、制造过程、管理流程等环节进行优化，以最优决策驱动物理实体产生。"形（外观）象"是数字孪生的外在特征，"神（机理）象"是数字孪生的内在逻辑，而产生"形象""神象"的优化迭代是数字孪生的价值根本。如果一套系统只是一味强调或只能做到"形象"，而没有通过在数字虚体中对物理实体 / 业务流程进行优化，其价值是有限的，不是一套真正意义上的数字孪生系统。基于此朱铎先将数字孪生总结为以下几句话：源于意识人体，孕于数字虚体，生于物理实体；形式是映射，内涵是仿真，本质是优化；无优化，不孪生。

1.2.2 数字孪生内涵

综合业界观点，从数字化系统软件工程的角度来看，我们认为数字孪生是人类将自身对物理世界的认知模型通过软件定义所构建的一类具有自组织特性的智能化数字系统。物理世界中的人、机、物等被作为整体所观察的单体对象将被构建为数字孪生体，而实例化的单体对象之间的关联与交互将通过数字线程刻画，最终在人类意识的主导下形成数字世界与物理世界的孪生映射关系。

1．数字孪生体

数字孪生体是人类将自我意识中现有或将有的物理实体对象进行数字化建模，以软件定义的方式呈现的数字化生命体。它不仅可以使能人类通过实测、仿真和数据分析来实时感知、诊断、预测物理实体对象的状态，通过性能和状态优化和指令发送来调控物理实体对象的行为，也能通过相关数字孪生体之间的相互学习来进化自身，同时协调利益相关方在物理实体对象生命周期内的决策。

1994 年，凯文·凯利在《失控》一书中提到，人造物是有生命的，未来会发展得和人一样。因此我们认同安世亚太高级副总裁田锋提出的生命体模型，数字孪生体可以具有软件定义的躯体、神经、左脑、右脑、五官并具有相应生命特征。下面我们从生命体的角度来阐述数字孪生体的内涵。

（1）躯体：数字模型。

数字建模是物理对象的数字化表达，这个过程需要将物理对象表达为计算机所能识别的数字模型，在软件中建立物理对象的结构元素和时空关系，不深入涉及物理机理和运行数据，就像给正在雕塑的人体打造一个躯体。这当然是数字孪生体的基本要素，毕竟既然称为"体"，那这样一个基本的、直观的躯体是必需的。

我们通常使用三维实体来建立物理对象的结构形状和位置关系，用系统建模工具来描述物理对象的行为模式。建模工具通常包括 CAD、3D 动画、建筑信息模型 BIM（Building Information Modeling）、城市信息模型 CIM（City Information Modeling）或基于系统建模语言 SysML 的系统建模工具。建立的模型可以是设备、厂房、人群、运输系统、交通、电网、城市、军事战场、战斗群体系等。

数字建模提供了数字孪生体的"躯体"。不过这样的躯体是一个没有神经、没有思想，与世界隔离、无生命的躯体。

（2）神经：感知控制。

感知控制用来实现数字孪生体与物理对象之间实时互传信息和数据。数字孪生体利用测量系统，通过传感器获得物理对象的尺寸、速度、温度、光洁度等状态数据，利用控制系统，通过制动器向物理对象发送停止、加速、调节角度等制动指令，这就像我们给数字孪生体安装一套神经系统。人类的神经系统有两种：一种是感觉神经，就像这里的测量系统；另一种是运动神经，就像这里的控制系统。

工业物联网（IIoT）是测量与控制要素的主要技术，不仅能提供对物理世界的感知，还能对物理世界传递信息，从而驱动物理世界。

感知控制提供了数字孪生体的"神经"。神经系统的存在，让数字孪生体具有了初步的生命特征，可以感知和驱动物理世界。但由于缺乏思考能力，目前的数字孪生体还是个"傀儡"或"僵尸"孪生体。

（3）左脑：模拟仿真。

模拟仿真是基于完整信息和明确机理计算未来，将"数化"过程建立的模型与物理机理相结合，包括材料性质、理论规律、工程规律等，根据完整和实时的边界条件和物理状态，来计算和预测数字模型的下一步状态。这种仿真不是对一个阶段或一种现象的仿真，应是全周期和全领域的动态仿真。实时边界条件和物理对象状态是被完整测量，可作为物理规律的完备输入条件。模拟仿真的输出结果必须具有确定化和无二义性的特征。"实时"二字依赖"互动"过程的测量系统来保证。

广义仿真指的是那些具有明确物理机理的计算过程，包括物理（如流动、力学、化学等）原理确定并被实践验证，往往被作为成熟理论来使用，包含公理、定理、公式、数值计算、工程算法、经验公式等。模拟仿真采用的工具包括算法程序、各类 CAE 工具，譬如物理场仿真、人群仿真、交通仿真、物流仿真、组织仿真等。

通常来说，CAE 有两种类型：物理场仿真和系统仿真。物理场仿真的计算规模大、时间长，通常无法满足数字孪生体与物理对象实时交互的需要；系统仿真则具有速度快的优势，通常可以达到实时交互要求。因此，在数字孪生实践中，往往需要把物理仿真过程进行降阶（ROM），抽取物理仿真的某些特性和参数，转换成系统仿真模型来参与计算。

模拟仿真提供了数字孪生体的"左脑"。人类的左脑专事逻辑推理和理性判断，只要具有明确规律和逻辑，不管多复杂，总是可以通过推理获得明确的结论，提前知道数字孪生体和物理对象将会发生什么。此时的数字孪生体就是一个有头脑、会思考的智能孪生体，开始具有明显的生命特征，特别是人类的理性思维特征。

（4）右脑：分析预测。

分析预测过程是基于不完整信息和不明确机理来推测未来。现实世界中，大多数现象的物理规律并不明确，大多数情况无法获得完备的边界条件和物理状态，但我们仍然不得不对未来做出预测，哪怕是再模糊的判断，仍然好于毫无判断。如果要求数字孪生体越来越智能和智慧，就不应局限于人类对物理世界的确定性知识。其实人类本身就不是完全依赖确定性知识而领悟世界的。

大数据和人工智能 AI 技术是数据分析的关键技术。根据通过"互动"过程收集的数据以及"先知"过程输出的数据，利用相关性分析建立物理世界的近似模型，依据当前边界条件和物理状态进行下一步状态的预测，并且对近似模型逐步优化。当前边界条件和物理对象状态是被不完整测量的，但也只能作为近似模型的不完备输入条件，输出的结果当然距离物理世界的真实情况有一定偏差。但随着机器学习的持续，算法和模型逐步改善，近似模型会越来越逼近物理机理，预测结果也会逼近物理世界。正是因为这个原因，业界有人将数据驱动的分析预测视为科学研究的"第四范式"，科研方法从传统的三种方法"理论、实验、计算"拓展到第四种方法"数据分析"。

分析预测提供了数字孪生体的"右脑"。人类的右脑专事感性思维，利用直觉和第六感来获得对世界的判断和预测。当然这里指的直觉是那种优秀的直觉，而非普通人的直觉。优秀的直觉源于对丰富经历和有效经验的高度总结，还需要经常性的深度思考和远期瞭望。现实社会中确有一类具有这种优秀和敏锐直觉的人，是他们引导着你的企业、机构甚至人类的发展方向。

（5）五官：人机交互。

人机交互是人类与数字模型打交道的直观可视化界面。这里可以展示数字孪生体的数据，了解数字孪生体的状态，也可以操作和干预数字孪生体，同时实现对物理对象的干预。

数据的可视化展示技术以及虚拟现实技术是人机交互的两个重要技术。数据的可视化展示技术将数据和信息输出为高清、直观、可视化、可交互的图形图像，通过对数据的操作可以实现与数字孪生体乃至物理对象的操纵。虚拟现实（包括 VR、AR 和 MR）提供的深度沉浸技术让人类与数字世界交互模式可以与物理世界的交互模式类似。

人机交互的特性通常被称为"五官"。对人类来说，五官是人们相互认识、了解和沟通的界面，通过望闻问切基本可以了解人的身体状况，通过眼神和语言的交流可以了解人的精神状况。而数字孪生体的人机交互所提供的能力则超越了人体五官所能提供的功能。虚拟现实技术使数字化的世界在感官和操作体验上更加接近物理世界，让"孪生"一词变得更为精妙。但在数字世界中，人类又具有超人般的特异功能，可以无限驾驭数字世界，例如变换大小、穿墙而过、隔空取物、时空穿越等，将数字孪生体的应用推向极致。

（6）生命特征。

综上所述，我们认同安世亚太高级副总裁田锋的观点，认为数字孪生体是一个基于人类认知模型，由软件定义，在数据驱动下的具有思维能力、可持续进化的数字化生命体。

现实世界中除人类之外的物理对象也具有天然的生命特征，但这种生命具有的特点包括：本能、直觉、条件反射、既定式、预设化、确定性、机械性、个体化。数字孪生体的生命特征则有更多发展空间，使其可以进化到更加接近智慧生物：灵性、精神、思考、理性、推理、创造性、变通性、不确定性、生物性、社会性。

2．数字线程

数字孪生体作为软件所能存取的数据就像生命体的基因。数据的积累、管理、追溯和共享既是数字孪生体存在的基本特征，又是其演进的必要手段。数字孪生体通过传承、协同和进化，可以在不同的时间点记录下与自身相关的感知数据与交互数据，并从这些积累的数据中提炼其生命周期中数据所体现的视图与规律，从而实现持续成长。正如人类之所以进步，是因为我们的祖先通过将他们的思想和成果用文字的方式流了下来，使得我们可以传承祖先的智力资产，可以向老子问道，向孔子习理，向牛顿求知，向亚里士多德讨教。

数字线程指的是一种通信框架，它能展示数字孪生体所拥有的资产数据在整个生命周期（从原材料到最终产品）的互联的数据流和集成视图。利用数字线程可以有效地组织数字孪生体所拥有的数据资产，并在正确的时间将正确的信息传递给正确的人或系统。同样的，从数字化系统软件工程的角度来看，我们认为数字线程是以数据编织的方式将数字孪生体所拥有的数据资产通过时序的方式进行组织，以多模形式有效展示其集成视图，以及整个生命周期中互连的数据流。数字线程将物理对象的全生命周期的各数字孪生体之间的数据资产进行传递和追溯，从而实现优秀基因遗传。

基于工业物联网的制造优化软件可保持生产过程中数字线程的完全可追溯性，记录生产的每一步，从而使质检人员能够始终深入地了解生产过程，以便提高质量控制和随时进行审核准备工作。而先进的基于工业物联网和人工智能的自动化软件，使用传感器从生产的每个阶段实时收集大量数据，创建一个丰富的数字数据日志，该数据日志贯穿每个产品的整个生命周期，帮助制造商满足严格的质量要求，并随时做好审核准备。在这个数字线程中可以基于人工智能的算法分析质量问题、优化下料、分析工作中断和缺陷零件的根本原因，提高质量和质量控制。

3．数字孪生平台

物理世界的多样性决定了其对应的数字孪生体的多样性，世界的普遍联系决定了数字孪生体的普遍联系。人与人之间的联系构成了人的社会，数字孪生体之间的联系构成了数字社会。也就是说，数字孪生体具有社会性，它不是孤立的，应该能与其他孪生体共享智慧，这就是数字孪生的共智特性。正如人类在共享智慧的过程中进化和升华，数字孪生体也具有进化性，一方面通过ICT技术的不断升级数字孪生软件将具有更好的性能，另一方面更重要的是通过物理感知数据和孪生体交互数据的积累与喂养，将不断基于人工智能算法提升数字孪生体的智能。

基于分布式云原生的数字孪生平台将为数字孪生体之间实现共享和协同，从而实现具有社会性的"孪生共智"，多个数字孪生单体可以通过"共智"形成更大和更高层次的数字孪生场景，这个数量和层次可以是无限的，且通过灵活的孪生场景设计与编排能力能够将人类的创新意识通过数字孪生平台快捷高效地体现出来。

因此，从数字化系统软件工程的角度来看，我们认为数字孪生平台是一个数字孪生体的开发、运行及运营平台：面向开发人员，平台提供数字孪生体的集成开发环境，通过集成相关工具支撑其建模、软件功能、实体绑定、数据接入及交互接口等相应多方合作开发流程；面向运维人员，平台在基于分布式算力网络的数字化基础设施资源上提供数字孪生软件的部署、启停与迁移等相关的管控方式；面向运营人员，平台提供数字孪生场景的设计、编排与构建工作，快速高效支撑业务创新与实践。

人类基于数字孪生平台所创建的孪生场景反映了我们对现实世界的认知和意识，与我们所观察到的物理世界一一映射。作为硅基生命的数字孪生体居住在由算力网络构成的硅基世界中，其中算力节点构成了这个世界中的"城市"，网络成为连通各个城市的"道路"，而数字孪生平台则从上帝的视角为人类提供了一个创建、管理、分析、优化与运营数字孪生场景的能力，并通过数字孪生体作用于物理世界，从而能够不断改善人类身处的物理世界。

1.2.3 数字孪生外延

数字孪生的实现和落地应用离不开数字化技术的支持，只有与相关数字化技术的深度融合数字孪生才能实现物理实体的真实全面感知，多维度多尺度模型的精准构建，全要素、全流程、全业务数据的深度融合，智能化、人性化、个性化服务的按需使用以及全面、动态、实时的交互。

1．数字孪生与物联网

物理世界的全面感知是实现数字孪生的重要基础和前提，物联网通过射频识别、二维码、传感器等数据采集方式为物理世界的整体感知提供了技术支持。此外，物联网通过有线网络或无线网络为孪生数据的实时、可靠、高效传输提供了帮助。

2．数字孪生与 XR

虚拟模型是数字孪生的核心部分，为物理实体提供多维度、多时空尺度的高保真数字化映射。实现可视化与虚实融合是使虚拟模型真实呈现物理实体以及增强物理实体功能的关键。VR/AR/MR 技术为此提供支持：VR 技术利用计算机图形学、细节渲染、动态环境建模等实现虚拟模型对物理实体属性、行为、规则等方面层次细节的可视化动态逼真显示；AR 与 MR 技术利用实时数据采集、场景捕捉、实时跟踪及注册等实现虚拟模型与物理实体在时空上的同步与融合，通过虚拟模型补充增强物理实体在检测、验证及引导等方面的功能。

3．数字孪生与边缘计算

边缘计算技术可将部分从物理世界采集到的数据在边缘侧进行实时过滤、规约与处理，从而实现了用户本地的即时决策、快速响应与及时执行。结合云计算技术，复杂的孪生数据可被传送到云端进行进一步的处理，从而实现了针对不同需求的云—边数据协同处理，进而提高数据处理效率、减少云端数据负荷、降低数据传输时延，为数字孪生的实时性提供保障。

4．数字孪生与云计算

数字孪生的规模弹性很大，单元级数字孪生在本地服务器即可满足计算与运行需求，而系统级和复杂系统级数字孪生则需要更大的计算与存储能力。云计算按需使用与分布式共享的模式可使数字孪生使用庞大的云计算资源与数据中心，从而动态地满足数字孪生的不同计算、存储与运行需求。

5．数字孪生与 5G

虚拟模型的精准映射与物理实体的快速反馈控制是实现数字孪生的关键。虚拟模型的精准程度、物理实体的快速反馈控制能力、海量物理设备的互联对数字孪生的数据传输容量、传输速率、传输响应时间提出了更高的要求。5G 通信技术具有高速率、大容量、低时延、高可靠的特点，能够契合数字孪生的数据传输要求，满足虚拟模型与物理实体的海量数据低延迟传输、大量设备的互联互通，从而更好地推进数字孪生应用的落地。

6．数字孪生与大数据

数字孪生中的孪生数据集成了物理感知数据、模型生成数据、虚实融合数据等高速产生的多来源、多种类、多结构的全要素 / 全业务 / 全流程的海量数据。大数据能够从数字孪生高速产生的海量数据中提取更多有价值的信息，以解释和预测现实事件的结果和过程。

7．数字孪生与区块链

区块链可对数字孪生的安全性提供可靠保证，可确保孪生数据不可篡改、全程留痕、可跟踪、可追溯等。独立性、不可变和安全性的区块链技术，可防止数字孪生被篡改而出现错误和偏差，以保持数字孪生的安全，从而鼓励更好地创新。此外，通过区块链建立起的信任机制可以确保服务交易的安全，从而让用户安心使用数字孪生提供的各种服务。

8．数字孪生与人工智能

数字孪生凭借其准确、可靠、高保真的虚拟模型，多源、海量、可信的孪生数据，以及实时动态的虚实交互为用户提供了仿真模拟、诊断预测、可视监控、优化控制等应用服务。AI通过智能匹配最佳算法，可在没有数据专家的参与下，自动执行数据准备、分析、融合，对孪生数据进行深度知识挖掘，从而生成各类型服务。数字孪生有了 AI 的加持，可大幅提升数据的价值以及各项服务的响应能力和服务准确性。

第2章　数字孪生赋能系统自智进化

信息技术（Information Technology）革命经历了三个阶段。从 1971 年到 2000 年的企业 IT 时代，主要是一个信息化记录的时代，大型机、小型机、数据库、操作系统等主要解决了应用的信息化，企业 IT 主要解决了信息记录和互联问题。企业信息化建设以硬件系统集成为单位，这种"小平台、自平台"的模式形成了大量的信息孤岛。之后随着消费互联网时代的到来，为了快速响应广大用户快速、多样、差异化的需求，企业数字化基础设施开始探索新模式，实现对数据资源与需求的快速响应、弹性供给、高效配置。2019 年产业互联网开启了企业数智化转型时代，全球进入新一轮新型基础设施安装期，基于"IoT 化＋云化＋中台化＋App 化"的新架构逐渐取代传统的 IT 架构，加速全要素、全产业链、全价值链的数字化、网络化、智能化，无论是全球的互联网、ICT 企业，还是金融、娱乐、制造企业，无一例外地都将投入到这场技术和产业大变革的洪流中。

企业数字化转型开始从业务数字化向数据业务化拓展。因数而智，化智为能，数智化转型的大幕已经开启。本章将回顾产业互联网趋势下数字化系统的现状与架构，及当前面临的业务挑战，进而引申出数字孪生作为通用目的的技术如何进一步提升系统能力解决产业互联网现有问题，并赋能数字化系统的自智进化。

2.1　企业数字化系统现状

随着以数据为关键生产要素的数字经济高速发展，传统围绕土地、劳动力、资本和技术的实体经济组织与企业都面临着数字化转型，其本质就是通过数据新生产要素与数智化新生产力，重构并升级企业的生产、管理与运营流程，激发创新能力，最终成为适应数字化时代的商业组织。

在以实体经济为主的信息化时代人类的活动还是以物理世界为主，少量的行为借助信息化手段进行改进和提升。这个时候企业总体思维模式还是线下的流程化思维，信息化是为了线下的物理世界的活动服务的。当线上与线下规则发生碰撞冲突的时候，以线下物理世界为主。这个时候，信息化是一种工具，是一种手段，并没有改变业务本身，从思考模式上，大家还是用物理世界的思维模式在进行。因此这一阶段的信息化系统建设中业务流程是核心，软件系统是工具，而数据是软件系统运行过程中的副产品。

而到数字经济不断增长的数字化时代，随着云计算、物联网、移动互联网、区块链、AR/VR 这样的数字化工具的使用。物理世界正在被一一重构搬到数字化世界中，而这个过程不仅是技术实现的过程，更是思维模式转变的过程。在物理世界里，人类大脑的算力、记忆力、行动力都是有限的，所以传统的人类思维在数字化时代需要升维，构建数字化思维。这个时候人们的大部分的协作、沟通、设计乃至生产，都已经通过数字化技术在数字化世界里实现了。一切的沟通协作都以数字化世界为准，而传统的物理世界则成了数字化世界的辅助和补充，少量操作指令回到物理世界指挥设备和机器完成操作。在这种情形下数据是物理世界数字化世界的投影，是一切的基础，而流程和软件系统则是产生数据的过程和工具。

数字化带来的是数字化生存，而信息化时代是物理生存。区别信息化，数字化的关键在于区分认知与决策是在物理世界还是数字世界完成的。如果认知与决策是在数字世界完成，那就是数字化；如果认知与决策是在物理世界完成，那就是信息化。这里的认知与决策，就是理解物理世界的数据和指导物理世界中执行下一个动作的指令。

从企业信息化建设伊始到现在，一直都在做一件事情，那就是将物理世界的流程在信息世界中定义一遍。传统的企业运营模式是工业化生产的理念，流程化的管理，在标准化的基础上，将一个价值链分解成一个个的流程节点，然后将一个节点对应到一个小的组织，由这个组织来负责这个节点的工作。这样，整个一条价值链可以并行地运转，然后通过流程把工作串起来。这在过去的工业化时代，的确提高了企业的管理效率，带来了规模化的生产。

因此从最早的信息化系统建设，将线下业务流程搬到线上。信息化再到BPR（Business Process Reengineering）业务流程再造，传统的信息系统都是以流程驱动的方式建设的，强调的是标准化、精益化和集约化。因而业务流程是一切的基础，企业在信息化系统建设中最重要的就是梳理流程——一层层一级级的流程图，而流程梳理过程中最痛苦的就是节点与节点的关系，也就是一个个的连接线。因为，大家会发现系统设计上需要将一个业务流、价值流拆成几个流程，由多个组织实现，需要定义清楚责权利、分工界面，而从业务本身来讲是一体的，是不可分的，并不是那么的清晰，总会有一些灰色的模糊地带。于是，这些模糊地带就成了流程再造中最困难的节点。在流程驱动的世界中，流程是最重要的，很多时候陷入了为了正确的流程而制定流程，而忘记了流程本身的意义所在。

当前数字化转型的一个工作就是将过去那么多年建立起来的流程自动化、无形化、敏捷化。因为既然是流程，那就是别人之前设计好的，而现在的业务现状、竞争格局、客户需求，无时无刻不在发生变化，用过去的流程来管理和制约现在和未来的变化，这是不可能的事情。如何去发现变化、预测变化，只有数据。数字化将运营过程沉淀成数据，这使管理者可以从数据视角而不是过程视角来查看他们的业务。随着数据的出现以及将这些数据与指标或问题联系起来的能力，它使组织不仅能够变得更有效率，而且还能改变它的功能。取代以流程为核心，建立从数据出发的管理体系，从数据中挖掘和分析价值，用数据驱动业务的运营，战略的制定和创新的产生，是数字化转型最核心的工作。

数据驱动，意味着以数据为核心，将企业的数据资产梳理清楚，对之进行集成、共享、挖掘，从而一方面挖掘探索持续创新，另一方面发现问题迭代优化。

1．驱动创新

从数据中发现规律、发现价值，能够产生更多的创新，特别是那些原来人的经验所不能够洞察和理解的。传统的数据仓库，商业智能的核心还是人的经验，而随着行业边界的消失，海量的数据涌入，谁都无法掌握全面的信息，一个小的决策都会带来大量的信息的关联分析，靠人的经验决策风险巨大，并且随机性太高。借助数据资产，企业可以产生洞察，驱动创新，利用数据可视化、建模、算法，来发现经验不能触达的部分。

比如，我们在一个智慧物流的数据探索的项目中，发现运力与区域的关系，在几千万条的货运数据中，发现一些地区之间的货物运输是有模式和规律的，这些规律在一定的时间内是生效的，这就带来了巨大的价值。原来的货运定价相对是固定的、静态的，而当我们洞察了这样的规律后，就可以动态定价，针对不同的地区、不同的路线、不同的货物差异化定价。

因此企业需要拥有一个全面、开放、方便、快捷探索数据价值的体系，在数据中去发现洞察，产生创新。

2．优化流程

一个企业，流程的固化过程、信息化建设的过程是漫长的，这过程中，有太多的噪声和干扰，包括利益的博弈、格局的重组、风险的考量。所以，现在许多业务系统的流程，是附加了太多的组织、人员、利益、风险的因素的综合体，复杂而不能被清晰的理解。

如果从流程本身去优化，是非常困难，几乎不可能的，但所有的流程都会沉淀成数据，数据是最本质的反射。不论业务流程多么复杂，物理世界的本质是清晰的，数据之间的关联是清晰的，从数据出发可以越过流程的迷雾，快速到达业务的本质。

将企业的核心的数据资产梳理出来，发现那些不产生价值的过程数据，管理数据，以这些数据为源头和出发点，去优化业务流程，这是数据带来的对于内部效率的提升。

由此可见，当前数字化转型已经进入了颠覆性的时代，从流程驱动的转型，进入到以数据为核心，数据驱动的转型。

3. 技术中台

随着基础设施呈现"分布式云"架构，企业基础设施由原来集中的核心网延伸至边缘网，形成云边协同的架构。为了支撑 5G 网络更灵活的场景和创新业务应用，需要构建面向 BSS、OSS、大数据及人工智能以及 IoT 全业务建设的统一技术平台，提供统一的技术标准组件，针对不同业务场景按需所取灵活组装，实现全域统一全方位的可视化的运维，并将大数据与人工智能能力与 5G 业务场景深度融入提供智能化分析及人工智能服务。因此，技术平台将需具备以下能力：

- 标准技术能力：屏蔽各开源技术组件的差异性，提供统一的API服务接口。
- 弹性计算能力：实现资源和应用的联动。通过扩缩容策略，使得应用在高峰期可动态实时扩展。
- 运维监控能力：通过微服务服务框架，实现服务的注册、发现、编排和治理，为业务系统的服务解耦、分层治理提供有力支撑。

4. 业务中台

业务中台是指通过制定标准和机制，把不确定的业务规则和流程通过工业化和市场化的手段确定下来，以减少人与人之间的沟通成本，同时还能最大程度地提升协作效率。业务中台把业务规则和流程通过标准研发手段确定下来，形成核心业务组件；并通过制定规范和机制，把这些核心业务组件通过微服务技术封装为使用业务语言描述的、能够包容业务差异性的商业能力，并提供商业能力运营管理的平台化工具产品。业务中台需具备以下能力：

- 能力汇聚：业务中台通过微服务架构，持续解耦优化，进行基础业务能力的汇聚，构建各业务领域能力。
- 服务标准：面向商业能力运营框架，基于快捷、灵活、高复用等原则，提供合理颗粒度的标准化服务。
- 流程贯穿：基于业务场景，通过跨域贯通的业务流程模板实现前端业务的快速支撑。

5．数据中台

数据中台作为企业数字化转型的核心，是连接前台和后台的桥梁，使数据与业务之间形成良性的闭环。5G 网络灵活、服务敏捷、云边多中心分级部署等特点，数据中台需整合数据集成、处理、治理、安全、运维等多种能力，提供一种跨越人员、流程、工具的服务，使企业能够快速可靠地将大量企业生产数据从数据源传递给数据使用者。数据中台需具备以下能力：

- 面向混合云边中心实现统一数据集成开发及部署。
- 端到端数据开发流程集成，实现与人工智能、开发组件等能力集成。
- 智能化数据资产盘点，实现 AI 驱动的元数据管理及智能化数据质量管控。
- 面向复杂场景的数据运营服务。
- 通过微服务、Open API 实现端到端数据开放架构。

6．智能中台

5G 网络需要具备自主识别新业务类型、高效的资源调度机制、按需定制相应网络切片的能力，智能中台需要提供从边缘终端到云端的智能服务，边缘智能可以通过在边缘云部署智能服务组件，实现边缘网络的数据采集、协议解析、数据分析、数据转发、智能决策等智能化服务。核心网提供算法、算力，完成边缘智能本地软件所需的 AI 模型训练。智能中台应具备以下能力：

- 全域人工智能平台，通过构建统一的标准化体系（Open API），对B域/O域/M域典型、复杂的业务场景进行全域注智赋能。
- 提供多种注智方式（SDK/Open API），多种部署方式（嵌入式/集中式），满足不同场景的注智需求，实现全面赋能。
- 结合大数据、音视频识别、自然语言处理、知识图谱等技术，提供从感知到认知再到决策的全程人工智能能力输出。
- 具备完整的 AI 模型及服务的全生命周期管理能力，从业务角度，封装算法、模型和服务。

2.2　数字中台架构面临的挑战

业界对中台的定义通常有两个角度，一个是中台本身的价值和出发点：中台是在多个部门之间共享的开发资源所提供的业务能力、数据能力和计算能力的集合。另一个是中台的相对定位：前台是面向终端用户的一组业务能力，中台是对前台应用的抽象，提供多个前台业务之间共享的业务逻辑、数据和计算能力。由此可见中台本质上是一个对业务能力的抽象和共享的过程，它服务整个企业，目标往往是降低成本、加强管控，或者是扩大规模优势；中台的定位在以企业利益最大化的前提下最大化服务前台业务的需求；中台有自己的技术实现、研发流程和数据标准。

但中台不是万能药，从业界实践过程中来看中台的解决方案至少有以下几个缺陷。

1．业务拆分不清

中台技术团队对业务理解不透，导致业务梳理和系统规划的时候抓不住重点，设计出的系统不能满足实际需求。例如，某企业的业务复杂度高，同时存在各种销售模式，有直销、经销、预售等；存在多业态，有商业地产、泊寓、教育、酒店；存在多种会员类别，有家庭会员、个人会员。在业务设计之初为了能够快速响应业务需求，将用户中心与会员中心的服务进行了整合，但随着业务的发展，在迭代开发过程中造成了大量的混乱信息，使团队的管理和维护成本大大增加。后续还是将用户中心与会员中心分开才解决了问题，过程中走了很多弯路。

2．系统过度设计

中台经常以最全的、最复杂的实现来应对任何一个简单的应用场景。大量成熟行业和强监管环境下的需求被带入到了创新业务中。在带来大量运营复杂性的同时增加了用户（买家、卖家、本地运营）的学习难度。这就是我们常讲的膨胀软件 Bloatware：巨大、复杂、缓慢、低效。软件架构的最基本规律是解决当前的需求和痛点，无法对没有出现的问题和痛点进行设计。因此，一步到位的整体的中台微服务架构设计很难体现微服务的轻量级优势，也违背了创新工作法的原则，结果会导致业务真正需要创新的时候，把之前设计的内容又推翻重来。

3．微服务被滥用

中台的建设过程虽然可以自下而上、由点及面，但驱动力一定是自上而下、从全局出发的，并且需要一定的顶层设计。简而言之，中台化是企业级、全局视角的，微服务化更多是系统级、局部视角的。从组织架构模式的角度，"中台"突出的是规划控制和协调的能力，而"前台"强调的是创新和灵活多变。微服务不是越多越好，一定要根据实际的业务做相应的匹配，设置一个独立的业务单元，单独提供一个系统服务。

4．对创新的遏制

一个被完全中台化的业务导致集团内部过分分工，任何前台业务都被认为是中台能力的线性组合。举个例子，有的公司会有接近或超过千人的供应链中台、搜索广告中台、内容中台等,而多数业务前台少则几个人,多不过几十人。前台团队任何一个人哪怕是全职和一个中台域对接,也无法理解该域的全貌或者跟上这个中台的演变。这意味着前台业务完全无法在这些中台相关的领域做创新。本来的创新业务变成无从创新,当初的动力变成了中台最大的诅咒。有说法认为,一个业务靠拖拉拽就能编排出来,这不是创新是什么?事实证明这种创新完全无用。没有任何一个投资人会把自己的钱投到一个可以被大公司拖拉拽出来的商业模式。真正的创新不是现有能力的线性组合。

5．不利于人才激励

中台自身的场景往往缺乏前瞻设计,是对现有场景的抽象。而当某个创新在一个前线业务线孵化出来之后,中台团队会通过强制收编该能力来扩大自己的能力,同时强迫前台团队下线一个他们研发了很久的创新。这种行为往往造成精英人才的流失,使得本来就受到遏制的前台创新变得更为匮乏。

6．丧失对客户心智的追求

中台团队的产品和研发的核心技能在于抽象和降本。前台业务的核心能力在于对商业机会的捕捉和新商业机会的创造。这是两种完全不同的技能,往往对应着完全不同类型的人才。一个长期在多个业务中间找共性来降本的人是不会专注于最大化前台业务增长的。

做中台的公司往往被以上一个或者多个问题所困扰。也就是说中台事实上不是完美的。为什么呢?我们先思考一下中台的本质。中台本质上是把一些分散的重复的开发工作集中起来,通过共享同一个研发团队来提升不同业务线之间的共性,也就是通过抽象和统一来获取增量价值。具体的增量可以分成以下几类:

1．以零成本研发加速上线

对完全可以复用的标准化功能集中开发,未来以低研发成本上线,比如说一些无状态的计算能力,类似 SDK。

2．提升业务稳定性

对产品差异不大的领域,通过集中研发运维获取更高的业务稳定性。这样一个团队开发的底层服务能够同时服务多个业务场景,聚合所有的流量来加速积累。同时研发同学也通过更多的场景来加速打磨设计。常见的领域是会员、营销、交易、资金等服务。

3．加速技术和业务能力扩散

把整个集团的能力尽量跨事业部复制。这包括两种类型:一种是类似 SaaS 服务的场景,比如说 Chatbot、直播、内容等领域;另一种是类似 ISV 的场景,由一个中央的团队同时提供研发,对内服务和运营,比如说安全、风控、财务、人力资源等。

4．统一数据资产

在集团内部统一数据标准，最大化数据复用，把一个场景积累的数据优势应用到其他的业务场景中去，逐渐建设企业的数据壁垒。

5．集团层次的资源高效利用

把部分资源中央化，变成全集团资源，比如说商品中台不但包括商品库，也包括商品质量控制体系、背后的货源、相关货源的价格以及服务竞争力。而商家中台，不仅仅包含商家的信息，还包含商家的合作意愿和对集团品牌的信任，从而使得商家更愿意和一个新孵化的初创业务合作。集团真正想跨 BU 复用的是从一个大业务孵化而来的竞争力，而不是信息本身。

从研发和管理难度来说上述五个任务逐渐变难，而带来的增量价值也依次变得更大。但从中我们可以看到中台的使用范围是有限的，它仅仅限于技术演化相对慢且功能通用性高的场景中创造增量价值。

总而言之，数字中台解耦了单体的业务功能，面向实体构建了稳定的数据模型，并针对场景训练出 AI 预测模型，这些原子化的能力为再造业务流程，提升效率提供了非常灵活的手段。但是众多的原子化能力还需要面向场景由软件工程师编排完成，不能直接为行业专家所用，导致了在交付效率和生产效益上还无法应对不断变化的业务创新需求。

2.3　数字孪生驱动数智化升级

数字孪生是物理世界和数字空间通信的概念体系，它既是一种新技术，也是一种新范式。作为一种通用目的技术，数字孪生体除了在制造业不断深化发展，还在智慧城市、能源工业、医疗健康和国防工业等领域得到应用。

传统的软件实施方法，及时通过数字中台的实施能够敏捷高效地交付数字化系统，也只能解决可以预计或经历过的问题，对于"不知道的未知问题"（unknown unknows），则毫无办法，而这个问题对于像航空航天设备这种具有高可靠性要求的系统，大部分时候是致命的。

数字孪生通过开放架构，不像传统的高度集成方式那样需要事先知晓所有可能情况、设计精良的预案，数字孪生体能包容各种不确定性。数字孪生范式承认"不知道的未知问题"的存在，设计系统的时候，不去假设能考虑到所有问题，而是努力构建自感知和修复能力，从而根据实际情况调整运行配置，这实际上就是弹性系统（Resilient Systems）的要求。从软件开发的前向兼容和后向兼容来看，数字孪生作为新一代数字技术，具有前向兼容的特点。数字孪生体通过持续不断优化来缩短研发周期，尽量满足市场竞争带来的不断改变的需求。计算机集成系统、智能制造、信息物理系统等对于后向兼容考虑较多，而工业互联网、两化融合和数字孪生等则更强调前向兼容。当软件在制造系统中占比越来越高，后向兼容的价值开始比不上前向兼容，在设计现有系统的时候，尽量保证将来开发的应用需求，这是一种具有战略眼光的投资。

从经济学的角度来看，后向兼容是为了保护已有的投资，包括厂房、流水线以及工人的技能，这样的好处显而易见，但其短处就是对于未来需求的满足缺乏灵活性，随着需求的不断出现，制造系统的功能和效率都会受到影响。当软件在制造系统中占比越来越高，后向兼容的价值开始比不上前向兼容，在设计现有系统的时候，尽量保证将来开发的应用需求，这是一种具有战略眼光的投资。

2.4　数字孪生奠定元宇宙基石

元宇宙（Metaverse）是利用科技手段进行链接与创造的，与现实世界映射与交互的虚拟世界，是一个具备新型社会体系的数字生活空间。

元宇宙本质上是对现实世界的虚拟化、数字化过程，需要对内容生产、经济系统、用户体验以及实体世界内容等进行大量改造。但元宇宙的发展是循序渐进的，是在共享的基础设施、标准及协议的支撑下，由众多工具、平台不断融合、进化而最终成形。

从时空性来看，元宇宙是一个空间维度上虚拟而时间维度上真实的数字世界；从真实性来看，元宇宙中既有现实世界的数字化复制物，也有虚拟世界的创造物；从独立性来看，元宇宙是一个与外部真实世界既紧密相连，又高度独立的平行空间；从连接性来看，元宇宙是一个把网络、硬件终端和用户囊括进来的永续的、广覆盖的虚拟现实系统。

准确地说，元宇宙不是一个新的概念，它更像是一个经典概念的重生，是在扩展现实（XR）、区块链、云计算、数字孪生等新技术下的概念具化。

业界普遍观点，"元宇宙本身不是一种技术，而是一个理念和概念，它需要整合不同的新技术，如5G、6G、人工智能、大数据等，强调虚实相融"。

元宇宙主要有以下几项核心技术：

● 一是扩展现实技术，包括VR和AR。扩展现实技术可以提供沉浸式的体验，可以解决手机解决不了的问题。

● 二是数字孪生，能够把现实世界镜像到虚拟世界中。这也意味着在元宇宙里面，我们可以看到很多自己的虚拟分身。

● 三是用区块链来搭建经济体系。随着元宇宙进一步发展，对整个现实社会的模拟程度加强，我们在元宇宙中可能不仅仅会花钱，而且有可能赚钱，这样在虚拟世界里同样形成了一套经济体系。

作为一种多项数字技术的综合集成应用，元宇宙场景从概念到真正落地需要实现两个技术突破：第一个是 XR、数字孪生、区块链、人工智能等单项技术的突破，从不同维度实现立体视觉、深度沉浸、虚拟分身等元宇宙应用的基础功能；第二个是多项数字技术的综合应用突破，通过多技术的叠加兼容、交互融合，凝聚形成技术合力推动元宇宙稳定有序发展。

数字孪生、数字原生和虚实融生被认为是进入元宇宙的不同路径，也是元宇宙发展的不同阶段。其中，数字孪生是物理世界的数字映射，数字原生是平行于物理世界的数字宇宙，虚实融生是物理世界与数学世界相互作用。我们可以从法国哲学家、现代社会思想家、后现代理论家让·布希亚（Jean Baudrillard）对人类通过模拟（Simulations）和拟像（Simulacra）、媒介和信息、科学和新技术、内爆和超现实构成了一个新的后现代世界的认识理解的三个阶段：

● 第一个阶段是仿造（Counterfeit）：认为现实世界中才有价值，虚构活动要模拟、复制和反映自然。真实与它的仿造物泾渭分明。

● 第二个阶段是生产（Production）：价值受市场规律支配，目的是盈利。大规模生产出来的仿造物与真实的摹本成为平等关系。

● 第三个阶段是模拟（Simulation）：在此阶段，拟像创造出了"超现实"，且把真实同化于它的自身之中，二者的界限消失。作为模仿对象的真实已经不存在，仿造物成为了没有原本的东西的摹本，幻觉与现实混淆。

如今流行的元宇宙畅想中，人们想象着平行于真实世界的数字化生活。在元宇宙中并存的现实世界和虚拟世界如何建立关联？数字孪生无疑是最佳纽带。数字孪生与来自各种物联网设备的实时数据相连，能够镜像、分析和预测物理对象的行为。既然数字孪生是连接虚拟与现实的纽带，也是构建元宇宙的基础，那么简单易用、低成本的数字孪生应用，自然会在产业元宇宙时代拔得头筹。

想要构建一个与现实世界高度贴合甚至是超越现实世界的"元宇宙"，前提是需要大量的数据模拟和强大的算力来 1∶1 创造一个虚拟世界，此时的关键核心点则是数字孪生，如图 2-1 所示。而数字孪生也成为构建元宇宙的核心技术之一，甚至可以说是元宇宙的基石。数字孪生技术的成熟度，决定了元宇宙在虚实映射与虚实交互中所能支撑的完整性。但如果走向数字融生的元宇宙，数字孪生还需要继续进化，以确保设计服务提供者和最终用户将发挥重要作用。这是因为最终用户未必知道自己想要什么，需要具备设计能力的专业人士提供设计服务，提高设计质量的一致性，降低设计的风险。这时，用户体验和设计创新将会成为一个新的维度融入数字孪生，令元宇宙实现人们知识的传承，让个性化、高端服务的规模化成为可能。

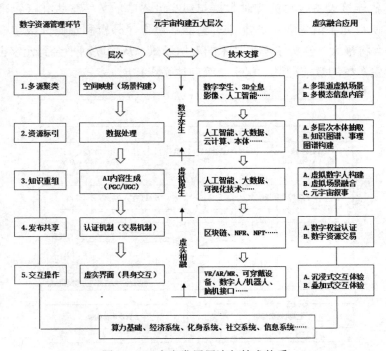

图 2-1　元宇宙发展层次与技术体系

作为一种社会形态，元宇宙一方面需要具备沉浸感、低延时、多元化的场景空间，另一方面需要具备生产系统、经济系统、社交系统等底层框架。元宇宙作为一种整合性技术应用形态，为数字资源管理各流程的优化提供了想象空间，如图 2-2 所示。一方面，包括数字孪生、3D 建模、拓展现实（VR/AR/MR）等在内的可视技术为数字资源的立体呈现和沉浸交互提供了可能；另一方面，包括人工智能（AI 内容生成）、大数据等在内的技术为数字资源的聚类标引和重组计算提供了支持。另外要实现数字资源在元宇宙场景中的"再构"，首先需要对数字资源进行"解构"，即为整合自建资源、外采资源和网络资源，搭建多模态数字资源平台。

综上所述，不难看出，数字孪生作为现阶段最核心的手段之一，贯穿了元宇宙的完整体系。但元宇宙是一个比数字孪生更庞大、更复杂的体系。如果数字孪生还算是一个复杂技术体系的话，元宇宙从一开始就是一个复杂的技术—社会体系。两者有不同的技术发展和演化路径。数字孪生起源于复杂产品研制的工业化，正在向城市化和全球化领域迈进；而元宇宙起源于构建人与人关系的游戏娱乐产业，正在从全球化向城市化和工业化迈进，如图2-3所示。数字孪生技术为元宇宙中的各种虚拟对象提供了丰富的数字孪生体模型，并通过从传感器和其他连接设备收集的实时数据与现实世界中的数字孪生化（物理）对象相关联，使得元宇宙环境中的虚拟对象能够镜像、分析和预测其数字孪生化对象的行为，将极大丰富数字孪生技术的应用场景（从物联网平台到元宇宙环境）和数字孪生系统的复杂程度（从系统级向体系级扩展）。

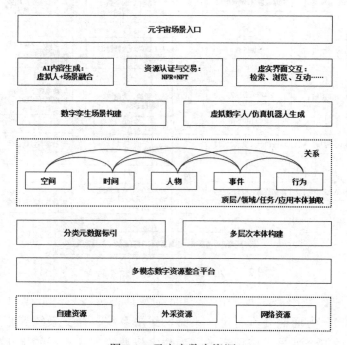

图 2-2　元宇宙数字资源

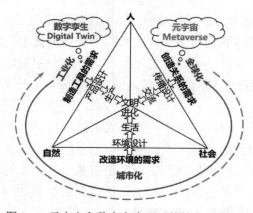

图 2-3　元宇宙和数字孪生不同的技术演化路径

虽然元宇宙和数字孪生都关注现实物理世界和虚拟数字世界的连接和交互，但两者的本质区别在于它们的出发点完全不同。元宇宙是直接面向人的，而数字孪生是首先面向物的。只有两者融合才会更好地构建未来的虚拟数字世界。

以城市为例，数字孪生已经是一种广为人知的时空数据平台的业务形态，但是与城市信息模型 CIM 一样，一般只强调对实体空间的精确真实复现，虽然通过 IoT 等多元数据的集成，针对相对简单的基础设施系统来说，也能发挥一些模拟、预测等作用，但在实践中常被质疑其价值。城市是一个开放的复杂巨系统，多个系统在彼此交织并相互作用之后，尤其是加入"人"与"社会"等复杂变量之后，就成为了一个巨大的社会物理信息系统（CPSS）。对于这类系统，其运行状态的描述需要比三维实体空间更为复杂的"流、场和网"等系统，成倍放大的随机性、涌现性也会给试图发现规律和预测未来的数学模型带来尚无法承受的挑战。

这些数字孪生应用在一定阶段有其价值，但演进方向是否只是光影渲染越来越精致、数据汇聚越来越全面、行业模型越来越丰富精确呢？由于算法与算力的限制，我们还无法在数字系统中模仿人脑对于复杂系统的认知和判断能力，这就需要在处理复杂系统问题时，运用数字技术的连接能力，让人能与数字系统协同解决问题，同时发挥二者的优势。

社会物理信息系统 CPSS 也可以说是一种默顿（Morton）系统，其与传统机器的本质区别是人必须参与到循环中去，包括感知、认知与分析。在默顿系统中，机器智能和人类智能将协同工作，相互支持，平行执行，这将是下一代人工智能和智能系统运作的重要范式。

而元宇宙是 5G 和传感等技术发展背景下，对数字空间的一次拓展，让人们在数字空间中有更加全息、原生的体验，而不仅仅是物理空间部分体验的复制。从这个意义上来讲，元宇宙又是"平行系统"思想的通俗表述和一种技术响应。平行系统属于能动、整体和辩证式的认识论，其人工系统并不要求与相应的物理系统完全一致，因而具有一定的平行性或独立性。平行系统将物理系统视为与环境交互的系统，且其运行目标和效用是受社会资源约束的系统；平行系统强调人在系统中的作用，强调融合了人的意图的虚拟系统对物理系统的引导，目的是使物理系统在构成和运行方面达到某种进化。

元宇宙在精准模拟物理空间运行的同时，也在创造数字空间中的原生体验，探索一种在数字空间中特有的生活方式和社交形态，进而，数字空间也可以反向影响物理空间。未来城市的生活、工作和娱乐将越来越融合，彼此间边界逐渐模糊。人们也将更多在数字空间里生存，与这种未来数字化生活方式最接近的形态就是电脑游戏，因此游戏科技甚至可以说是人类为数字原生和虚实共生世界的技术储备与探索工具。这种科技和工具并不局限于互联网、物联网、VR、AR 等技术，也包括对数字空间中社会心理和行为特征的理解、治理和引导能力。因此，对于城市系统的数字化转型，会在思维方式上从数字孪生走向元宇宙。对社会系统而言，无论是智能体模型还是神经网络，都难以全面地模拟和计算。而通过对人的连接，从而让市民和利益相关方以多种方式参与到城市运行的决策过程中，用人的智慧弥补机器的智能，可能是让城市实现真正智慧的捷径。

总而言之，元宇宙思维在数字孪生的基础上，引入了多元主体的参与互动，使数字平台不仅提供可视化能力，更实现了社会空间和物理空间的全面连接，真正实现了机器的智能与人的智慧的高度协同。

第二部分

我国数字孪生产业发展需求

3.1 "十四五"规划纲要对数字孪生发展的指引

在总体规划层面，国家"十四五"规划纲要、"十四五"数字经济发展规划、"十四五"国家信息化规划等规划文件提出，要积极完善城市信息模型平台和运行管理服务平台，构建城市数据资源体系，推进城市大脑建设，以因地制宜为原则探索建设数字孪生城市。此外，数字孪生技术作为优势技术集成突破的代表，要进一步加强战略研究布局和技术融通创新。

"十四五"国家信息化规划提出：加强人工智能、量子信息、集成电路、空天信息、类脑计算、神经芯片、DNA 存储、脑机接口、数字孪生、新型非易失性存储、硅基光电子、非硅基半导体等关键前沿领域的战略研究布局和技术融通创新。稳步推进城市数据资源体系和数据大脑建设，打造互联、开放、赋能的智慧中枢，完善城市信息模型平台和运行管理服务平台，探索建设数字孪生城市。

"十四五"数字经济发展规划提出：深化新型智慧城市建设，推动城市数据整合共享和业务协同，提升城市综合管理服务能力，完善城市信息模型平台和运行管理服务平台，因地制宜构建数字孪生城市。

2022 年 6 月 23 日，国务院发布《国务院关于加强数字政府建设的指导意见》，提出："到 2025 年，与政府治理能力现代化相适应的数字政府顶层设计更加完善、统筹协调机制更加健全，政府数字化履职能力、安全保障、制度规则、数据资源、平台支撑等数字政府体系框架基本形成，政府履职数字化、智能化水平显著提升，政府决策科学化、社会治理精准化、公共服务高效化取得重要进展，数字政府建设在服务党和国家重大战略、促进经济社会高质量发展、建设人民满意的服务型政府等方面发挥重要作用。"同时提出，"到 2035 年，与国家治理体系和治理能力现代化相适应的数字政府体系框架更加成熟完备，整体协同、敏捷高效、智能精准、开放透明、公平普惠的数字政府基本建成,为基本实现社会主义现代化提供有力支撑。"

在智慧城市方面,结合城市信息模型和数字孪生需求,《意见》提出:"推动数字技术和传统公共服务融合,着力普及数字设施、优化数字资源供给,推动数字化服务普惠应用。推进智慧城市建设,推动城市公共基础设施数字转型、智能升级、融合创新,构建城市数据资源体系,加快推进城市运行'一网统管',探索城市信息模型、数字孪生等新技术运用,提升城市治理科学化、精细化、智能化水平。推进数字乡村建设,以数字化支撑现代乡村治理体系,加快补齐乡村信息基础设施短板,构建农业农村大数据体系,不断提高面向农业农村的综合信息服务水平。"

3.2 "两化"融合领域

持续深化信息化与工业化融合发展,是党中央、国务院做出的重大战略部署,是新发展阶段制造业数字化、网络化、智能化发展的必由之路,是数字时代建设制造强国、网络强国和数字中国的扣合点。习近平总书记指出,信息化为中华民族带来了千载难逢的历史机遇,多次要求做好信息化和工业化深度融合这篇大文章。习近平总书记在中共中央政治局第三十四次集体学习时再次强调,要促进数字技术与实体经济深度融合,赋能传统产业转型升级,催生新产业新业态新模式,为推进新时期"两化"融合指明了前进方向、提供了根本遵循。工业和信息化部正式印发了《"十四五"信息化和工业化深度融合发展规划》(以下简称"规划"),全面部署"十四五"时期"两化"深度融合发展工作重点,加速制造业数字化转型,持续做好"两化"深度融合这篇大文章。

"十三五"期间,国务院有关部门和地方政府部门大力推进"两化"深度融合工作,通过政策制定、标准推广、工程实施、试点示范等系列举措,推动我国"两化"融合发展水平稳步提升。融合发展政策体系不断健全、基于工业互联网的融合发展生态加速构建、个性化定制、网络化协同、服务化延伸等新模式新业态蓬勃发展,以"两化"深度融合为本质特征的中国特色新型工业化道路更加宽广,步伐更加坚定,成效更加显著。

"十四五"时期,是建设制造强国、构建现代化产业体系和实现经济高质量发展的重要阶段,两化深度融合面临着新形势、新任务、新挑战。当今世界正经历百年未有之大变局,国内发展环境经历深刻变化,新一代信息技术加速在制造业全要素、全产业链、全价值链渗透融合,持续引发技术经济模式、生产制造方式、产业组织形态的根本性变革。从总体来看，我国"两化"深度融合发展仍处于走深向实的战略机遇期，正步入深化应用、加速创新、引领变革的快速发展轨道。大力推进信息化和工业化深度融合，推动新一代信息技术对产业全方位、全角度、全链条改造创新，激发数据对经济发展的放大、叠加、倍增作用，对于新时期推动产业数字化和数字产业化，统筹推进制造强国与网络强国建设，具有重要战略意义。根据《中华人民共和国国民经济和社会发展第十四个五年规划和2035年远景目标纲要》，为深入贯彻落实党中央国务院关于深化新一代信息技术与制造业融合发展的决策部署，按照工业和信息化部"十四五"规划体系相关工作安排，编制形成《规划》。

《规划》立足新时期融合发展的历史方位，在衔接继承"两化"融合"十三五"规划目标任务的基础上，紧密结合推进制造业数字化、网络化、智能化的发展要求，以解决当前我国"两化"深度融合发展的关键问题为出发点和落脚点，充分考虑与现有政策配套协同，聚焦融合重点，突出系统布局，整合各方资源，明确"十四五"时期"两化"深度融合的发展形势、总体要求、主要任务、重点工程以及保障措施等内容，指导未来五年"两化"深度融合发展。具体来讲，《规划》编制坚持了四项原则：

一是坚持总体站位。国家第十四个五年规划和2035年远景目标纲要明确了2035年基本实现社会主义现代化的远景目标，将"基本实现新型工业化、信息化、城镇化、农业现代化，建成现代化经济体系"作为重要目标之一。《规划》继续高举"两化"深度融合这杆大旗，将推动融合发展作为构建现代化经济体系的实现路径，保持战略定力、深化思想认识，明确新时期"两化"深度融合的关键思路。

二是坚持问题导向。"十三五"期间，我国"两化"融合发展取得了长足进步，但仍存在制造领域基础能力薄弱，行业、区域、企业间发展不平衡不充分，新模式新业态应用潜能未真正发挥，融合发展人才、资金、标准、监管制度环境等保障不完备等问题。《规划》在聚焦这些制约我国"两化"深度融合发展的现实问题以及问题背后深刻原因的基础上，以解决问题为指引，谋定下一步发展的主要目标和工作重点，集中全部力量和有效资源攻坚克难。

三是坚持守正创新。"两化"深度融合是信息化和工业化两个历史进程的交会融合，要在遵循融合发展本质与规律的基础上，结合当前国内外发展形势的新机遇新挑战，以新认知指导新实践，推动融合发展迈向更广范围、更深程度、更高水平。《规划》结合融合发展的现况和趋势，坚持继承和创新相结合，既考虑与已有工作衔接，又体现前瞻性布局，凝练形成发展的主要任务和重点工程。

四是坚持统筹布局。"两化"深度融合作为系统工程，涉及单个企业的转型发展、产业链的优化升级乃至产业体系的整体重构，在发展的过程中应坚持统筹协调好各方力量，打好"组合拳"。《规划》针对不同企业、行业、区域融合发展水平的差异性，深刻把握新技术、新产品、新模式和新业态在不同行业领域的扩散路径和融合方式，系统绘制了新时期"两化"深度融合路线图，并充分调动各方积极性，加快构建开放融通的融合发展新生态。

《规划》采用了定量目标和定性目标相结合的方式，提出了 2025 年"两化"融合发展的总体目标和 5 个方面的分目标。

在总体目标方面，到 2025 年，信息化与和工业化在更广范围、更深程度、更高水平上实现融合发展，新一代信息技术向制造业各领域加速渗透，范围显著扩展、程度持续深化、质量大幅提升，制造业数字化转型步伐明显加快。选取了"全国两化融合发展指数"这一可以综合反映"两化"深度融合发展实际成效的定量指标，提出到 2025 年，"全国两化融合发展指数"达到 105，相较于 2020 年提高约 20。

在分项目标方面，围绕培育新模式新业态、加快产业数字化转型、夯实融合发展基础、激发企业主体活力、构建融合生态体系等 5 个方面的发展重点，分别明确了 2025 年的发展目标。围绕融合发展的关键环节提出定量目标，包括企业经营管理数字化普及率达 80%，数字化研发设计工具普及率达 85%，关键工序数控化率达 68%，工业互联网平台普及率达 45%。值得强调的是，工业互联网平台是支撑制造业全要素、全产业链、全价值链资源汇聚配置的新型基础设施，平台的应用普及是当前我国两化深度融合推进的重点、难点和关键点，也是全球主要国家的战略布局要点。对工业互联网平台普及率的监测统计，可以直观反映制造业生产方式和企业形态变革的进程，考察制造业数字化、网络化、智能化发展水平。

《规划》紧扣"十四五"时期制造业高质量发展要求，以供给侧结构性改革为主线，以智能制造为主攻方向，以数字化转型为主要抓手，推动工业互联网创新发展，围绕融合发展的重点领域设置了 5 项主要任务、5 大重点工程以及 5 个方面的保障措施。

5 项主要任务：《规划》提出"76441"五项主要任务，即培育融合发展"七个模式"、探索"六大行业领域"融合路径、夯实"四大基础"、激发"四类企业"活力、培育"一个跨界融合生态"。其中，"7644"由 2020 年 6 月审议通过的《关于深化新一代信息技术与制造业融合发展的指导意见》（以下简称《指导意见》）中"6543"四项主要任务拓展而来，目的是更好地落实《指导意见》。具体来说：一是培育新产品新模式新业态。发展新型智能产品、数字化管理、平台化设计、智能化制造、网络化协同、个性化定制、服务化延伸等七大新产品新模式新业态。

二是推进行业领域数字化转型。加快推进原材料、装备制造、消费品、电子信息、绿色制造、安全生产等六个行业和领域数字化转型升级。三是筑牢融合发展新基础。包括建设新型信息基础设施、提升关键核心技术支撑能力、推动工业大数据创新发展、完善两化深度融合标准体系等四大基础。四是激发企业主体新活力。包括培育生态聚合型平台企业、打造示范引领型骨干企业、壮大"专精特新"中小企业、发展专业化系统解决方案提供商等四类企业。五是培育跨界融合新生态。通过推动产业链供应链升级、推进产业集群数字化转型、深化产学研用合作、提升制造业"双创"水平等举措，打造融合发展新生态。

五大重点工程：围绕上述主要任务，设置了五项重点工程。一是制造业数字化转型行动，包括制订制造业数字化转型行动计划，制定重点行业领域数字化转型路线图，构建制造企业数字化转型能力体系等工作。二是"两化"融合标准引领行动，包括开展"两化"融合度标准制定与评估推广工作，打造"两化"融合管理体系贯标升级版，健全标准应用推广的市场化服务体系等工作。三是工业互联网平台推广工程，包括完善工业互联网平台体系，加快工业互联网平台融合应用，组织开展平台监测分析等工作。四是系统解决方案能力提升行动，包括打造系统解决方案资源池，培育推广工业设备上云解决方案，健全完善解决方案应用推广生态等工作。五是产业链供应链数字化升级行动，包括制定和推广供应链数字化管理标准，提升重点领域产业链供应链数字化水平，加快发展工业电子商务等工作。

五个方面保障措施：围绕保障措施的针对性、有效性和可操作性，提出了五个方面的措施。一是健全组织实施机制，强化部际、部省、央地之间协同合作，发挥科研院所、行业组织、产业联盟等多元主体的桥梁作用，确保规划有效落实。二是加大财税资金支持，充分利用重大专项资金等机制，探索建立多元化社会投入机制，落实好税收优惠政策，加强资金支持力度。三是加快人才队伍培养，加快建立多层次、体系化、高水平的人才队伍，打造产学研融合的人才培养模式，鼓励企业创新激励机制，充分激发人力资本的创新潜能。四是优化融合发展环境，建立部门间高效联动机制，放宽新产品、新模式、新业态的市场准入限制，强化知识产权保护，创造良好融合发展环境。五是加强国际交流合作，加强国际标准化工作，扩大制造业对外开放，落实"一带一路"倡议，加强融合发展"中国方案"的国际推广。

随着我国工业互联网创新发展战略深入实施，部分应用企业已基于工业互联网完成了数字化、网络化改造，少数头部企业渴望通过工业互联网开展智能化升级。作为工业互联网数据闭环优化的核心使能技术，数字孪生具备打通数字空间与物理世界，将物理数据与孪生模型集成融合，形成综合决策后再反馈给物理世界的功能，为企业开展智能化升级提供了新型应用模式。

3.3　5G 网络领域

随着 5G 网络逐步规模商用，其大带宽（eMBB）、低时延（uRLLC）和广连接（mMTC）的三大特性无疑将会给用户带来前所未有的体验。但由于网络运营的高可靠性要求、5G 网络本身的复杂性、网络故障的高代价以及昂贵的试验成本，网络的变动往往牵一发而动全身，新技术的部署越发困难，如何利用大数据及 AI 的能力构建数字孪生智能网络有效保障网络运维，进行对网络的仿真模拟，并在此基础对结果进行呈现，借助孪生平台对实际物理网络进行实时的优化与管理，并进一步助力业务创新将是未来网络发展亟待解决的问题。

中国移动发表的论文《数字孪生网络（DTN）概念、架构及关键技术》中对 5G 网络面临的典型挑战进行了总结：伴随物联网技术的兴起，通信模式不断更新，网络承载的业务类型、网络所服务的对象、连接到网络的设备类型等呈现出多样化发展，网络需要具有较高灵活性；作为基础设施，网络需要具有高可靠性，因此现网环境难以直接用于网络创新技术研究。但仅基于线下仿真平台的研究会大大影响结果的有效性，这导致网络新技术研发周期长、部署难度大；网络资源的云化、业务的按需设计、资源的编排等，使得网络运行和维护面临前所未有的压力；由于缺乏有效的虚拟验证平台，网络优化操作不得不直接作用于现网基础设施中，造成较长的时间消耗以及较高的现网运行业务风险，从而加大网络的运营成本以及影响运营的风险。

基于上述需求，结合数字孪生技术的数字孪生网络应运而生。将数字孪生技术应用于网络，创建物理网络设施的虚拟镜像，即可搭建与实体网络网元一致、拓扑一致、数据一致的数字孪生网络平台，提供网络配置正确性验证、新技术效果验证的试验床，大大降低现网风险，消除错误配置导致现网故障的可能性。另外，数字孪生网络在网络流量全息透视、网元全生命周期管理等场景也能发挥重要作用。

1．数字孪生网络技术驱动

自 2002 年 Grieves 教授提出关于数字孪生（Digital Twin）的理念，并将其定义为包含物理对象、虚拟对象，及二者间的信息流后，数字孪生技术就逐渐走入各行各业。在这些行业发挥着优化工厂产能、提升城市治理管理能力、降低制造业设备故障率等方面有着积极的引领作用。同时需要指出的是在网络治理、规划、预测、优化层面，数字孪生技术与理念也正在发挥着举足轻重的作用。

（1）"孪生网络＋智能制造"领域。

通过采用数字化模型的设计技术，将物理设备的各种属性映射到虚拟空间中，形成可拆解、可复制、可转移、可修改、可删除、可重复操作的数字镜像，在虚拟的三维数字空间快速便捷地修改部件和产品的每一处尺寸和装配关系，大幅度减少了迭代过程中物理样机的制造次数、时间，以及成本。同时数字孪生体可以采集有限的物理传感器指标的直接数据，借助数据的历史规律，通过机器学习推测出一些原本无法直接测量的指标。由此实现对当前状态的评估、对过去发生问题的诊断，以及对未来趋势的预测，并给予分析的结果，模拟各种可能性，提供更全面的决策支持。经过十余年的发展，数字孪生技术现已在诸如城市建设、卫星网络、生产车间等行业成功应用。

（2）"孪生网络 + 智慧城市"领域。

借助数字孪生技术可以提升城市规划质量和水平，推动城市设计和建设，辅助城市管理和运行，让城市生活与环境变得更好。雄安新区的规划纲要中明确指出要规划建设数字城市，将雄安打造成全球领先的数字城市。数字孪生城市的构建，包含物理城市、虚拟城市、城市大数据、虚实交互和智能服务五方面。通过在城建设备上布设传感器感知、监测城市运行状态，其次，建立物理城市相应的孪生模型实现对城市全方位的模拟，同时收集与记录城市运行数据驱动数字孪生城市的发展优化，最终借助数字孪生的虚实交互实现城市规划设计、优化市政规划等智能服务。具体如新加坡已与达索合作构建监控城市中从公交车站到建筑物等一切事物的数字孪生城市，Cityzenith 搭建了一个"5D 智能城市平台"，实现了基础设施开发过程的数字化及城市的数字化全生命周期管理。

（3）"孪生网络 + 工业制造"领域。

作为制造业的基础单元，生产车间面临着多设备、多技术的复杂性挑战。为实现车间信息与物理空间的实时交互，北航数字孪生技术研究团队提出了数字孪生车间的概念。通过构建数字孪生车间，能有效提高生产过程的可视化与智能化，能够实现车间设备的全生命周期管理，监测设备健康，即时捕捉设备性能退化、准确定位故障原因，同时能够实现维修策略的合理性验证。此外，孪生车间与物理车间的数据交互，能够提高设备能耗分析的准确度与完备性，实现多维多尺度分析。此外，基于孪生车间与物理车间的实时交互，可以实现对突发故障等的及时感知与处理，减少生产损耗。

（4）"孪生网络 + 卫星通信"领域。

在该领域同样面临着各种各样的问题与挑战。而借助数字孪生技术，可动态模拟卫星网络节点与链路的动态变化、复杂的网络时空行为及差异巨大的业务类型，实现卫星网络的全生命周期管控，优化卫星网络组网，提高卫星的数字化与智能化水平，解决卫星面临的远程健康监控、状况评估与维修维护难题。

（5）"孪生网络 + 规建维优"场景。

随着海量视频、数据业务增加，智能驾驶、远程医疗的应用，以及大范围物联网设备的入网，人网与物网都在面临着巨大的挑战，如何借助数字孪生理念构建一个可以模拟仿真动态网络，并可以实时反哺优化现实物理网络成为下一代网络发展的重点突破口。

值得指出的是，近年来得益于物联网、人工智能、大数据、云计算云网融合等新一代技术的发展，数字孪生的概念以及相关技术也应运得到了进一步的发展，在如上各行业的研究及应用也证实了其所具备的，诸如预验证、减少生产消耗、全生命周期管理等各种优势。因而，将数字孪生技术引入网络中，构建数字孪生网络，是下一代网络发展的必然趋势。

2．数字孪生网络架构

数字孪生网络（Digital Twin Network）是以数字化方式创建物理网络实体的虚拟孪生体，且可与物理网络实体之间实时交互映射的网络系统，其核心要素为：数据、模型、交互、映射。

通过实时或者非实时的数据采集方式将物理网络层的数据，主要包括物理实体数据、空间数据、资源数据，以及协议、接口、路由、信令、流程、性能、告警、日志、状态等采集存储到数据仓库，为构建网络孪生体以及为网络孪生体赋能提供数据支撑，并且基于这些数据形成功能丰富的数据模型。通过灵活组合的方式创建多种模型实例，服务于各种网络应用，同时通过网络孪生体以高保真可视化的页面去映射物理网络实体，最终达到可视化页面、孪生网络层、物理网络层的实时交互。同时借助人工智能、AI 算法、专家经验、大数据分析等技术对物理网络进行全生命周期的分析、诊断、仿真和控制。

3.4　信息技术领域

在信息技术领域，"十四五"信息通信行业发展规划和"十四五"软件和信息技术服务业发展规划等规划文件强调，要强化数字孪生技术研发和创新突破，加强与传统行业深度融合发展，推动关键标准体系的制定和推广。规划文件还强调，要加快推进城市信息模型（CIM）平台建设，实现城市信息模型、地理信息系统、建筑信息模型等软件创新应用突破，支持新型智慧城市建设。

"十四五"信息通信行业发展规划提出：加强云计算中心、物联网、工业互联网、车联网等领域关键核心技术和产品研发，加速人工智能、区块链、数字孪生、虚拟现实等新技术与传统行业深度融合发展。推动建立融合发展的新兴领域标准体系，加快数字基础设施共性标准、关键技术标准制定和推广。加快推进城市信息模型（CIM）平台和运行管理服务平台建设；实施智能化市政基础设施改造，推进供水、排水、燃气、热力等设施智能化感知设施应用，提升设施运行效率和安全性能；建设城市道路、建筑、公共设施融合感知体系，协同发展智慧城市与智能网联汽车；搭建智慧物业管理服务平台，推动物业服务线上线下融合，建设智慧社区；推动智能建造与建筑工业化协同发展，实施智能建造能力提升工程，培育智能建造产业基地，建设建筑业大数据平台，实现智能生产、智能设计、智慧施工和智慧运维。

"十四五"软件和信息技术服务业发展规划提出：支持城市信息模型、地理信息系统、建筑信息模型和建筑防火模拟等软件创新应用，实施智能建造能力提升工程，推进建筑业数字化、网络化、智能化突破。

另外需要指出的是云计算、云存储发展信息技术领域新突破的基座，所以我们看到云计算作为数据化、信息化的一种表现形式已成为全球 IDC 行业的最大驱动力。当前 5G 商用拉开帷幕，5G 新应用、人工智能、自动驾驶等有望助力云计算迎来第二轮成长。随着国家层面的新基建、新能源项目，如"东数西算"项目正在拔地而起，这说明了从国家政策层面已经越来越重视底层数智基础的搭建，这也更加有利于信息技术领域的后续健康增长。

3.5　城市发展领域

在城市发展领域，《"十四五"支持老工业城市和资源型城市产业转型升级示范区高质量发展实施方案》提出，要加速推进老工业城市和资源型城市的智慧城市建设，推进数字技术与经济社会发展和产业发展各领域广泛融合，完成城市绿色化改造。加快构筑数字社会，支持发展远程办公、远程教育、远程医疗、智慧楼宇、智慧社区和数字家庭。加快智慧城市建设，推进数字技术广泛应用于市域社会治理现代化。推动 5G 网络规模化部署，争取至 2025 年覆盖所有示范区城市。

随着信息技术的飞速创新与发展，起源于航天、工业领域的数字孪生概念陆续在建筑、医疗、电力、能源等各行各业生根发芽。在城市管理方面，数字孪生城市通过对物理世界的人、物、事等所有要素数字化，建立一个一一映射、实时交互的数字城市，将城市全状态实时化和可视化，推动城市规划、管理、运营的协同化和智能化，大大提升城市决策的高效性和准确性。

放眼全球，数字化已经成为引领创新和驱动转型的先导力量，是国家综合实力和现代化程度的重要标志；智慧城市承载国家数字化战略，成为全球竞争的重要着力点。以纽约、新加坡、伦敦为代表的全球一流城市的数字化竞争力较强，整体数字化水平遥遥领先。其中，纽约凭借最优质的数字创新资源、数据开放的先行城市、全球创新中心等标签，位列全球城市数字竞争力榜首。新加坡通过数字政府和智慧城市建设，实现公共服务和社会治理的数字化，是数字化赋能社会突出的城市。

中国数字孪生城市的发展经过了概念培育期和技术方案架构期，已经于 2020 年进入建设初期。2020 年 4 月发布的《关于推进"上云用数赋智行动培育发展实时方案"》中更是将数字孪生与大数据、人工智能、5G 等并列，要求"引导各方参与提出数字孪生解决方案"，多个省/市陆续发布了建立数字孪生城市试点项目的政策行动方案。技术端 5G、物联网、AI 的发展，将全面推动数字孪生城市建设。在企业端，各方测绘、建模、互联网、科技、人工智能等企业积极响应国家号召，加速布局相关产业链。

我们可以看到城市发展作为经济发展的外在表现形式之一，正在起着更加核心的作用，近年来我们也可以看到越来越多的数字孪生城市如雨后春笋般出现。

智慧城市的概念包含了许多纬度，涉及居民城市生活的方面都应该纳入这个行列里来，我们选取了一些比较有代表性的方面进行逐一论述：

- 智慧社区：社区作为居民生活的中心点之一，在城市演进过程中起着举足轻重的作用。在目前的社区场景，主要的场景有人、车、事件的智能研判与数据记录，对于整体社区的安防监控，以及在新冠肺炎疫情背景下对于人员出入信息、健康、行程的智能管理。
- 智慧医疗：医疗是城市生活的重要环节，目前多省市以及实现了医保联网、一卡通等业务，这也标志着数据链路的打通，同时需要注意的是，近年来研究机构联合医院一直致力于远程医疗教育以平衡南北方、东西部的医疗资源不均衡的矛盾，目前已经斩获了阶段性的突破。
- 智慧楼宇：楼宇当前主要的方向是智能闸机访客系统、梯控系统、智能电力监控、视频安防等领域。
- 智慧养老：我国已经全面进入老龄化社会，当前的养老问题已经变得十分严峻，如何在当下的历史时代构建智慧养老社区平台成为了社会需要思考的方向之一。

3.6　综合交通领域

我国作为世界第一高铁线路开掘者，在交通方面的创新也是层出不穷，这一点在 2021 年 12 月提出的《"十四五"铁路科技创新规划》中可以看到，在这样的历史背景下，智慧公路、智慧铁路的建设成为重中之重，另外需要指出的是，在建设的同时也存在公路铁路复杂纵横，一些偏远地区网络建设、基础建设不够完善的一些挑战。面对这些挑战如何构建路网感知网络与实时的交通反馈成为建设的下一步重点任务。

在综合交通领域，《"十四五"铁路科技创新规划》提出，要推进数字孪生等前沿技术与铁路领域深度融合，加强智能铁路技术研发应用，开展铁路设备智能建造数字孪生平台研发应用。《公路"十四五"发展规划》则提出要建设智慧公路，推动建筑信息模型、路网感知网络与公路基础设施同步规划建设。

《"十四五"铁路科技创新规划》提出研究 5G 成套技术，推进毫米波通信、无线大数据、数字孪生、云网边端协同、感知—通信—计算一体化等技术在铁路通信信号领域的应用。围绕全生命周期与全业务融合目标，持续加强智能铁路顶层规划研究，构建智能铁路技术体系架构 2.0 版本。深化智能建造、智能装备、智能运营技术创新，开展智能建造数字孪生平台研发应用。

《公路"十四五"发展规划》提出：建设智慧公路。推动建筑信息模型、路网感知网络与公路基础设施同步规划建设，加快公路基础设施数字化改造，推进公路基础设施全要素、全周期数字化转型发展，加强重点基础设施关键信息的主动安全预警。

《"十四五"现代综合交通运输体系发展规划》提出：完善设施数字化感知系统。推动既有设施数字化改造升级，加强新建设施与感知网络同步规划建设。构建设施运行状态感知系统，加强重要通道和枢纽数字化感知监测覆盖，增强关键路段和重要节点全天候、全周期运行状态监测和主动预警能力。

3.7 工业生产领域

近年来工信部、中国信通院等部委联合多次发布关于打造百万行业 App 以及特定工业 App 的文件，从这些规划中我们可以感知智能制造将需要结合数字孪生、人工智能、5G、大数据、区块链、虚拟现实（VR）/增强现实（AR）/混合现实（MR）等新技术，以便于在制造环节的深度应用，探索形成一批"数字孪生+""人工智能+""虚拟/增强/混合现实（XR）+"等智能工业场景。

在工业生产领域，《"十四五"信息化和工业化深度融合发展规划》《"十四五"智能制造发展规划》等规划文件指出，要推动智能制造、绿色制造示范工厂建设，构建面向工业生产全生命周期的数字孪生系统，探索形成数字孪生技术智能应用场景，并推进相关标准的制修订工作，加大标准试验验证力度。

《"十四五"信息化和工业化深度融合发展规划》提出：围绕机械、汽车、航空、航天、船舶、兵器、电子、电力等重点装备领域，建设数字化车间和智能工厂，构建面向装备全生命周期的数字孪生系统，推进基于模型的系统工程（MBSE）规模应用，依托工业互联网平台实现装备的预测性维护与健康管理。建立健全"两化"深度融合标准体系，依托全国"两化"融合管理标委会（TC573）、科研院所、联盟团体等各类专业技术组织，开展"两化"融合度、"两化"融合管理体系、数字化转型、工业互联网、信息物理系统（CPS）、数字孪生、数字化供应链、设备上云、数据字典、制造业数字化仿真、工业信息安全等重点领域国家标准、行业标准和团体标准制修订工作。

《"十四五"智能制造发展规划》提出：突破工业现场多维智能感知、基于人机协作的生产过程优化、装备与生产过程数字孪生、质量在线精密检测、生产过程精益管控、装备故障诊断与预测性维护、复杂环境动态生产计划与调度、生产全流程智能决策、供应链协同优化等共性技术。推动数字孪生、人工智能等新技术创新应用，研制一批国际先进的新型智能制造装备。研发融合数字孪生、大数据、人工智能、边缘计算、虚拟现实／增强现实（VR/AR）、5G、北斗、卫星互联网等新技术的智能工控系统、智能工作母机、协作机器人、自适应机器人等新型装备。推动数字孪生、数据字典、人机协作、智慧供应链、系统可靠性、信息安全与功能安全一体化等基础共性和关键技术标准制修订，满足技术演进和产业发展需求，加快开展行业应用标准研制。

《"十四五"原材料工业发展规划》提出：提高生产智能水平。构建面向主要生产场景、工艺流程、关键核心设备的数字孪生模型。

《"十四五"工业绿色发展规划》提出：推动数字化智能化绿色化融合发展。深化产品研发设计、生产制造、应用服役、回收利用等环节的数字化应用，加快人工智能、物联网、云计算、数字孪生、区块链等信息技术在绿色制造领域的应用，提高绿色转型发展效率和效益。

3.8　能源安全领域

能源是一切生产的驱动力，同时在能源领域也有着特别的技术要求，由于大多数能源工厂，例如火力发电厂、风力发电厂等需要对设备实时监控，掌握设备运行状态，更需要对一些紧急情况提前预警，保障人员以及设备的安全。

在能源领域，《电力安全生产"十四五"行动计划》提出，要基于三维数字信息模型技术进行安全预警；依托互联网推动数字孪生、边缘计算等技术应用。大力推进新能源智慧电站建设。运用基于三维数字信息模型技术，实现机组设备在线故障诊断和异常情况及时预警功能，提高新能源发电安全管理成效。打造基于工业互联网的电力安全生产新型能力，组织开展"工业互联网＋安全生产"应用试点，推动 5G＋安全生产、边缘计算、数字孪生、智慧屏、安全芯片等新技术新产品应用和展示。

3.9　建筑工程领域

我国作为基建大国，在建筑工程方面的建设体量常年保持世界前列，如何深入利用 BIM 技术从宏观掌控城市建筑工程进度，以及建筑过程的管理成为了当前的热点。

在建筑工程领域，《"十四五"建筑业发展规划》明确提出，要加快推进建筑信息模型（BIM）技术在设计、审查、生产、施工、管理、监理等工程环节的集成应用。该规划还指出，要推进自主可控 BIM 软件研发、完善 BIM 标准体系、建立基于 BIM 的区域管理体系、建立基于 BIM 的区域管理体系以及开展 BIM 报建审批试点，到 2025 年，要基本形成 BIM 技术框架和标准体系。加快推进 BIM 技术在工程全寿命期的集成应用，健全数据交互和安全标准，强化设计、生产、施工各环节数字化协同，推动工程建设全过程数字化成果交付和应用。推进 BIM 技术、物联网、人工智能等现代信息技术在工程监理中的融合应用。在工程总承包项目中推进全过程 BIM 技术应用，促进技术与管理、设计与施工深度融合。强化施工图审查作用，全面推广数字化审查，探索推进 BIM 审查和人工智能审查。

该规划提出，到 2025 年，基本形成 BIM 技术框架和标准体系：

● 推进自主可控 BIM 软件研发。积极引导培育一批BIM 软件开发骨干企业和专业人才，保障信息安全。

● 完善BIM 标准体系。加快编制数据接口、信息交换等标准，推进 BIM 与生产管理系统、工程管理信息系统、建筑产业互联网平台的一体化应用。

● 引导企业建立 BIM 云服务平台。推动信息传递云端化，实现设计、生产、施工环节数据共享。

● 建立基于 BIM 的区域管理体系。研究利用BIM 技术进行区域管理的标准、导则和平台建设要求，建立应用场景，在新建区域探索建立单个项目建设与区域管理融合的新模式，在既有建筑区域探索基于现状的快速建模技术。

● 开展 BIM 报建审批试点。完善 BIM 报建审批标准，建立 BIM 辅助审查审批的信息系统，推进 BIM 与城市信息模型（CIM）平台融通联动，提高信息化监管能力。

另外需要指出的是近年来，越来越多的企业在智能建筑工程领域做出了新的贡献，不仅是基于在 BIM 系统中进行完善，在测绘、浇筑、找准、垒砌的具体工种当中都可以通过通用的一体化智能机器人去完成，这将大大提升建筑行业的效率，同时这些智能设备也可以通过物联网与智能 AI 中台、数据中台完成对接，赋予智能设备更多的能力的同时也可以为数据库输入更多的有价值的训练数据，从而实现了良性的循环。而以上提到的整个系统都可以成为构建建筑数字孪生平台的必要元素。

3.10　水利应急领域

大禹治水是华夏民族记录的最早的与大自然博弈的过程，水利建设的目的性具有预测、规划的性质，故在这一领域的智能建设变得尤为重要，这一点在《"十四五"水安全保障规划》也得到了印证，需要指出的是，我们在整个治理过程中更加需要数据的存储、清洗、训练、建模、智能化决策模型的建设。

在水利应急领域，《"十四五"水安全保障规划》重点提出，要加快已建水利工程智能化改造，不断提升水利工程建设运行管理智能化水平，要推进数字流域、数字孪生流域建设，实现防洪调度、水资源管理与调配、水生态过程调节等功能，推动构建水安全模拟分析模型，要在重点防洪区域开展数字孪生流域试点建设。主要包括：

（1）推进智能水利建设。积极推进 BIM 技术在水利工程全生命周期运用，新建骨干项目鼓励按照智能化要求同步进行规划建设管理，同步构建实体工程和数字孪生工程。加快建设覆盖重大水利工程，联通国家、流域、区域的水利工程控制网和业务网，实现水流、信息流和业务流的互联互通。

（2）推进数字流域建设。以流域为单元、数字地形为基石、干支流水系为骨干、水利工程为重要节点，对物理流域的全要素进行数字化映射。加强自然地理、经济社会等信息数据采集与处理，深化遥感技术和地面监测技术的有机结合，推进建立空天地一体化的流域全覆盖监测。构建覆盖全国主要江河流域的数字化映像，开展长江、黄河、淮河、海河、珠江、松辽、太湖等大江大河大湖数字流域建设。

（3）推动数字孪生流域建设。集成耦合水文、水利学、泥沙动力学、水资源、水工程等专业模型和可视化模型，推进集防洪调度、水资源管理与调配、水生态过程调节等功能于一体的数字孪生流域模拟仿真能力建设。推动构建要素预报、预警、预演、预案的模拟分析模型，强化洪水演进等可视化场景仿真能力。选择淮河、海河流域重点防洪区域，开展数字孪生流域试点建设。

（4）建设流域防洪管理与调度体系。以数字流域为基础，加快流域水工程防灾联合调度系统建设，在国家防汛抗旱指挥系统的基础上，汇集气象、水情、雨情、工情、墒情、灾情等信息，优化水库、河道、蓄滞洪区等工程联合调度运用，加强对洪水资源的调度、管理与利用，制订动态优化的精细数字预案，开展人机互动的同步仿真预演，形成智慧防洪体系，实现及时准确预报、全面精准预警，提高流域防洪管理和调度运用水平。

（5）按照大系统设计、分系统建设、模块化链接的建设思路，以数字化场景、智慧化模拟、精准化决策为路径，积极探索构建水利数字孪生应用场景，推动构建水利"2+N"智能业务应用体系，提升仿真、分析、预警、调度、决策和管理支撑能力。

《"十四五"国家应急体系规划》也提出，要加强城乡防灾基础设施建设，推动基于城市信息模型的防洪排涝智能化管理平台建设。

3.11　标准构建领域

在标准构建领域，《"十四五"推动高质量发展的国家标准体系建设规划》提出，要围绕智慧城市建设内容，加强城市数字孪生、城市数据大脑、城市数字资源体系等方面的标准体系建设，规范引导智慧城市发展。

《"十四五"推动高质量发展的国家标准体系建设规划》提出，围绕智慧城市分级分类建设、基础设施智能化改造、城市数字资源利用、城市数据大脑、人工智能创新应用、城市数字孪生等方面完善标准体系建设，面向智慧应急、智慧养老、智慧社区和智慧商圈等典型领域加快标准研制。开展标准实验验证与应用实施，以标准化引领和支撑智慧城市建设。

标准构建领域需要结合各行各业的新技术、新方法整体推动全面的标准构建体系。这一点在以上提到的各个领域已经做了简单的阐述。在第4章主要会介绍基于当前的时代背景、顶层设计和规划下相关产业链的生态体系。

第4章 数字孪生产业链和业务生态体系

4.1 数字孪生标准化工作

自 2015 年开始，数字孪生已吸引了 ISO、IEC 和 IEEE 等国际标准化组织的关注，各组织正着手推动建立技术委员会和工作组，力求从各自的领域和层面出发，探索标准化工作的同时推动测试床等相关概念验证项目，助力标准的实施推广。

当前，制造和智慧城市领域是数字孪生标准工作的切入点，其他领域相对缺乏标准化的研究工作；数字孪生整体的标准化工作也处于初级阶段，标准研究内容有待丰富。

随着全国信息技术标准化技术委员会、国家智能制造标准化总体组等国内标准化组织或机构对数字孪生标准化的关注与推动，由中国电子技术标准化研究院牵头起草的《智能制造虚拟工厂参考架构》《智能制造虚拟工厂信息模型》两项国家标准已报批，《信息技术 数字孪生 第 1 部分：通用要求》已提交立项。未来，国内数字孪生领域基础共性及关键技术标准将不断涌现，依托正在研制的数字孪生概念框架等标准，通过聚焦核心标准化需求逐步建立基本的数字孪生标准体系并孵化典型行业中的数字孪生应用标准，形成国际标准、国家标准、行业标准和团体标准良性互动的局面。

1. ISO/IEC JTC1 标准化工作

2018 年 5 月，经 ISO/IEC JTC1 第 32 届全会通过，我国专家承担了 ISO/IEC JTC1 新兴技术创新特别工作组（JETI）《数字孪生技术趋势报告》联合编辑。2019 年 5 月，ISO/IEC JTC1 第 34 届全会通过该技术趋势报告，并采纳中国、韩国、美国等成员代表建议，成立数字孪生咨询组 AG11。会议确认由中国电子技术标准化研究院韦莎博士作为该咨询组召集人。

2019 年 11 月起，ISO/IEC JTC1 AG11 数字孪生咨询组开始工作，各国代表围绕数字孪生关键技术、参考模型、典型案例模板等进行了交流，评估了相关标准化活动并提出进一步需求。目前，AG11 数字孪生咨询组已完成工作报告。AG11 在报告中制定了如下的数字孪生的标准体系框架，为数字孪生标准研究与制定人员提供参考，同时为数字孪生落地应用提供指导：

基础标准：术语和概念、参考架构和框架等。

数字孪生技术实现：功能、数字孪生生命周期、数字线程和互操作性。

不用数字孪生系统之间的集成与协作：资源、数据、信息模型和接口等。

测试与评估：性能评估、成熟度和合格测试等。

用例和应用：不同行业的数字孪生应用，例如，智能制造、智慧城市、智能建筑、智慧农业、智慧医疗等。

当前，AG11 数字孪生咨询组已完成职责范围内的所有工作，并于 2020 年 10 月推动 ISO/IEC AWI 5618《数字孪生 概念与术语》和 AWI 5719《数字孪生应用案例》两项国际标准项目正式获批立项。

2．ISO 标准化工作

2018 年起，ISO/TC 184/SC 4 的 WG15 工作组推动了《面向制造的数字孪生系统框架》系列标准（ISO 23247）的研制和验证工作。该标准的四个部分范围如下：

● 概述和一般原则：包括制造业中开发数字孪生的一般原则和要求。

● 参考架构：具有功能视图的参考体系架构。

● 制造元素的数字表示：可观察制造元素的基本信息属性列表。

● 信息交换：参考体系结构中实体之间信息交换的技术需求。

该标准发布的数字孪生制造框架，从用户域、运维管控域、服务提供域、资源交互域、感知控制域和目标对象域六个方面描述了数字孪生制造框架，涵盖了数字孪生创建人员、设备、材料、制造过程、设施、环境、产品和支持文件等制造要素。另外，本系列标准附加的技术报告包含了符合框架的数字孪生用例，标准第四部分的附件中也包含了用例的初步纲要。

3．IEC 标准化工作

IEC TC 65/SC 65 推动了 IEC 62264《企业控制系统集成》标准的制定。在该标准中，资源被定义为"提供执行企业活动和 / 或业务流程所需的部分或全部功能的企业的实体"，包括了人员、设备、物理财产和材料。

IEC 62264-2 则定义了如何表达资源的特征和功能的方法，并对资源能力、资源能力属性、资源类别定义、资源类别属性、资源定义和资源属性进行建模。IEC 62264-2 的范围仅限于 IEC 62264-1 定义的层次模型中的第 3 级制造系统中制造资源的对象和属性，没有定义表示对象关系的属性，也没有考虑资源和活动的虚拟表示。

对数字孪生而言，IEC 62264-2 指定了制造控制功能和其他企业功能之间交换的对象和属性，并定义了包含在通用接口中的一组元素，以及用于扩展这些元素的机制。

事实上，一些早期 ISO 和 IEC 标准，如 IEC 61987 系列、IEC 61360 系列、ISO 13584-42 和 ISO 22745 提供了描述给定设备特性的方法。由 IEC TC 65 研制的 IEC 62832《数字工厂框架》则在这些的基础之上扩展了这个方法，为包括设备在内的生产系统整个生命周期的数字表示定义了一个参考模型，包括生产要素和要素之间的关系，以及这些要素的信息交换。

4．德国工业 4.0 标准化工作

德国工业 4.0 平台（Industrie 4.0 Platform）提出"资产管理壳 AAS"，作为一个深入的理论突破，并获得了世界范围的广泛关注。当前，IEC/TC 65/WG 24"工业应用程序的资产管理壳"工作组推动成立，将着手于资产管理壳在工业和智能制造。

4.1.1　智慧城市数字孪生标准

从国际看，2020 年 11 月，国际标准化组织 / 国际电工委员会第一联合技术委员会（ISO/IECJTC1）物联网和数字孪生分技术委员会数字孪生工作组（SC41/WG6）正式成立，负责统筹推进数字孪生国际标准化工作。从国内看，国家智慧城市标准编制主要归口单位陆续新设数字孪生工作组，引领数字孪生城市建设发展。全国信标委成立城市数字孪生专题组，组织产学研用各界开展基础研究，启动城市数字孪生标准体系框架设计。全国通标委成立数字孪生工作组，从应用场景和现实需求出发，推动数字孪生技术标准体系规划、关键标准研制与应用推广。全国智标委成立 BIM/CIM 标准工作组，负责开展 BIM/CIM 领域标准研制、组织相关课题研究等工作。此外，中国信息通信研究院牵头在中国互联网协会成立了数字孪生技术应用工作委员会，联合众多成员单位，开展数字孪生领域团体标准制定工作，成为推进数字孪生技术应用标准化的重要力量。

数字孪生标准编制步入发展元年，多项关键标准立项工作正式启动。国际上，SC41/WG6 在研《数字孪生应用案例》《数字孪生概念和术语》两项标准，启动《数字孪生参考架构》标准预研项目。在国内，全国通标委启动《数字孪生城市统一标识编码体系》《数字孪生城市参考架构》《城市物模型技术要求》《道路数字孪生》等行业标准立项。全国信标委将城市数字孪生标准纳入信息技术系列标准，启动《数字孪生通用要求》《城市数字孪生技术参考架构》等标准立项。住房和城乡建设部与全国智标委推动全国首个 CIM 行业标准《城市信息模型基础平台技术标准》，现已通过送审稿审查。全国地标委正在推动《实景三维中国基本要求》《基础地理实体数据成果规范》立项。此外，中国互联网协会、中关村智慧城市产业技术创新战略联盟等社会组织正积极开展数字孪生城市团体标准研究工作。

从我国标准化工作来看，TC28、TC485、TC426、TC230 等技术标准组织分头推进数字孪生相关技术标准，明显促进产业落地发展。同时，要警惕分头推进数字孪生相关标准可能带来的标准互通难、标准割裂等行业壁垒化趋势，需加强标准组织合作，共建标准体系。

4.1.2 工业领域数字孪生标准

工业数字孪生能力要求标准、开发运维标准、应用服务标准等。

（1）能力要求标准：主要规范工业数字孪生架构、技术和系统等相关要求，包括工业数字孪生参考架构、开发引擎与管理系统功能要求，数字孪生体在速度、精度、尺度、广度、安全性、可靠性、稳定性等方面的性能要求，以及数字化支撑技术、数字主线、数字孪生建模等标准。

（2）开发运维标准：主要规范工业数字孪生开发、构建和运维等相关要求，包括产品、设备、产线、工厂等的工业数字孪生开发流程、开发方法、建设指南、管理运维、数据交互与接口等标准。

（3）应用服务标准：主要规范工业数字孪生的应用、服务和评价等相关要求，包括产品、设备、产线、工厂等的工业数字孪生应用场景、数字化仿真、应用实施、服务模式、应用成熟度、管理规范等标准。

2023 年，制修订 100 项以上国家标准、行业标准，不断完善先进适用的智能制造标准体系。加快制定人机协作系统、工艺装备、检验检测装备等智能装备标准，智能工厂设计、集成优化等智能工厂标准，供应链协同、供应链评估等智慧供应链标准，网络协同制造等智能服务标准，数字孪生、人工智能应用等智能赋能技术标准，工业网络融合等工业网络标准，支撑智能制造发展迈上新台阶。

（1）人工智能标准。主要包括知识表示、知识建模、知识融合、知识计算等知识服务标准；应用平台架构、集成要求等平台与支撑标准；训练数据要求、测试指南与评估原则等性能评估标准；智能在线检测、运营管理优化等面向产品全生命周期的应用管理标准等。

（2）工业大数据标准。主要包括平台建设的要求、运维和检测评估等工业大数据平台标准；工业大数据采集、预处理、分析、可视化和访问等数据处理标准；数据管理体系、数据资源管理、数据质量管理、主数据管理、数据管理能力成熟度等数据管理和治理标准；工厂内部数据共享、工厂外部数据交换等数据流通标准。

（3）工业软件标准。主要包括产品、工具、嵌入式软件、系统和平台的功能定义、业务模型、质量要求、成熟度要求等软件产品与系统标准；工业软件接口规范、集成规程、产品线工程等软件系统集成和接口标准；生存周期管理、质量管理、资产管理、配置管理、可靠性要求等服务与管理标准；工业技术软件化参考架构、工业应用软件封装等工业技术软件化标准。

（4）工业云标准。主要包括平台建设与应用，工业云资源和服务能力的接入、配置与管理等资源标准；实施指南、能力测评、效果评价等服务标准。

（5）边缘计算标准。主要包括架构与技术要求、接口、边缘网络要求、数据管理要求、边缘操作系统等标准。

（6）数字孪生标准。主要包括参考架构、信息模型等通用要求标准；面向不同系统层级的功能要求标准；面向数字孪生系统间集成和协作的数据交互与接口标准；性能评估及符合性测试等测试与评估标准；面向不同制造场景的数字孪生服务应用标准。

（7）区块链标准。主要包括架构与技术要求、接口标准、可信数据连接等技术架构与连接标准；可信数字身份、可信边缘计算、工业分布式账本、可信事件提取、智能合约等功能要求标准；性能评估标准。

4.2　产业图谱

4.2.1　数字孪生城市产业图谱

在中国信通院看来，数字孪生城市领域核心技术产业阵营进一步壮大，"数字孪生城市"完整产业链基本形成（如图 4-1 所示）。

图 4-1　中国信通院归纳的数字孪生城市产业图谱

　　数字孪生城市的建设是一个涉及多环节、多领域、跨部门的复杂系统工程，吸引了 ICT 设备供应商，电信运营商，人工智能、信息建模、地理信息、模拟仿真等软件服务商纷纷入局，各类型企业以自身核心能力和产品为切入点，横向拓展应用领域，纵向往产业链上下游渗透、延伸，积极构建生态圈，联合打造数字孪生城市场景应用。根据数字孪生城市主要技术环节，初步形成空间地理信息类、BIM 建模类、感知和标识类、数据融合与渲染类、模拟仿真推演类、交互与控制类等主要产业阵营，数字孪生城市完整产业链条进一步得以加强。关键企业依靠核心技术优势，构建开放 PaaS 平台，巩固生态地位。超图开放 GIS 在线软件平台，51WORLD 开放数字孪生开发者平台 WDP 3.0，泰瑞数创推出"平行世界"数字孪生一站式服务平台，优锘科技、亚信科技、商询科技等企业建立零代码开发平台。

　　数字孪生城市激活庞大产业链，各类企业加速入局构建合作生态数字孪生城市目前处于建设初期，多类型科技企业入局，依靠自身技术、资源优势探索数字孪生城市建设。数字孪生城市技术架构复杂，涵盖物联感知、测绘建模、图像渲染、虚拟现实等多种信息通信技术，产业链条也囊括芯片、终端、设备等制造业和网络服务、云计算、大数据等服务业。因此，无论是传统智慧城市企业、新型科技企业还是互联网巨头都在从不同角度切入赛道，探索数字孪生城市建设。比如从事地理信息、新型测绘的企业将为数字孪生城市建设提供城市基础信息；从事三维建模、BIM/CIM、可视化、场景渲染等业务的企业将着重建立数字孪生城市模型平台。由于目前数字孪生城市处于建设初期，新玩家不断涌入，商业模式仍处于探索阶段，尚未形成完整的竞争格局。各企业之间依靠自身优势，寻求合作关系，建立稳固的商业合作生态。

4.2.2　工业数字孪生产业图谱

　　目前工业数字孪生产业体系划分成三类主体（如图 4-2 所示）：数字线程工具供应商提供 MBSE 和管理壳两大模型集成管理平台工具，成为数字孪生底层数据和模型互联、互通、互操作的关键支撑；建模工具供应商提供数字孪生模型构建必备软件，涵盖描述几何外观、物理化学机理规律的产品研发工具，聚焦生产过程具体场景的事件仿真工具，面向数据管理分析的数据建模工具以及流程管理自动化的业务流程建模工具；孪生模型服务供应商凭借行业知识与经验积累，提供产品研发、装备机理、生产工艺等不同领域专业模型。此外，标准研制机构为推动数字孪生理论研究与落地应用提供基础共性、关键技术以及应用等准则。

1．数字线程工具供应商围绕模型集成融合呈现两极分化特点

　　MBSE 工具供应商聚焦模型"正向"集成，依托工业互联网平台将整套工

具向云端迁移，打造"云平台 +MBSE"的模型管理系统，实现敏捷、高效的产品数字孪生全生命周期管理。如达索发布面向云端客户的 3DEXPERIENCE 2021x 平台，助力 MBSE 工具云化迁移，大大简化传统 MBSE 工具需要本地部署运行的过程，加快企业应用实施效率。

　　管理壳工具供应商聚焦模型"反向"集成，正逐渐提升自身数据格式兼容能力，打造工厂设备、软件与企业信息系统集成的一体化管理模式。如菲尼克斯打造电气管理壳平台工具，遵循 IEC 61360 的数据定义格式规范，使用标准化的数字描述语言，来实现设备资产的统一数字化描述。

图 4-2　工业互联网联盟归纳的工业数字孪生产业图谱

2．建模工具供应商聚焦自身业务优势加快布局

　　产品研发工具服务商对从模型外观形状到内部多类物理化学规律的精准建模能力进行综合升级。一方面，CAD/CAE 企业致力于集成多类模型，构建产品网络化协同研发能力。如 PTC 推出集成设计环境 Creo Elements/Direct，可合并多渠道 CAD 模型并附加开发验证模块，显著提高协同设计效率。另一方面，图形渲染工具商专注打造高效的数据逻辑处理平台。如 Unity 打造 Unity 3D 实时创作平台，能够对模型数据、传感器数据以及点云数据进行实时传输和渲染，并支持跨平台的模型 AR/VR 交互。

　　事件仿真工具服务商一方面横向集成多行业、多领域模型，增加场景覆盖范围；另一方面聚焦工厂产线规划、设备虚拟调试等先进领域进行纵向深耕，持续加强自身场景化赋能能力。在场景横向拓展方面，通过不断积累模型库中的事件仿真模型，逐渐将应用场景延伸到不同行业、不同领域中。如 Mevea 拥有强大的物理计算引擎，同时不断积累面向工程机械、矿业、船舶等事件仿真模型，实现在驾驶舱上的事件模拟和培训。

在场景纵向深耕方面，持续深化事件仿真与数据科学相结合，优化事件仿真的精准度。如 Simio 打造专业模型库，将大数据分析的学习能力与模拟分析的预测功能相结合，实现流程计划仿真决策预测的便捷性和准确性。数据建模服务商依托自身优势不断打造新型数据管理及分析工具。一方面，数据管理平台企业立足传统数据库优势，叠加智能分析算法服务，提供集数据管理和分析于一体的数字孪生工具。如 OSIsoft 推出数据管理平台 PI System，其通过数字孪生的产品组件 Asset Framework 可实现将数据与 SAP HANA 中预测分析和机器学习算法结合在一起，提供针对复杂数据的处理与管理。另一方面，数据分析企业依托数据分析工具优势，并与自研仿真软件形成组合，提供数据建模和仿真建模一体化工具。如 MathWorks 将旗下数学软件 MATLAB 和仿真软件 SIMLINK 打通集成，构建数据模型和仿真模型统一操作环境，打造机理模型和数据模型融合的数字孪生体。

业务流程建模工具服务商重点聚焦数据集成，以独立研发或合作的方式打造业务流程管理软件，同时提升数据可视化能力，构筑部门协同运作优势。如 iGrafx 与 myInvenio、UiPath、BP3 Global 进行核心功能整合，形成流程挖掘和组织数字孪生（DTO）功能的产品。

3. 孪生模型服务供应商凭借专业知识与经验积累，持续构筑创新型数字孪生应用模式

产品研发模型供应商围绕产品研发设计过程提供模型服务。一方面，产品研发服务商结合自身多年几何建模、设计仿真经验，根据用户需求为用户提供产品研发模型。如上海及瑞借助 Autodesk 建模工具，利用创成式设计帮助北汽福田设计前防护、转向支架等零部件，实现产品重量减轻 70%，最大应力减少 19%。另一方面，产品制造类服务商通过与第三方合作，自身提供产品模型，共同推进新型产品研发。如上海飞机制造有限公司基于华龙讯达数字孪生平台，将飞机模型与建模平台结合，加快大飞机结构研发进程。

装备机理模型服务商从单纯卖设备向提供"物理设备＋孪生体"模式演进，提升产品的市场占有率和企业自身的产业技术升级。总的来看，可分为以下三种模式：一是装备企业依托自身对产品的深入理解，自行构建产品孪生模型，如 ABB 依托深厚的设备制造经验，在 ABB Ability 软件系统基础上，推出了 PickMaster Twin 产品，尝试打造完整的数字孪生体系；二是借助信息技术企业支持，共同构建产品孪生模型，如 DMG MORI 以自身产品技术特点为背景，与咨询公司 HEITEC 进行合作，有针对性向数字孪生解决方案提供商演进；三是提升产品开放程度，辅助用户构建产品孪生模型，如 chiron、康明斯与 KUKA 从自身产品功能出发，根据场景需要，对设备数据接口进行模块化集成，完善数字孪生体构建的边缘条件。

　　生产工艺模型服务商持续扩大与行业场景及业务需求结合的深度，因地制宜为不同用户、场景提供差异化孪生模型及服务。一类是生产运营类服务商基于自身长期生产经验支撑提供工艺优化模型，如贝加莱基于 Automation Studio 内嵌的经验模型，对车间的产线设计和物流规划进行虚拟调试，可提前发现错误。另一类是咨询服务商立足大量的项目规划设计经验，提供生产工艺优化模型，如埃森哲凭借多年咨询服务经验，可构建面向特定行业领域的数字孪生解决方案。

4.3　技术流派

　　在介绍技术架构之前需要明确指出的是，不同阶段、不同领域对于技术架构都有不同的侧重，本文致力于介绍一类通用的技术架构体系，可以囊括更多的技术流派以及业务领域。

　　为了描述数字孪生领域的不同利益相关者，工业 4.0 研究院提出了仿真派、连接派和数据派的分类。从字面上很容易理解三大数字孪生体流派的核心诉求，仿真派的起点无疑是仿真，连接派期望在物联网体系中呈现数字孪生体价值，数据派则把可视化作为起点。综上所述，这三大技术流派既有着公共的技术背景又有自己的侧重点。详细的技术流派的体系划分如图 4-3 所示。

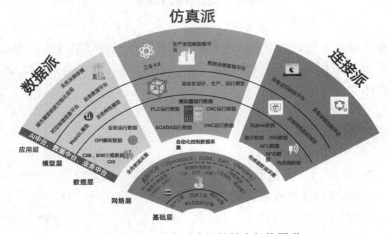

图 4-3　三大典型流派的技术架构图谱

4.3.1 数据派

数据派注重于对数据的处理、建模以及分析拆解能力。致力于赋能商业领域的生态。比较典型的技术有 DPI 报文深度解析，结合 AI 能力可以深度挖掘更多的商业价值。以及三维可视化的三维模型建立以及可视化能力。

4.3.2 连接派

连接派注重于系统的 IoT 能力以及双向交互控制的能力，物理接入的方式有以下几种：以太网、无线网、广域网、卫星、蓝牙等。目前，网络技术的蓬勃发展以及工业互联网国家二级节点的快速建设也完善了连接派的建设。

4.3.3 仿真派

从"仿真派"的视角来看，数字孪生系统的核心技术是仿真，基础是建模。建模是为我们对物理世界或问题的理解建模，模拟是为了验证和确认这种理解的正确性和有效性。但数字孪生系统和传统建模仿真之间又具有一定的区别。

仿真派专注于打造完全一比一对物理世界行为的仿真复刻能力，这依赖很多物理世界的量纲的模拟，例如钢铁的弹性模量、抗弯强度、硬度、摩擦系数也依赖自动化工厂系统的结合，例如 PLC、小型核心网、企业专网。

4.4 业务体系

自从数字孪生概念诞生以来，其理论、发展以及产业应用得到了长足进步，在国内外都推动了相关上下产业链的发展，聚焦于本身的业务体系大致可以从几个不同的纬度去拆解分析。

4.4.1 宏观市场

早在 2020 年 4 月，国家发改委和中央网信办联合发布《关于推进"上云用数赋智" 行动培育新经济发展实施方案》，将数字孪生技术提到了与大数据、人工智能、5G 等新技术并列高度，并启动"开展数字孪生创新计划"，要求"引导各方参与提出数字孪生的解决方案"。

十九届五中全会发布的《国民经济和社会发展第十四个五年规划和二〇三五年远景目标的建议》提出，坚定不移建设制造强国、质量强国、网络强国、数字中国，必须加快数字化发展。

中共中央、国务院在《河北雄安新区规划纲要》文件中要求坚持"数字城市与现实城市同步规划"，打造出展现多维城市空间的数字平台、数字孪生平台逐步变成创新型智慧城市建设的核心创新性要素之一。国内数字孪生概念上市公司主要有德邦股份、华力创通、江苏数控、华中数控等，从近五年扣非净利润复合增长来看，增长为 23.76%，过去五年成交额最低为 2019 年 8 月份的 773 万元，最高为 2022 年 1 月的 9056 万元。截止到 2022 年 2 月 23 日，数字孪生成交额已突破 159.16 亿元，市场呈缓步增长趋势。

全球数字孪生市场规模快速增长。根据 IDC 数据，2020 年全球数字孪生市场规模为 52.2 亿美元；预计 2021 年，全球数字孪生市场规模将达到 74.7 亿美元，同比增长 43.1%；预计 2025 年整体市场规模将达到 264 亿美元，2021—2025 年的 CAGR 为 37.19%，行业有望持续良好发展。IDC 预测，2022 年，中国将有 30% 的城市开始使用数字孪生的数字空间规划工具，以加快社会经济从新冠肺炎疫情中逐步复苏；2024 年，中国约 40% 的城市将通过人工智能及数字孪生技术实现现实世界与虚拟世界的融合，提高城市运行效率。

4.4.2　技术体系

数字孪生的核心是数字孪生模型，通过感知、传输的实时数据驱动，以模型的反馈、仿真模拟和可视化、AR/VR 等人机为特定的技术融合。从技术类别来看，主要涉及以下几个方面：

1．实体

实体主要指构建数字孪生应用基础的物联终端、通信设备、计算设施、存储设施及测绘装备等，主要用于支撑数据的感知、采集、传输、计算及存储。

2．实体映射

实体映射是建立物理实体与虚拟实体之间的多层次、多维度的映射关系。通过物联感知、数字化标识等技术，将物理实体与虚拟映射的模型形成一种一一对应、紧密融合、双向互动的关系。

3．数据分析

建立在实体时空数据与时空模型之上的计算服务能力，包括时空查询、分析、解析、索引等多重计算服务。运用大数据与智能分析技术，对时空对象的运行规律和固有特征变化进行动态解译，从而正向反馈虚拟对象。

4．多重建模

数字孪生的实现需要以数据为驱动，以模型为支撑。数据需要硬件计算与数据分析，而模型需要多维建模。多维模型是物理对象数字化的载体，基于不同层面的数据，综合计算机图形学、人工智能、系统动力学等学科技术，将杂乱无章的海量数据进行空间对应，释放数据资源价值，实现数字孪生对物理实体的精准还原。

5．可视化

可视化是数字孪生一系列建设成果的直观展示窗口，也是用户实现物理空间和虚拟空间关联的重要技术手段。游戏引擎、三维 GIS 技术、VR/AR/MR 等技术的广泛应用，为数字孪生可视化带来了多样性的发展，使得可视化从传统的二维、三维静态可视化发展到如今的多技术融合的实时动态全时空可视化。

6．虚实交互

虚实交互技术通过融合数字图像处理、计算机图形学、多媒体、AR、VR、MR 等多种技术，通过数字沙盘、大屏、环幕、CAVE、DMS多点触摸、VR 体验，以沉浸式、交互式的方式，实现人与数字孪生中的双向互动，实现跨终端、多模态的交互。

7．平台科技

数字孪生的实现也离不开基础网络、5G、大数据、人工智能、云计算、云原生、区块链、物联网等重要的共性支撑技术。尤其是 5G 通信技术的高速率、大带宽、低时延优势，促进了数字孪生的实现，使得面向未来的传感连接和数据传输走入实际应用。

4.4.3 业务模式

需要指出的是业务模式是建立在技术基础之上的衍生应用。但非每一个新兴技术都会有新的产业业务与之匹配，从历史经验上来看常见的是多个技术杂糅并且在政治、市场的最终调和下催生新的业务产生，或者推动旧产业进行升级。

1．以极致可视化作为关键性能力

从宏观上来看，可视化是所有数字孪生底层技术、数据、业务的外在体现；从微观上来看，可视化本身也是数字孪生的技术之一，其技术本身叠加上下游产业也可以构成独有的产业结构。例如，虚幻引擎 5.0 使各行各业的游戏开发者和创作者能以前所未有的自由度、保真度和灵活性构建下一代实时 3D 内容和体验：

- 实现颠覆性的真实度：通过Nanite和Lumen等开创性新功能，在视觉真实度方面实现质的飞跃，构建完全动态的世界，提供身临其境和逼真的交互体验。
- 构建更广阔的世界：想象有多大，场景就有多大。虚幻引擎5.0提供了所

有必要的工具和资产，允许你创建广袤无垠的世界供玩家尽情探索。

● 快速构建动画和模型：新增了对美术师友好的动画创作工具、重定向工具和运行时工具，同时结合大幅扩容的建模工具集，可减少迭代并避免循环往复，从而加快创作过程。

● 加快上手速度：全新的用户界面灵动时髦，提升了用户体验和操作效率。更新后的行业模板可作为更实用的起始参考。迁移指南可帮助现有用户从早期版本平稳过渡。因此，虚幻引擎5.0比以往任何时候都更容易上手和学习。

2．以 CIM 为城市数字孪生关键路径

从狭义上的数据类型上讲，CIM 是由大场景的"GIS 数据 +BIM 数据"组成的，是属于智慧城市建设的基础数据。基于 BIM 和 GIS 技术的融合，CIM 将数据颗粒度精准到城市建筑物内部的单独模块，将静态的传统式数字城市加强为可感知的、实时动态的、虚实交互的智慧城市，为城市综合管理和精细化治理提供了关键的数据支撑。

CIM 从开始提出之初，指的是城市信息模型。在 2015 年的规划实务论坛会上，同济大学吴志强院士对 CIM 的概念进行了更进一步的拔高，提出城市智慧模型。吴院士指出，BIM 是单体，CIM 是群体，BIM 是 CIM 的细胞。要解决智慧城市的问题，只靠 BIM 这一个单独细胞还不够，需要海量细胞再加上网络连接组成的 CIM 才可以。

故本节以 CIM 作为代表来简单讨论 CIM 的业务体系，包含市场体量、标准制定和产业结构等。

CIM 项目标的额和标的数保持高速增长。自 2018 年 11 月住建部选择通州、广州、南京、厦门、雄安为首批 5 个 CIM 试点开始，CIM 相关项目数量呈现出逐年快速增长的趋势，投资的总量也在攀升，城市信息模型在 2021 年迎来了快速发展期。根据招投标统计数据，CIM 相关标的数从 2018 年的 2 项快速增长至 149 项（截至 2021 年 10 月底），增长率超过了 200%，远超智慧城市大行业整体的增速。据公开数据统计，城市信息模型公开招投标项目的总费用超过 30 亿元，以 CIM 为核心的数字孪生城市市场规模未来可期。

CIM 平台建设呈现"东强西弱"趋势。从各省建设情况来看，广东建设力度最大，广州、深圳、东莞、佛山加大城市信息模型平台投入，特别是广州作为首批试点城市，目前已完成为期三年、投资超 2 亿元的 CIM 基础平台建设工作，建设进度超前。北京、山东、江苏、浙江、福建紧随其后，其中通州、南京、厦门作为首批 CIM 试点城市形成了以点带面的建设格局，新基建试点和城市体检试点等优势促进 CIM 平台建设。四川、重庆、贵州、陕西、河北、甘肃等处于第三梯队，其中天府新区、重庆两江新区、陕西西咸新区等经济较好、管理理念较为先进的国家级新区积极打造省级标杆项目和应用示范。但目前 CIM 平台多以区域级试点形式、基础平台建设为主，全域的、大范围的 CIM 建设还未全面展开。

国家部委和地方加快出台 CIM 相关标准。住建部依托 BIM 基础平台标准，发布《城市信息模型（CIM）基础平台技术导则》，围绕城市信息模型平台的典型能力、应用及各类数据汇融出台相关标准。广州市发布 CIM 平台三维数字化竣工验收模型交付和管理标准，填补了行业空白。辽宁省出台 CIM 平台建设运维标准等，指导全省 CIM 基础平台建设、运行以及 CIM 数据汇聚和共享应用。重庆市发布《城市信息模型（CIM）信息分类及编码标准》，强制规范智能城市中所利用的信息数据分类及编码方式，高效地实现数据交换和应用。此外，青岛、珠海等地相继启动 CIM 平台标准研究工作，湖北省住建厅发布的建设科技计划项目和建筑节能示范工程中，两项计划涉及 CIM。总体而言，CIM 标准体系逐渐成熟，但由于行业壁垒较高，尚未形成跨行业应用效应。

3．工业自动化

在工业自动化领域数字孪生的理念主要是将供应链、运输、设计、生产制造等环节全部在数字世界进行仿真，以达到对于生产以及上下产业链的流程动态把控。

2020 年 11 月 11 日，工信部下属中国电子技术标准化研究院主办的新一代信息技术产业标准化论坛发布了由工信部牵头 2020 年《数字孪生白皮书》。作为新基建背景下的重要研究成果，该白皮书对当前我国数字孪生的技术热点、应用领域、产业情况和标准化进行了分析。该白皮书的亮相，反映出数字孪生对我国经济社会发展的影响日益深刻。

数字孪生最早应用于航空航天领域。由于飞机、火箭这类大型、复杂的机械设备，技术含量高，一旦出错，代价昂贵，因此美国空军研究实验室 NASA 希望利用数字孪生体这个概念来解决战斗机机体的维护问题。后来工业制造领域的巨头美国通用电气公司也开始关注数字孪生技术，再到德国西门子的重视……数字孪生就开始风靡互联网和产业界，直至今日。

由于数字孪生早期的应用与工业制造领域密不可分，因此工业制造也是数字孪生的主要战场。

在工业制造研发设计领域，要完成产品部件的设计修改、尺寸装配，通常需要反复尝试，耗费大量人力物力。利用数字孪生可以为工业生产建立起虚拟空间，在该技术之下，工程设计师不仅能看到产品外部变化，更使内部零件动态的观察成为可能，如图 4-4 所示。例如，通过数字 3D 模型，我们可以看到汽车在运行过程中发动机内部的每一个零部件、线路、各种接头的每一次变化，从而大幅降低产品的验证工作和工期成本。

在生产制造中（如图 4-5 所示），建立一个生产环境的虚拟版本，用数字化方式描述整个制造环境，在虚拟数字空间中进行设备诊断、过程模拟等仿真预测，可以有效防止现场故障、生产异常产生的严重后果，例如，可以通过使用 3D 可视化技术将生产环境、生产数据、生产流程实现数字可视化。从设备上的传感器中导入数据，实时监测到设备每个部位的轴温、开机时长、当前生产阶段、设备利用率、产量等关键数据信息。在 Web 端与手机端逼真呈现整个流水线生产过程，呈现方式一目了然，更加方便企业进行管理。

图 4-4　数字孪生应用设计研发示例

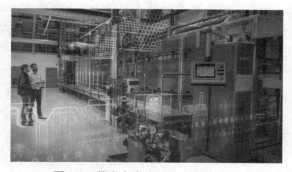

图 4-5　数字孪生应用生产制造示例

维护阶段（如图 4-6 所示），数字孪生也能发挥重要作用。正如前文所说，美国空军提出数字孪生，就是为了能更好地维护战斗机。那么对于工厂设备设施，也同样可用数字孪生进行相应的维护。当设备生产流水线的仿真模型搭建完成后，通过对运行数据进行连续采集和智能分析，可以预测维护工作的最佳时间点，提供维护周期的参考依据。不仅能够及时预测相应风险，同时还能做出高效迅速的反应，有效提升产品的可靠性和可用性，降低产品研发和制造风险。

以上论述大致阐述了数字孪生在工业制造领域的一些作用，由此可见，数字孪生给工业制造企业带来了显而易见的效率提升和成本下降。而随着传统工业制造转型升级需求的加速，数字孪生将会发挥越来越重要的作用。

图 4-6　数字孪生应用维护示例

4.4.4　产品形态

数字孪生的产品形态主要表现在互联网产品的领域范畴内，当然在交付的过程中可能会涉及多种产品形态，具体取决于客户需求以及产品提供方本身的能力范畴。

目前因为国内的数字孪生赛道玩家主要集中在数据建模、仿真推演及可视化表达层级，故在产品形态方面以较多服务型产品为主，即提供数字孪生平台，用户、企业可以在孪生平台付费得到相应的服务。但随着数字资产、Web 3.0 等去中心化技术理念的推广，整个产业也正在从单纯的服务型产品逐步转向综合型平台转变。转变后平台即变成了一个生态，从孪生体构建、场景搭建、产品发布到数字资产构建后相关的门户建立、资产交易、开通、维护等，都可以变成整个生态的一环，这种综合的大型平台级产品形态是未来各大厂家演进的一个重要方向。

从业界实际数字孪生平台的实现路径来看，基于低代码的"数字孪生场景构建"正成为初期实现目标。从典型厂商看，亚信科技作为通信领域最大的产品和解决方案提供商，为电信运营商提供 5G、算网大脑、核心业务系统、大数据和 LBS 等业务，通过和三大运营商、阿里、腾讯等广泛的合作深耕智慧城市市场。亚信科技自我定位"数智城市运营商"，建立自有的智慧城市业务体系，全资收购艾瑞咨询，通过投资方式积极在三、四线城市布局。亚信科技长期秉持的客户贴心服务理念，可助力达成智慧城市建设"最后一公里"的闭环目标。

亚信科技提供了全栈式的数字孪生城市技术体系，率先提供了通用型、工具化的数字孪生平台产品，具备城市数字孪生顶层规划和独立的"端到端"的业务交付能力。为基于数字孪生构建的智慧城市应用，提供基础业务底座。

4.5　技术创新

技术创新可以从数字孪生的各个层级展开，从最底层的网络层、数据层、模型层，到上层的应用层，各种技术创新在不断推动着数字孪生的发展。

例如云计算的底层架构—虚拟化技术（Openstack）从一开始的 Austin 版本已经演进到了 Ocata 版本。以及 AI 的梯度算法、卷积神经网络算法，都在赋能数字孪生向自治转变。

另外在模型建立的过程中，目前支持不同数据格式的采集和输入，例如客户现有 CAD 数据、倾斜摄影数据、不同厂家 GIS/CIM/BIM 数据的异构导入和建模。在渲染方面，云渲染的引入会大大提升终端用户的使用以及体验感受。

4.5.1　游戏引擎+云渲染

结合游戏引擎，实现一系列极致可视化和提升对孪生城市以及孪生体的三维展示效果。

- 大规模的城市场景可视化：LOD细节分级技术，实景展示城市级别场景必备技术。
- 在线视频流渲染：采用服务器端三维渲染，客户端展示视频流的方式，避免大规模数据传输到客户端，同时降低对客户端机器的要求，改善用户体验。
- 模型可视化与物理引擎：城市建筑物、设备实体的三维展示、组合分解、剖切透视等效果。
- 环境渲染：环境、天气系统可视化。

4.5.2　AR/VR+元宇宙

虚拟现实技术（AR/VR）发展带来全新人机交互模式，提升可视化效果。传统平面人机交互技术不断发展，但仅停留在平面可视化。新兴 AR/VR 技术具备三维可视化效果，正加快与几何设计、仿真模拟融合，有望持续提升数字孪生应用效果。

VR 系统将向深度逼真、VR/AR 交互高度自然、VR/AR 与 AI 深度融合、VR 向数字孪生转化，以及发展 VR 云计算 / 服务 +VR 数据 / 模型中心、边缘 VR 计算等方向发展。

随着技术的发展，数字孪生应用可使物联网连接对象扩展为实物及虚拟孪生，将实物对象空间与虚拟对象空间融合，成为虚实混合空间。

4.5.3　模型生产智能化、自动化

多数据源适配，实现专业软件 BIM 格式的接入读取转换，以及倾斜摄影数据的自动三维建模。

三维模型自动化拉伸建模，使用地址匹配技术，快速从二维建筑物地块中生成粗略的三维城市模型。

语义化同类模型自动映射，用于交付过程中的模型属性对应，将相同语义但写法有差异的字段自动识别出关联，经人工确认后使用，降低建模成本。

BIM 文件轻量化，考虑结合 AI 实现自动化三维模型简化，以及基于知识图谱语义识别的无关图层快速剔除。

在模型构建完成后，需要通过多类模型"拼接"打造更加完整的数字孪生体，而模型融合技术在这个过程中发挥了重要作用，重点涵盖了跨学科模型融合技术、跨领域模型融合技术、跨尺度模型融合技术。

- 在跨学科模型融合技术方面，多物理场、多学科联合仿真加快构建更完整的数字孪生体。
- 在跨类型模型融合技术方面，实时仿真技术加快仿真模型与数据科学集成融合，推动数字孪生由"静态分析"向"动态分析"演进。
- 在跨尺度模型融合技术方面，通过融合微观和宏观的多方面机理模型，打造更复杂的系统级数字孪生体。

4.5.4　"CIM+数据编织"技术

在过去几年中，"Data Fabric"一词已成为企业数据集成和管理的代名词。分析公司 Gartner 将"数据编织"列为"2021 年十大数据和分析技术趋势"之一，并预测到 2024 年，25% 的数据管理供应商将为数据编织提供完整的框架——高于目前的 5%。在过去的十年里，数据和应用孤岛的数量激增，而数据和分析团队的技能型人才数量却保持不变甚至下降。

数据编织是下一代数据管理（如图 4-7 所示），它集成了数据仓库、数据湖、湖仓一体、数据集市等多个数据源的数据。数据湖指各种格式原始数据的存储库。湖仓一体是数据管理领域中的一种新架构范例，结合了数据仓库和数据湖的最佳特性。数据分析师和数据科学家可以在同一个数据存储中对数据进行操作，同时

它也为公司进行数据治理带来更多的便利性。而数据集市指满足特定部门或者用户的需求，按照多维方式进行存储，生成面向决策分析需求的数据立方体。

　　数据编织不仅能更持久地保存数据，还能利用人工智能实现数据的就地、自助分析、分类和治理。作为一种跨平台和业务用户的灵活、弹性数据整合方式，数据编织能够简化企业机构的数据整合基础设施，并创建一个可扩展架构，以此来减少大多数数据和分析团队因整合难度上升而出现的问题。

　　数据编织的真正价值在于它能够通过内置的分析技术动态改进数据的使用，使数据管理工作量减少 70%，并加快价值实现时间。

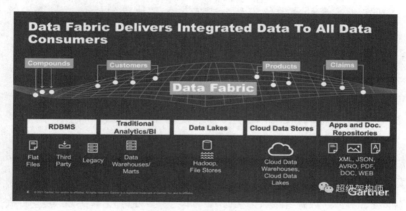

图 4-7　数据编织技术

　　在城市信息模型领域，引入"数据编织"技术可以解决一些实际问题。

　　过去我们通常用"数据、模型、软件"三要素来定义数字孪生城市的关键性设计，并以此发展了 AIoT 及边缘智能技术、新型测绘及 CIM 融合技术、3D 可视化及云渲染技术、低代码技术等，实现了"实时反馈＋视觉呈现＋虚实交互"的双向"闭环"。其中全要素数字表达能力、物联感知操控能力、模拟仿真推演能力、可视化呈现能力尤为重要。

　　但是众所周知，搭建一个完整的数字孪生城市的周期和造价是非常高的，涉及测绘采集、模型生产、智能感知、算法协同、应用开发等。如何在"闭环"基础上实现"加速、减碳"，解决项目建设的普惠性、生态性问题？亚信科技提出了以下能力域目标：

　　（1）全要素表达能力域的目标如下：

　　● 自动化的测绘/采集/转换等建模能力，降低数据生产成本。

　　● 可编织的 CIM 模型服务能力，实现"拿来即用、按需裁减、弹性资源、自主设计"。

　　（2）物联感知操控能力域的目标如下：

- 多协议适配接入能力，具备市面大部分标准协议的感知设备接入能力，如Modbus、MQTT、LwM2M、LoRaWAN、TCP、RS484、COAP等。
- 感知组态仿真场景编排技术能力，实现不同的数字孪生业务场景可配置可定义。
- 感知设备模型资产管理：支持针对不同设备类型、设备型号建立设备模型；提供设备模型的继承和复制，灵活复用；支持模型的自定义及扩展，基于原有模型进行相应的扩展和增加；自定义需要标准化的元素；提供公共模型库；设备模型需支持常用的数据类型定义。针对不同产品分别定义高度抽象的物模型，可实现各种协议的适配、数据的解析，从而实现事件的上报以及指令的下发。

（3）众创扩展能力域的目标如下：

- 开放式的设计协同能力，作为低代码的下一阶段。
- 可运营的模型资产能力，如上云、上链、交易、权属、权益等。
- 中台化的数据服务能力，增强如多方安全计算/隐私计算，解决数据墙和实效性的问题。

亚信科技提出模型即服务：提供 CIM 数据可视化设计服务，基于知识图谱提供全套面向应用场景的城市信息模型编织与服务管理。

数据体系：融合数据编织、边缘 AI、联邦学习等技术实现对基础数据和行业专题数据的融合编织与分层而治，深度挖掘数据价值。

打造安全共享生态：提供端到端赋能全社会应用的数据与服务体系，打造资产可持续运营与开放式运营的产业生态。

开放式框架：以融合多方安全计算、区块链技术的开放式框架，提供面向业务的可视化分析能力与主题组件，实现数据共享，支持业务应用开发。

4.5.5　数字线程技术

数字线程是一种可扩展、可配置的企业级分析框架。在数字孪生系统的生命周期中，提供访问、整合以及将不同数据转换为可操作信息的能力。数字线程可无缝加速企业数据、信息和知识之间的相互作用，提供当前状态实时评估和未来决策的能力。

4.5.6　虚拟化技术

数字孪生体是物理实体在数字孪生系统中的虚拟化实现，通过虚拟化技术完成对物理实体的监控、判断、分析、预测、优化以及控制。一方面通过数字孪生体来反映实际物体的变化情况；另一方面通过数字孪生体来控制物理实体，达到互融互通、虚实结合、模拟仿真的目的。

4.5.7　多协议支持技术

MQTT 协议，支持 Qos0 和 Qos1 两种通信质量模式。支持物联网短连接、低功耗 CoAP 协议。支持 LWM2M 协议，对接移远 BC26、BC32 通信模组，支持设备资源读写执行等操作。支持 JT808、TCP、HTTP 等物联网常用连接协议。

4.5.8　模型构建技术

模型构建技术是数字孪生体技术体系的基础，各类建模技术的不断创新，加快提升对孪生对象外观、行为、机理规律等刻画效率。

- 在几何建模方面，基于 AI 的创成式设计技术提升产品几何设计效率。
- 在仿真建模方面，仿真工具通过融入无网格划分技术降低仿真建模时间。
- 在数据建模方面，传统统计分析叠加人工智能技术，强化数字孪生预测建模能力。
- 在业务建模方面，业务流程管理（BPM）、流程自动化（RPA）等技术加快推动业务模型敏捷创新。

孪生体自动化构建技术可以快速地根据数据规格目录，针对多源异构数据进行分类与归并，并快速地自动化构建生成对应的孪生体。生成的孪生体涵盖了基础属性信息，并具备指令接收与事件反馈的能力。

4.5.9　多维数据支持技术

数字孪生提供了一种针对多维数据的融合分析框架，能够对多维数据进行分析与拆解，提取其关键信息，并与数字孪生体相融合，用多维数据来描述数字孪生体；基于孪生体可视化框架，可以将多维数据的信息通过孪生体的可视化能力进行高效的呈现；同时通过对孪生体的空间与非空间分析，能够支持复杂多维数据进行数学分析，并基于孪生体可视化框架将分析结果进行可视化呈现。通过多维数据支持技术，能支持任意维度下的多源异构数据基于孪生体进行数据接入、数据分析、数据的全景呈现。

第5章 数字孪生技术平台化需求

5.1 数字孪生"千人千面"认知

目前对数字孪生认可度比较高的一种定义："数字孪生是充分利用物理模型、传感器更新、运行历史等数据，集成多学科、多物理量、多尺度、多概率的仿真过程，在虚拟空间中完成映射，从而反映相对应的实体装备的全生命周期过程。"

但其最终定义暂未有国际权威机构给出，其实这个数字孪生的概念本身也随着时间的流转在不断演进。所以在不同的阶段、不同的地区、不同的机构、不同的业务范畴提炼出的数字孪生概念也不尽相同，以下几类是在行业内沉淀较多的几类对于数字孪生的描述以及应用。

北京航空航天大学陶飞教授的团队在对数字孪生的当前认识进行总结与分析后，提出了数字孪生不同维度的理想特征。

（1）模型维度。一类观点认为数字孪生是三维模型、是物理实体的 copy，或是虚拟样机。这些认识从模型需求与功能的角度，重点关注了数字孪生的模型维度。综合现有文献分析，理想的数字孪生模型涉及几何模型、物理模型、行为模型、规则模型等多维多时空多尺度模型，且期望数字孪生模型具有高保真、高可靠、高精度的特征，进而能真实刻画物理世界。此外，有别于传统模型，数字孪生模型还强调虚实之间的交互，能实时更新与动态演化，从而实现对物理世界的动态真实映射。

（2）数据维度。根据文献，Grieves 教授曾在美国密歇根大学产品全生命周期管理（PLM）课程中提出了与数字孪生相关的概念，因而有一种观点认为数字孪生就是 PLM。与此类似，还有观点认为数字孪生是数据/大数据，是 Digital Shadow，或是 Digital Thread。这些认识侧重了数字孪生在产品全生命周期数据管理、数据分析与挖掘、数据集成与融合等方面的价值。数据是数字孪生的核心驱动力，数字孪生数据不仅包括贯穿产品全生命周期的全要素/全流程/全业务的相关数据，还强调数据的融合，如信息物理虚实融合、多源异构融合等。

此外，数字孪生在数据维度还应具备实时动态更新、实时交互、及时响应等特征。

（3）连接维度。一类观点认为数字孪生是物联网平台或工业互联网平台，这些观点侧重从物理世界到虚拟世界的感知接入、可靠传输、智能服务。从满足信息物理全面连接映射与实时交互的角度和需求出发，理想的数字孪生不仅要支持跨接口、跨协议、跨平台的互联互通，还强调数字孪生不同维度（物理实体、虚拟实体、孪生数据、服务／应用）间的双向连接、双向交互、双向驱动，且强调实时性，从而形成信息物理闭环系统。

（4）服务／功能维度。一类观点认为数字孪生是仿真，是虚拟验证，或是可视化，这类观点主要是从功能需求的角度，对数字孪生可支持的部分功能／服务进行了解读。目前，数字孪生已在不同行业不同领域得到应用，基于模型和数据双驱动，数字孪生不仅在仿真、虚拟验证和可视化等方面体现其应用价值，还可针对不同的对象和需求，在产品设计、运行监测、能耗优化、智能管控、故障预测与诊断、设备健康管理、循环与再利用等方面提供相应的功能与服务。由此可见，数字孪生的服务／功能呈现多元化。

（5）物理维度。一类观点认为数字孪生仅是物理实体的数字化表达或虚体，其概念范畴不包括物理实体。实践与应用表明，物理实体对象是数字孪生的重要组成部分，数字孪生的模型、数据、功能／服务与物理实体对象是密不可分的。数字孪生模型因物理实体对象而异、数据因物理实体特征而异、功能／服务因物理实体需求而异。此外，信息物理交互是数字孪生区别于其他概念的重要特征之一，若数字孪生概念范畴不包括物理实体，则交互缺乏对象。

综上所述，虽然对数字孪生存在多种不同认识和理解，但物理实体、虚拟模型、数据、连接、服务是数字孪生的核心要素，且数字孪生模型是与物理实体共生的。不同阶段（如产品的不同阶段）的数字孪生呈现出不同的特点，对数字孪生的认识与实践离不开具体对象、具体应用与具体需求。从应用和解决实际需求的角度出发，实际应用过程中不一定要求所建立的"数字孪生"具备所有理想特征，能满足用户的具体需要即可。

5.1.1   数字孪生+物联网

目前，物联网发展逐渐向数字孪生靠拢。数字孪生是利用数字化手段建立物理实体的数字化镜像，通过虚拟实体与物理实体的实时映射，构建虚实交互、全流程智能优化的系统，并以此支撑行业知识、经验、机理的数字化描述和平台化沉淀，目前已应用在能源、冶炼、智能制造、智慧城市等垂直行业中，极大促进了各行各业机理知识的累加和传递。

表 5-1　数字孪生的特征维度

序号	部分认识		理想特征	维度
1	① 数字孪生是三维模型 ② 数字孪生是物理实体的 copy ③ 数字孪生是虚拟样机		**多**：多维（几何、物理、行为、规则）、多时空、多尺度 **动**：动态、演化、交互 **真**：高保真、高可靠、高精度	模型
2	① 数字孪生是数据/大数据 ② 数字孪生是 PLM ③ 数字孪生是 Digital Thread ④ 数字孪生是 DigitalShadow		**全**：全要素/全业务/全流程/全生命周期 **融**：虚实融、多源融、异构融 **时**：更新实时、交互实时、响应及时	数据
3	① 数字孪生是物联平台 ② 数字孪生是工业互联网平台		**双**：双向连接、双向交互、双向驱动 **跨**：跨协议、跨接口、跨平台	连接
4	① 数字孪生是仿真 ② 数字孪生是虚拟验证 ③ 数字孪生是可视化		**双驱动**：模型驱动+数据驱动 **多功能**：仿真验证、可视化、管控、预测、优化、控制等	服务/功能
5	① 数字孪生是数字化表达或虚体 ② 数字孪生与实体无关		**异**：模型因对象而异、数据因特征而异、功能/服务因需求而异	物理

　　数字孪生大多被解释为任何物理对象或多个对象、系统、过程甚至是人的数字表示。事实上，它不只是数字模型，因为它还复制了支持 IoT 的设备或系统的运行动态。

　　在工业物联网时代，数字孪生预示着数据驱动的制造和决策。最新的调查显示，有 51% 的公司使用 IoT 设备来收集有关其设备健康状况的数据。同时，在所有受访者中，有 37% 表示 IoT 设备可帮助他们实现预测性维护。

　　IoT 传感器位于数字孪生的核心：该技术允许建立预测模型来实时跟踪物理对象的行为。这些数据可以提高制造效率并减少停机时间，甚至在产品交付后也可以不断提高其性能。例如，如果将交付产品与数字孪生结合，则可以更容易地预见已经到达客户的产品的某些技术故障。

　　特斯拉保有每辆出厂车辆的数字孪生体，并基于从多个 IoT 传感器接收到的数据向车辆发送必要的更新以改善其性能。随着大量物联网场景开始涌现，海量碎片化设备和巨量时序数据给物联网平台带来了一系列新的要求和新的技术挑战。

1．高可用

　　物联网从 2016 年主要应用在消费类智能家居场景，到最近几年场景越来越丰富，从文旅、园区、地产、城市、农业，再到工业、汽车等场景，其可靠性要求从民用级上升到了企业级。物联网平台的高可用能力决定了能够支撑客户业务持续运行的底线，且在应对大量影响民生安全、工业制造、社会稳定的场景时，需要提供极近苛刻的高可用能力。

2．性能

物联网在互联网消息链路上新引入了一端（设备端），且应用端通过云平台到设备端的双向通信能力非常关键，设备状态的上报和呈现、设备指令的控制和执行，是物联网远程设备在线化、智能化的基线。随着场景的丰富，设备和应用间双向通信的 RT、性能尤为关键，若指令延时过高，可能导致客户资损、民生安全受到威胁等意想不到的问题。

3．生态化

物联网由于涉及传统领域，链路长、角色多、终端多样性导致碎片化非常严重，因此，很难有一个角色或一家公司能够从头到尾将物联网升级全部完成。而物联网生态化趋势越来越明显，促进了全行业全面数字化升级，需要越来越多的角色进入产业链。例如软件开发者、硬件开发者、模组商、芯片商、系统集成商、设备商等众多角色，需要物联网平台作为桥梁促进万物互联、标准化以及生态化。

4．智能化

所有场景数字化转型最终的目标是为了智能化，从而利用大量数据分析进行经营提效、降低成本、创新业务。物联网平台随着设备连接、管理、运维的发展，也开始逐步进入数据智能的阶段。如果一台智能电表每隔 15 分钟采集一次数据，每天自动生成 96 条记录，那么全国接近 5 亿台智能电表，每天就能生成近 500 亿条记录。联网汽车、工业场景等设备上报数据会更频繁，据预测，五年之内物联网设备产生的数据将占世界数据总量的 90% 以上。超大规模数据为智能化带来了技术挑战，也带来了巨大的发展空间。

5．连接管理

设备连接和管理服务属于物联网平台最基础的能力，帮助客户设备实现在线化、数字化，让客户无须关心物联网基础设施，完全聚焦在自己的核心业务上。

设备的在线化，最核心技术在于设备连接和消息通信。一方面是物联网时代的设备连接，与互联网、移动互联网时代的 PC、App 连接相比，有其特殊性，例如极度追求低功耗、低时延的资源受限设备；追求超高吞吐的海量点位场景；大量传统三方协议及行业协议业务。另一方面是消息量规模大，且可靠性、延时性、订阅灵活性与互联网面向人或应用的消息特点不太一样。

设备的数字化，最核心技术在于设备建模和设备全生命周期管理。设备建模将设备投影到云上产生孪生体，设备孪生体和物理设备保持状态的一致性，并且能够实时双向通信，设备孪生体作为设备的抽象层，为上层应用屏蔽了物理设备的差异性。随着设备场景越来越丰富，对建模能力提出了非常高的要求。

同时相较于互联网移动端，物联网设备存在地理位置广泛性、网络状况的不确定性、设备资源的差异性、高可用要求的严苛性、海量规模的高并发性等特殊性，为设备全生命周期管理带来了不一样的挑战，需要充分考虑可无人运维、大规模、数据异构、资源受限等因素。

6．物模型

物模型是物理空间中的实体（如传感器、车载装置、楼宇、工厂等）在云端的数字化表示，从属性、服务和事件三个维度，分别描述了该实体是什么、能做什么、可以对外提供哪些信息。定义了物模型的这三个维度，即完成了产品功能的定义。

- 属性（Property）：用于描述设备运行时具体信息和状态。例如，环境监测设备所读取的当前环境温度、智能灯开关状态、电风扇风力等级等。属性可分为读写和只读两种类型，即支持读取和设置属性。
- 服务（Service）：指设备可供外部调用的指令或方法。服务调用中可设置输入和输出参数。输入参数是服务执行时的参数，输出参数是服务执行后的结果。相比于属性，服务可通过一条指令实现更复杂的业务逻辑，例如执行某项特定的任务。服务分为异步和同步两种调用方式。
- 事件（Event）：设备运行时，主动上报给云端的信息，一般包含需要被外部感知和处理的信息、告警和故障。事件中可包含多个输出参数。例如，某项任务完成后的通知信息；设备发生故障时的温度、时间信息；设备告警时的运行状态等。事件可以被订阅和推送。

物联网平台支持为产品定义多组功能（属性、服务和事件）。一组功能定义的集合，就是一个物模型模块。多个物模型模块，彼此互不影响。物模型模块功能，解决了工业场景中复杂的设备建模，便于在同一产品中，开发不同功能的设备。

5.1.2 数字孪生+智慧城市

城市的持续发展与繁荣是现代文明的伟大胜利之一。城市承载了世界上大多数的人口，也创造了超过80%的全球GDP。在规模化快速发展的同时，城市也面临系列挑战，如碳排放增加与环境污染、交通拥堵、洪涝暴雨等自然灾害下暴露出城市脆弱性等。新冠肺炎疫情进一步加剧了这些问题。联合国《2030年可持续发展议程》提出"建设包容、安全、韧性和可持续城市和社区"的目标，然而，这一目标虽被广为接受，却不具备清晰的实现路径。城市可持续发展目标的实现。既依赖数字技术的创新与赋能，也需要政策支持与机制变革。

当今时代，我们面临的主要挑战也是系统性的：实现零碳发展、适应气候变化和发展循环经济都是系统层面的挑战，需要基于系统的解决方案。因此，我们需要基于系统的政策、技术、策略和工具，推动城市高质量转型。

利用以数字孪生为代表的第四次工业革命技术，配合政策机制改革，重塑优化城市规划方法、治理服务模式和运营机制，可以帮助我们更好地理解系统，更有效地进行干预，正成为城市直面挑战、迭代升级的一种可行路径。将城市作为一个系统的系统来管理，重点是为人类、社会和自然提供更好的结果。这需要整合建筑环境和自然环境等各个行业，同时要求需要将现实世界、数字世界和人类世界连接起来。

数字孪生城市是通过数字化虚拟的构建，将城市的物理空间映射到数字空间，通过模拟、监控、诊断、预测和控制，解决城市规划、设计、建设、管理、服务的复杂性和不确定性问题，实现城市物理维度和数字维度的同步运行、虚实互动。数字孪生城市具备 4 大典型技术特征，即精准映射、分析洞察、虚实交互和智能干预。数字孪生城市追求 3 大目标愿景：即城市生产运行更加集约高效；城市生活空间宜居便捷；城市生态环境可持续发展。在城市生产中运用数字孪生技术实现对人流、物流、能量流、信息流等复杂场景进行智能化分析。如优化城市空间布局。纾解复杂路口拥堵，自然灾害模拟推演制，科学制订应急疏散方案等，以洞察城市运行规律，降低城市治理成本，提升市民生活质量。在城市生活中，利用数字孪生技术监测城市部件性能。预测故障规避风险，保障居民生活安全，同时打造虚实交互、个性定制的数字孪生医疗、课堂、社区等服务。在生态减排中，数字孪生城市有助于城市管理者和专家在三维全息场景下评估优化生态布局，遴选碳排放政策最优方案，推动能源设施精细化运维、碳轨迹追踪，助力城市实现碳中和。

数字孪生城市发展涵盖 9 大要素，呈现"4+5"的要素框架。基础设施、数据资源、平台能力、应用场景是数字孪生城市的 4 大内部要素，为数字孪生城市提供内生动力和数字底座。战略与机制、利益相关方、资金与商业模式、标准与评估、网络安全是数字孪生城市的 5 大外部要素，为数字孪生城市提供良好环境和外部支撑。

数字孪生城市的运行机理大致包含以下几个环节。首先，通过物联感知、信息建模、泛在网络等技术采集交通、生态环境、城市运行等实时数据，实现由实入虚的连接与映射。其次，基于城市运行规律知识图谱和大数据分析算法，在数字空间进行分析洞察以发现问题，并制定供城市管理者参考的科学合理的决策依据。最后，通过物联网远程控制和交互界面作用现实城市，实现以虚控实，最终实现对物理城市的全生命周期管理服务、城市运行优化改进和经济可持续性发展。

1．发展历程

从数字孪生城市的建设阶段来看，通常第一阶段是视觉先行，建立可视化城市模型，以三维渲染的方式呈现出城市基础设施、建筑、地理信息等静态信息。在建设过程中需要构建可兼容异构信息的标准数据底层框架，确保统一编码、多模态数据精准融合。同时将矢量、栅格、网格、点云、政务等各类数据统一格式与编码，建立数据标准规范。第二阶段是物联感知，逐步加大传感器、摄像头等硬件设备和智能终端，收集城市动态数据。此阶段需要多源物联网数据和不同协议接口松耦合管理，提供统一的接口和数据服务，将物联网数据导入城市模型中。第三阶段是应用升级，在数字孪生城市模型平台上利用技术手段进行城市运行情况基本分析并制定决策。第四阶段是模拟仿真，也是数字孪生城市发展的高阶形态，在综合掌握城市过去、现在的运行数据信息情况下，经过深度学习和计算推演城市运行可能会出现的状态，提前设计出解决方案并进行决策模拟，以提出最佳解决方案。如表 5-2 描述了智慧城市项目实施的四个维度。

表 5-2　智慧城市实施维度

	目标	行动	技术特点	关键能力
1	描绘城市	融合多源信息 雕琢城市模型	多维空间 极致刻画	城市信息模型分级 空间孪生体开发
2	感知城市	接入海量终端 汇聚巨量信息	万物智联 时空计算	物联网和大数据 事物孪生体开发
3	孪生城市	构建孪生场景 数控物理世界	云边协同 敏捷高效	场景构建和编排 全域人工智能
4	运营城市	洞悉运行态势 预测推演仿真	全息灵动 极智治理	数字线程和知识图谱 业务一体化交付

2．系统能力

与传统智慧城市相比，数字孪生城市技术要素更复杂，不仅覆盖新型测绘、地理信息、语义建模、模拟仿真、智能控制、深度学习、协同计算、虚拟现实等多技术门类，而且对物联网、人工智能、边缘计算等技术赋予新的要求，多技术集成创新需求更加旺盛。其中，新型测绘技术可快速采集地理信息进行城市建模，标识感知技术实现实时"读写"真实物理城市，协同计算技术高效处理城市海量运行数据，全要素数字表达技术精准"描绘"。对于城市信息模型按精细度宜分为 7 级，应符合表 4-2 提到的城市精度。CIM 基础平台的模型精细度应不低于 2 级，条件具备时宜将精细度更高的模型汇入 CIM 基础平台。

表 5-3　城市信息模型精度参考

级别	名称	模型主要内容	模型特征	数据源精细度
1	地表模型	行政区、地形、水系、居民区、交通线等	DEM 和 DOM 叠加实体对象的基本轮廓或三维符号	小于 1∶10000
2	框架模型	地形、水利、建筑、交通设施、管线管廊、植被等	实体三维框架和表面，包含实体标识与分类等基本信息	1∶5000～1∶10000
3	标准模型	地形、水利、建筑、交通设施、管线管廊、植被等	实体三维框架、内外表面，包含实体标识、分类和相关信息	1∶1000～1∶2000
4	精细模型	地形、水利、建筑、交通设施、管线管廊、植被等	实体三维框架、内外表面纹理与细节，包含模型单元的身份描述、项目信息、组织角色等信息	优于 1∶500 或 G1、N1
5	功能级模型	建筑、设施、管线管廊等要素及其主要功能分区	满足空间占位、功能分区等需求的几何精度，包含和补充上级信息，增加实体系统、关系、组成及材质，性能或属性等信息	G1～G2，N1～N2
6	构件级模型	建筑、设施、管线管廊等要素的功能分区及其主要构件	满足建造安装流程、采购等精细识别需求的几何精度（构件级），宜包含和补充上级信息，增加生产信息、安装信息	G2～G3，N2～N3
7	零件级模型	建筑、设施、管线管廊等要素的功能分区、构件及其主要零件	满足高精度渲染展示、产品管理、制造加工准备等高精度识别需求的几何精度（零件级），宜包含和补充上级信息，增加竣工信息	G3～G4，N3～N4

3．基础技术

在目前智慧城市的发展历程中，正在向表 4-1 中提到的"感知城市"向"孪生城市"前进，在当前背景下，仍然是以 GIS、BIM、CIM 采集建模为主构建智慧城市的可视化底座。具体采用的技术有以下几种：

（1）物联网技术。

汇集接收各类传感器传输的业务数据、爬虫数据、埋点数据、日志数据、外部数据等，建设物联网数据中台有利于数据治理、数据清洗、数据筛选、数据存取、调度管理、专题分析后上传至 CIM 数据中心，可用于监测识别、实时告警、态势分析及决策支持。

（2）大数据技术。

将各类数据从外部数据源导入（清洗、转换）数据中心，以备计算、分析，完成工程项目从立项规划、设计、施工、运维全生命周期的数字模型移交，实现工程项目全过程智慧管理，建立智慧城市数字底图。利用数据集成和可视化等技术手段，将数据中心中存储的工程数据、厂商数据、维护数据及实时监测数据等数字化成果集成管理。针对 CIM 平台所涉及的各类数据、模型、图档及完整数字化工程进行管理。以数据库代替模型作为信息的承载体，实现全生命周期工程数据的汇聚、处理、存储、管理、治理与交换。通过系统软件应用，实现信息、数据与业务的紧密集成。

（3）图形表达技术。

采用多源异构数据导入，采用不同的表达方式如 OpenGL、WebGL、Canvas 等技术将倾斜摄影、CAD 数据、模型数据表达出来。

4．系统架构

如图 5-1 所示。以业务视角为切入口，从数据的采集到建模以及应用展开描述了整体的 CIM 智慧城市的系统架构。

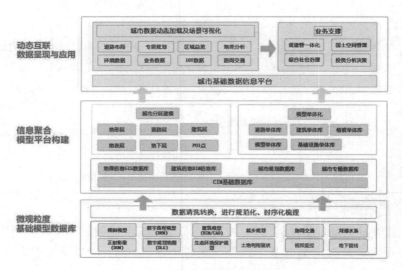

图 5-1　城市信息模型的参考架构

5．具体应用

近年来，随着数字孪生城市的发展兴起，城市信息模型、实景三维城市、物模型、城市仿真等相关概念与技术得以加速发展，同时也出现了技术交织带来的概念混淆问题。从发展重心来看，几个领域各有侧重，均不全面，可共同构成数字孪生城市全部能力。实景三维城市注重实体测绘与底图服务，兼具建模、感知等功能；城市信息模型注重建筑建模与城市要素管理，兼容地理信息、物联网等功能；物模型注重感知设备的语义建模，突出属性与模型的结合表达；城市仿真注重在数字空间基于算法与数据的模拟推演，兼具建模、交互等能力。业界普遍认为，各条技术路线最终都将走向数字孪生城市，应综合以上各领域的突出技术优势，集地理信息、物联感知、信息模型、算法仿真、虚实交互等技术能力于一体，支撑构建未来城市发展新形态。

总的来看，当前数字孪生城市发展呈现协同推进态势。数字孪生城市支持政策相继出台、产业组团发展态势明显、标准规范起步制定、应用需求逐渐明朗、学术成果快速增长。从数字孪生城市主要涉及领域来看，物模型标准兴起，推动城市感知设施孪生互通互认；空间地理信息进入新型基础测绘阶段，有力支撑孪生底座构建；城市信息模型市场活跃，模型数据深度融合有望实现；城市跨学科仿真、云化仿真推进步伐加快；虚实交互呈现出供给侧低代码构建、需求侧跨终端智能体验的发展态势。

与此同时，标准规范与应用场景成为数字孪生城市驱动之双轮。在标准方面，应围绕地理信息、物联感知、信息模型、城市仿真、交互控制五大技术体系的集成与互通，加强布局研究，聚焦总体谋划、建设推进、后期运营三环节全过程的痛点堵点，形成包含总体、数据、技术/平台/设施、应用场景、安全、运行等要素的标准体系，区分轻重缓急有节奏地编制关键标准。在应用方面，应进一步体现时代特征与问题导向，发挥数字孪生技术精准映射、虚实互动、智能操控等特点优势，瞄准疫情防控、绿色双碳、安全应急等高契合度高价值应用场景，创新应用模式，提高应用黏性，推动面向政府（To G）向面向企业（To B）和面向个人（To C）转变，建立应用成效倒逼机制，避免拈轻怕重、过度建设、重复建设等智慧城市建设问题重现。

5.1.3　数字孪生+工业互联网

1．发展历程

工业数字孪生发展经历了三个阶段，其发展背后是数字化技术在工业领域的演进与变革。第一阶段，概念发展期。2003 年，美国密歇根大学 Michael Grieves 教授首次提出了数字孪生概念，该概念提出的基础是当时产品生命周期管理（PLM）、仿真等工业软件已经较为成熟，为数字孪生体在虚拟空间构建提供支撑基础。第二阶段，应用于航空航天行业。数字孪生最早应用于航空航天行业，2012 年美国空军研究室将数字孪生应用到战斗机维护中，而这与航空航天行业最早建设基于模型的系统工程（MBSE）息息相关，能够支撑多类模型敏捷流转和无缝集成。第三阶段，向多类行业拓展应用。近些年，数字孪生应用已从航空航天领域向工业各领域全面拓展，西门子、GE 等工业巨头纷纷打造数字孪生解决方案，赋能制造业数字化转型。数字孪生蓬勃发展的背后与新一代信息技术的兴起、工业互联网在多个行业的普及应用有莫大关联。

工业数字孪生是多类数字化技术集成融合和创新应用，基于建模工具在数字空间构建起精准物理对象模型，再利用实时 IOT 数据驱动模型运转，进而通过数据与模型集成融合构建起综合决策能力，推动工业全业务流程闭环优化，如图 5-2 所示。

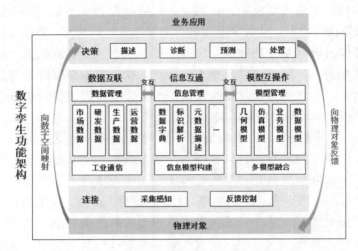

图 5-2　工业数字孪生功能参考架构

第一层，连接层。具备采集感知和反馈控制两类功能，是数字孪生闭环优化的起始和终止环节。通过深层次的采集感知获取物理对象全方位数据，利用高质量反馈控制完成物理对象最终执行。

第二层，映射层。具备数据互联、信息互通、模型互操作三类功能，同时数据、信息、模型三者之间能够实时融合。其中，数据互联指通过工业通信实现物理对象市场数据、研发数据、生产数据、运营数据等全生命周期数据集成；信息互通指利用数据字典、元数据描述等功能，构建统一信息模型，实现物理对象信息的统一描述；模型互操作指能够通过多模型融合技术将几何模型、仿真模型、业务模型、数据模型等多类模型进行关联和集成融合。

第三层，决策层。在连接层和映射层的基础上，通过综合决策实现描述、诊断、预测、处置等不同深度应用，并将最终决策指令反馈给物理对象，支撑实现闭环控制。

全生命周期实时映射、综合决策、闭环优化是数字孪生发展三大典型特征。一是全生命周期实时映射，指孪生对象与物理对象能够在全生命周期实时映射，并持续通过实时数据修正完善孪生模型；二是综合决策，指通过数据、信息、模型的综合集成，构建起智能分析的决策能力；三是闭环优化，指数字孪生能够实现对物理对象从采集感知、决策分析到反馈控制的全流程闭环应用。本质是设备可识别指令、工程师知识经验与管理者决策信息在操作流程中的闭环传递，最终实现智慧的累加和传承。

众所周知数字孪生（Digital Twin）来源于军事领域，发展于工业领域，Gartner 的数字孪生技术发展曲线中，也明确了工业和制造领域将达到实用该技术的顶峰。从某种意义上说数字孪生是工业数字化的一种思路、方法论，是一种技术体系和技术能力。

（1）作为基本概念，数字孪生的核心是利用传感数据和计算，实现对物理实体的深度认知和智能决策，有效地控制和管理这些物理实体，更好地服务人类。

（2）作为技术概念，数字孪生是在计算机中，对物理实体实现映射，属于计算机工程的问题，也属于软件工程的范畴，要对物理实体进行映射，就要对它的状态进行模式判定、根因分析、状态预测等计算，可以有多种实现方法。

（3）作为方法论，面向对象编程范式（OOP）可以为数字孪生的设计所借鉴和引用。数字孪生的设计可以把面向对象编程范式推广到物理世界的实体，在软件中以对象的方式表征物理实体，对每一个物理实体建立相应的软件对象。

在数字孪生中以数据表征物理实体的属性及状态，以算法模型模拟其行为。除此以外，对象化的设计方式，可以支持利用单元对象，以搭积木的方式构建越来越复杂的系统，从组建数孪体开始，构建设备、机组、产线、车间，以至整个工厂的数字孪生体，成为整个工厂的数字表征。以这种方式构建数字孪生，结构性地反映物理实体的属性、状态与行为，屏蔽了现场的复杂性，简化了数字化工业应用的构建。

从工业数字孪生技术体系架构中可以看出（如图 5-3 所示），工业数字孪生涵盖了数字支撑技术、数字线程技术、数字孪生体技术、人机交互技术四大类型。其中，数字线程技术和数字孪生体技术是核心技术，数字支撑技术和人机交互是基础技术。

数字支撑技术具备数据获取、传输、计算、管理一体化能力，支撑数字孪生高质量开发利用全量数据，涵盖了采集感知、执行控制、新一代通信、新一代计算、数据模型管理五大类型技术。未来，集五类技术于一身的通用技术平台有望为数字孪生提供"基础底座"服务。其中，采集感知技术的不断创新是数字孪生蓬勃发展的原动力，支撑数字孪生更深入获取物理对象数据。一方面，传感器向微型化发展，能够被集成到智能产品之中，实现更深层次的数据感知。如 GE 研发嵌入式腐蚀传感器，并嵌入到压缩机内部，能够实时显示腐蚀速率。另一方面，多传感融合技术不断发展，将多类传感能力集成至单个传感模块，支撑实现更丰富的数据获取。如第一款 L3 自动驾驶汽车奥迪 A8 的自动驾驶传感器搭载了 7 种类型的传感器，包含毫米波雷达、激光雷达、超声波雷达等，以保证汽车决策的快速性和准确性。

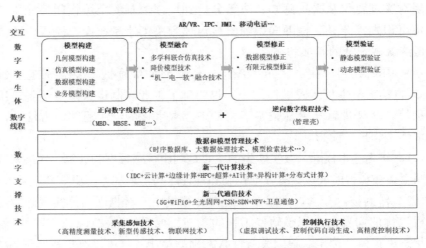

图 5-3　工业数字孪生技术体系参考架构

数字线程技术是数字孪生技术体系中最为关键的核心技术，能够屏蔽不同类型数据、模型格式，支撑全类数据和模型快速流转和无缝集成，主要包括正向数字线程技术和逆向数字线程技术两大类型。其中，正向数字线程技术以基于模型的系统工程（MBSE）为代表（如图 5-4 所示），在用户需求阶段就基于统一建模语言（UML）定义好各类数据和模型规范，为后期全量数据和模型在全生命周期集成融合提供基础支撑。当前，基于模型的系统工程技术正加快与工业互联网平台集成融合，未来有望构建"工业互联网平台 +MBSE"的技术体系。如达索已经将 MBSE 工具迁移至 3DEXPERIENCE 平台，一方面基于 MBSE 工具统一异构模型语法语义，另一方面又可以与平台采集的 IOT 数据相结合，充分释放数据与模型集成融合的应用价值。

逆向数字线程技术以管理壳技术为代表，依托多类工程集成标准，对已经构建完成的数据或模型，基于统一的语义规范进行识别、定义、验证，并开发统一的接口支撑进行数据和信息交互，从而促进多源异构模型之间的互操作。管理壳技术通过高度标准化、模块化方式定义了全量数据、模型集成融合的理论方法论，未来有望实现全域信息的互通和互操作。中科院沈自所构建跨汽车、冶金铸造、3C、光伏设备、装备制造、化工和机器人七大行业的管理壳平台工具，规范定义元模型等标准，可支撑进行模型统一管理、业务逻辑建模及业务模型功能测试。

从技术框架体系来看，数字孪生对现实世界中的实体进行映射，对其状态进行模式判定、根因分析、状态预测等计算。从这个目的来看，一般不宜把数字孪生作为一个为用户使用的终端的应用，而是作为数字化工业应用的一种支撑性的技术，甚至可以构建为这些应用架构中的中间件。数字孪生要映射生产现场的设备的状态和行为，需要在软件中建立相应的镜像对象。如果借鉴OOP，我们需要在数字孪生体中设定与设备对应的参数，这些参数包括属性、状态、指令等类型。在这个基础上，把这些参数与从设备采集的数据一一对应连接，如果设备的某个运行参数变化了，在相应数字孪生体上也几乎实时地得到反映。这是一个对设备数据梳理的过程，也是工业知识沉淀到软件的过程。在此之后，利用算法模型对这些数据进行分析计算，对物理实体的行为进行映射。比如，对设备的运行状态进行模式判定或预测，是否属于运行异常、是否符合工艺要求、是否符合能效要求等，如果判定了异常，对异常的根因分析，还有解决的策略会用到机理模型和数据算法的模型。

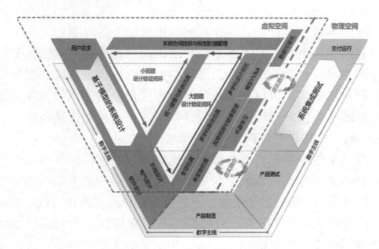

图 5-4　MBSE 技术分析试图参考

然而，最终的解决方案必须把数字孪生体所映射的设备的运行特征和行为作为输入，结合生产运营管理的业务逻辑和生产规则，特别是精益管理的原则和方法论，做出的适合的决策，并得以执行，这些逻辑一般可用 App 的方式实现。

这就是数字孪生作为一种技术框架体系，作为数字化工业应用架构的中间件的作用：它可以下启物联数据，连接现场；上承工业 App，输送对现场状态和行为的洞察认知，支撑管控现场的决策。

从数字孪生的特征和作用来看，在数字化生产运营的层面，制造业企业经过二十多年的信息化发展，在产品和工艺设计过程中采用了各式设计软件，各种的CAD，在原有的自动化生产的基础上，实现了业务管理流程的自动化和信息化。但是，大部分工业软件大多用于管理业务流程，以及正常状况下的计划生产。在生产过程中，充分利用生产现场的大量设备数据，进一步降低设备的故障率、提高整体设备效率、提升产品质量、降低能耗和物耗、保障生产过程的合规性等，因此还有大量的工作需要做。现阶段，对于生产异常判定、根因分析以及应对策略，大多还是依赖操作经验，靠手工作业完成。在新一轮数字化发展中，不管是在产品与工艺设计，还是在生产过程中，如何利用来自物理世界的数据，对实况做出精准的判定、智能化的决策、及时的执行，成为企业关注的重点。

企业需要打通生产工序上下游多设备的高效协同运行，并能将精益管理的原则和方法，融入数字化生产运营管理中，追求生产过程的标准化、稳定性和持续改善。数字孪生技术的诞生，恰好能利用物理实体的数字化虚拟复制，以计算解决现实问题。

因此，当我们利用数字孪生的方法论，建立一种新的技术框架时，在结构上从 OT 的角度，以设备作为主体对象进行建模，定义设备的特征数据，建立算法模型判定或预测设备的行为。这样能够轻松地让设备专家定义设备的特征数据，让懂设备运行和生产工艺的专家与算法工程师合作建立算法模型，双方得以通过数字孪生的结构融合在一起。以这种方法对各类设备建立数字孪生体，把数据定义和算法封装成可以在多处以插件方式重复用的软件组件。熟悉设备的设备供应商或熟悉工艺过程的工业设计院所，也可独立构建和提供某类设备或生产过程的数字孪生，并可以支持多个场景。

此外，数字孪生本身在软件结构与其他业务性的软件组件（如生产规则或用户界面）代码解耦分离。当数字孪生的算法迭代提升，比如提高了某种计算的准确性，只需独立更新数字孪生体，不需要重新修改更改业务性的软件代码。

发展工业数字孪生意义重大。当前，全球积极布局数字孪生应用，2020 年美、德两大制造强国分别成立了数字孪生联盟和工业数字孪生协会，加快构建数字孪生 产业协同和创新生态。

从国家层面来看，随着我国工业互联网创新发展工程的深入实施，我国涌现了大量数字化网络化创新应用，但在智能化探索方面实践较少，如何推动我国工业互联网应用由数字化网络化迈向智能化成为当前亟须解决的重大课题。而数字孪生为我国工业互联网智能化探索提供了基础方法，成为支撑我国制造业高质量发展的关键抓手。

如图 5-5 所示，在智能制造标准体系结构中，数字孪生被作为智能赋能技术标准范畴。该部分主要包括人工智能、工业大数据、工业软件、工业云、边缘计算、数字孪生和区块链等 7 个部分，主要用于指导新技术向制造业领域融合应用，提升制造业智能化水平。

从产业层面来看，数字孪生有望带动我国工业软件产业快速发展，加快缩短与国外工业软件差距。由于我国工业历程发展时间短，工业软件核心模型和算法一直与国外存在差距，成为国家关键"卡脖子"短板。数字孪生能够充分发挥我国工业门类齐全、场景众多的优势，释放我国工业数据红利，将人工智能技术与工业软件结合，通过数据科学优化机理模型性能，实现工业软件弯道超车。

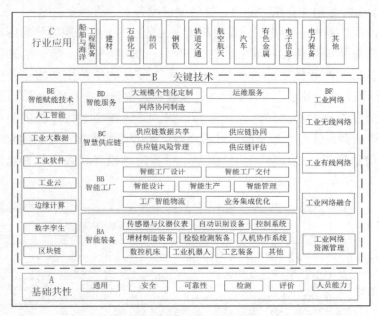

图 5-5　智能制造标准体系结构参考

从企业层面来看，数字孪生在工业研发、生产、运维全链条均发挥重要作用。在研发阶段，数字孪生能够通过虚拟调试加快推动产品研发低成本试错。在生产阶段，数字孪生能够构建实时联动的三维可视化工厂，提升工厂一体化管控水平。在运维阶段，数字孪生可以将仿真技术与大数据技术结合，不但能够知道工厂或设备"什么时候发生故障"，还能够了解"哪里发生了故障"，极大提升了运维的安全可靠性。

总而言之，利用数字孪生，用户有机会建造一种可以有效支持数字化技术和工业知识融合的技术框架，促进工业知识的沉淀、积累与持续提升，推动生态型工业知识的广泛重用共享。要实现数字孪生的价值，需要多种技术和知识的融合，特别是数字化技术（IT）和工业知识（OT）的融合。对于制造业企业来讲，经常遇到 IT 技术资源薄弱，OT 知识积累单薄的窘境，要单独利用数字孪生推进数字化生产运营管理的障碍重重。

2．系统能力

在工业互联网领域，数字孪生通常被理解为三维仿真展示。数字孪生的真正核心在于，对生产现场采集的数据进行近乎实时的计算，以获得对生产现场工况的精准认知，以便做出符合事件的决策，其核心在于数据和计算。三维仿真展示只是三维空间的映射，其结果是让数据、状态或事件的展示和系统的浏览更直观，用大屏方式展示，能给参观者酷炫的观感。但是，这只是一种人机界面的表达方式，没有数字孪生的数据和算法的支持，这些展示没有太大的意义。

因此，我们参考工业互联网信息模型（3IM），主要表现为信息标准化描述和表达、信息协同化传输和读取、信息模型化构建和应用，基于信息模型可以实现从设备层到产业链层的信息互操作。本文涉及的信息模型的建模应考虑七要素，即标识、类、关系、事件、服务、参数和其他属工业互联网信息模型组成。基于统一的建模规则和系统，以业务为前提，通过模型连接并提供服务，支撑业务数字化运营。针对物理资源、过程资源、服务资源和知识分别建立物模型、过程控制信息模型、过程管理信息模型、服务信息模型和知识信息模型，参考体系如图 5-6 所示。

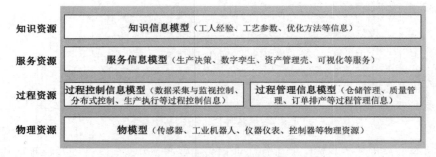

图 5-6　工业互联网数字孪生模型体系参考

物模型是以系统接入的各类硬件资源为建模对象，考虑设备的型号、制造商等静态和设备的状态、位置等动态信息，物模型建模可参见 GB/T40209-2021《制造装备集成信息模型通用建模规则》；过程控制信息模型：以上传至系统的生产、业务过程产生的各类控制信息为建模对象，考虑控制方法、控制指令、控制参数、实现方式等信息。

过程管理信息模型以上传至系统的生产、业务等过程产生的各类管理信息为建模对象，考虑管理内容、管理对象、服务内容、服务对象等信息。

服务信息模型面向生产、业务等阶段需求的生产决策、数字孪生、资产管理壳、可视化等各类服务进行标准化建模。

知识信息模型是以生产管理的知识和经验等各类信息为建模对象，考虑工人经验、工艺参数、优化方法等信息。

因此，我们提出实现以上目标的关键性能力：

（1）与物理实体的融合分析能力。

传统建模仿真与数字孪生均强调虚拟模型与物理实体一致性，而数字孪生实现一致性的关键手段是借助物联网技术，进而与物理实体进行深度融合分析。而传统的建模仿真缺乏与物理实体的深度融合分析。数字孪生和建模仿真均可面向现有或者尚未构建的物体实体进行应用，而数字孪生模型是动态模型，其应用可以贯穿物体实体的全生命周期的活动，通过对其生命周期活动的融合分析，指导不同阶段的应用。传统建模仿真往往仅针对某一具体阶段进行阶段性分析与应用。

（2）与信息技术的结合能力。

数字孪生能够基于信息技术和明确机理融合进行融合计算分析，如基于大数据和运行机理的融合决策和预测等。而传统建模仿真大多是基于明确运行机理进行分析。

（3）CPS 能力。

信息物理系统（Cyber-Physical Systems，CPS）主要是产生于嵌入式系统在工业领域的深度应用，美国国家科学基金会（NSF）的科学家颇感传统的信息技术（Information Technology，IT）概念无法有效地描述这种更深入的应用，当时NSF 的主管科学家 Helen Gill 就结合到与会专家的讨论结果，提出了 CPS 这个全新的概念。然而数字孪生技术与 CPS 技术是高度相似的概念。从功能角度，数字孪生与 CPS 都包含两个部分，真实物理世界和虚拟信息世界，都旨在构建信息世界与物理世界间交互闭环，实现对物理世界中活动的状态预测和决策指导。然而，其又有一定的区别。

CPS 更多的是一个理论框架和理念指导，是在工业互联网基础下信息与物理世界多对多的连接管理，并未给出具体的实施方案。而数字孪生则是更为具体的实施技术，强调针对具体问题给出具体的解决方案。CPS 强调计算、通信和控制功能。传感器和控制器是 CPS 的核心组成部分，自在实现信息世界对物理世界的决策预测和控制。数字孪生则更关注信息世界的数字孪生模型对物理世界的映射和记录，注重数字世界模型的映射能力和数字世界与物理真实世界的融合。

3．基础技术

基于此，我们提出面向工业互联网数字孪生的基础技术，主要包括如下技术。

（1）物联网技术。

物联网是以感知技术和网络通信技术为主要手段，实现人、机、物的泛在连接，提供信息感知、信息传输、信息处理等服务的基础设施。随着物联网的不断健全和完善，数字孪生所需的各种数据的实时采集、处理得以保障。在空间尺度上，由于物联网万物互联的属性，面向的对象由整个产业垂直细分至较小粒度的物理实体。同时，在时间尺度上，由于物联网实时性的提升，使得不同时间粒度的数据交互成为可能。以上使得数字孪生正在变得更加多样化和复杂化，使得数字世界和物理世界能够在物联网的支持下进行时间和空间上细粒度的虚实交互，以支撑不同尺度的应用。

（2）大数据技术。

数据是数字孪生系统动态运行的最重要的驱动力量。随着数据时代的到来，大数据分析应运而生。通过体现大数据海量、异构、高速、可变性、真实性、复杂性和价值性等特征，大数据分析面向解决具体问题提出相应的算法和框架模型。对数字孪生系统而言，大数据分析为深度探索物理空间事物提供可能，而通过数据可视化，为数字孪生系统揭示物理实体的隐性信息提供了有效工具。

（3）多领域、多层次参数化机理模型建模技术。

数据建模是一种用于定义和分析数据的要求和其需要的相应支持的信息系统的过程。数字孪生模型构建和数据模型构建均旨在对物理空间进行抽象，都强调数据的重要性，但二者又有区别：数据建模构建的模型可能是机器学习模型，也可能是简单的列表，大多数情况下为黑盒模型；数字孪生建模指仿真软件构建虚拟模型，既包含数据建模的方法，也包含对物理空间的实体明确机理的模型描述。

（4）模型应用。

数据模型应用多局限于数据的挖掘、智能算法的训练等。而数字孪生模型除包含以上内容外，还包含通过明确机理对物理世界的分析计算，也可以是明确机理模型和数据模型的融合。

与物理实体的联系数字孪生建模与物理实体是直接的映射关系，构建的模型是物理实体在数字空间的孪生体，直接描述物理实体的真实动态。数据建模与物理实体是抽象的映射关系，通过获取物理实体的动态数据，构建数据模型，间接反映物理实体状态。

信息模型体系参考图5-7所示。通过大范围、深层次的数据采集，以及异构数据的协议转换与标准化格式处理，构建系统的数据互通基础。基于模型建模工具、语义字典等构建标准化信息模型，在系统中分布式部署。通过信息模型库对标准化的信息模型进行存储，为模型应用提供调用接口。在系统中，可以对模型进行增、删、改、查操作。基于信息模型实现系统数据之间的互操作，形成满足不同行业、不同场景的应用服务。由于信息模型涉及从设备接入应用服务层的全部数据，数据安全是系统应用方关注的重点问题，因此，系统应用工业互联网信息模型时，应保证信息模型的安全和可信服务。

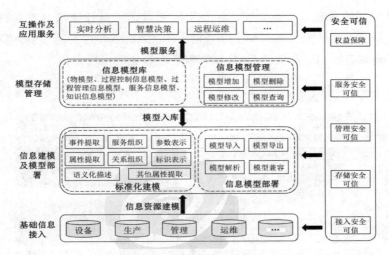

图 5-7 信息模型体系参考

物理实体的机理模型是数字孪生系统的骨架。近年来，不同领域混合的多层次精准建模方法为数字孪生技术对物理世界真实描述提供了使能技术。首先，其综合复杂物理实体涉及的针对诸如机械、电气、液压、控制及具体行业特征进行综合建模的能力，为数字孪生系统对物理实体的有机综合分析提供了高可用技术；其次，物理实体机理模型的多层次表述能力，可使得模型在不同空间粒度上对实体进行客观真实表述；最后，参数化建模方法为数字孪生实体机理模型对物理实体在时间维度上变化的映射，即模型的动态更新能力，提供了有效手段。

（5）人工智能技术。

数字孪生系统对工程应用的重要意义在于其智能分析和自主决策能力。人工智能技术的发展，可通过和传统的建模仿真分析技术结合，有效赋能数字孪生系统，使得数字孪生系统可针对过去，现在的状况进行综合智能分析，并进行自主决策，对物理世界的变化进行准确判断和决策，对物理世界的活动进行智能化支撑。

（6）云/边缘协同计算技术。

数字孪生系统是庞大复杂的系统，然而其对物理世界的感知和决策支持往往具有时效性和个性化的特点。云/边缘协同计算技术，可有效地发挥云端强大的存储/计算能力和边缘端个性化实时感知和控制能力，为数字孪生系统的高效运行提供支撑。

4．系统架构

智能制造领域的数字孪生体系框架主要分为六个层级（如图 5-8 所示），包括基础支撑层、数据互动层、模型构建层、仿真分析层、功能层和应用层。其中，建立仿真模型的基础可以是知识、工业机理和数据，三种建模方式各有利弊。但在深度算法以及建模底层架构上，目前中国 CAE 软件市场基本被外资产品垄断，中国具有自主知识产权的 CAE 软件仅有很少量的市场份额。

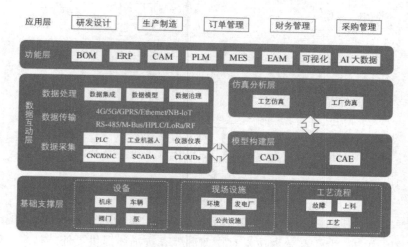

图 5-8　智能制造领域数字孪生技术架构参考

基础支撑层主要包含实现数字孪生的必要物理设备、环节、工艺流程。将其有机地结合连接起来并通过网络设备向上层数据互动层以及模型构建层上报数据、信令等。数据互动层主要依赖 PLC 系统的信息采集及处理汇总，借助 AI 的能力以及 CAE 的能力构建物理仿真模型。功能实现层即利用数据建模得到的模型和数据分析结果实现预期的功能。这种功能是数字孪生系统最核心的功能价值的体现，能实时反映物理系统的详细情况，并实现辅助决策等功能，提升物理系统在寿命周期内的性能表现和用户体验。已经有一些软件服务商通过提高数字孪生能力，提高它们的应用能力，为客户提供垂直细分市场的解决方案。

除了满足以往的流程规定外，三维仿真作为数字孪生模型的一种，以物理实体的实际空间参数，以及空间的拓扑关系建立可视化模型，特别是与 AR 结合，对于设计、设备拆装和维修操作指导，运动设备作业事件重播等还将继续有独特的作用。

模拟仿真是在计算机中建立模型，复现物理系统中发生的本质过程，并通过调整模型的输入和控制参数进行实验性计算，用于研究和评估存在的或设计中的系统特征和行为，寻找可行或最优的设计，在制造业应用广泛。但一般来说，实际系统建造的成本高，有些实验需要很长的时间或危险性较大，利用计算机仿真进行实验显然是一种事半功倍的手段。但通常实际系统一般都很复杂，受当前技术的局限，在建立模拟仿真模型的时候，大多需要进行很多简化。只关注关键的因素，忽略次要因素，或只模拟系统的某一些方面，可以满足在设计过程中验证设计的结果是否符合一定的设计要求（如安全生产），但计算的精度不容易达到在生产过程监管和优化的需求。

综合而言，模拟仿真是数字孪生的一个重要支撑技术。设计过程中的仿真模型只是数字孪生算法模型的一个重要组成部分，不等同于数字孪生本身。数字孪生的有效性取决于：设备或生产过程的复杂度；进行模式判定、状态预测或优化策略计算的难度；以及用于计算的，从现场采集的传感数据的完备性和准确性。正如人对现实世界的认知有一个持续学习的过程，数字孪生对物理世界的把握程度也有一个从粗糙到精细的提升过程。

工业领域想建立有效的数字孪生，需要行业性生态合作伙伴的共力，包括数字化技术供应商、设备供应商、工业知识供应者（如工业研究院所和设计院所等）与作为甲方的企业一起来建设、改善技术和系统。在这个过程中，在行业生态推进数字孪生的重复用尤为重要。可以设想，在每一个企业的场景（如图 5-9 所示），利用软件对设备和生产过程特征状态和行为进行深度、精准的表征映射，单独构建的门槛高、成本高、积累提升缓慢，事倍功半。

图 5-9　数字孪生在智能制造中的应用场景

企业需要与解决方案供应商维持长久的合作关系，提供相应的投入以支持软件应用的维护和提升，为所建立的数字化解决方案留长远一点的生路，避免一锤子买卖。同时，企业也可以多考虑采用第三方供应商的产品，避免无必要的自建项目，这样可以借力供应商产品，最大化重复用积累提升的成果。

数字孪生技术不仅支持三维建模，实现无纸化的零部件设计和装配设计，还能取代传统通过物理实验取得实验数据的研发方式，用计算、仿真、分析的方式进行虚拟实验，从而指导、简化、减少甚至取消物理实验。用户利用结构、热学、电磁、流体和控制等仿真软件模拟产品的运行状况，对产品进行测试、验证和优化。

数字孪生技术可以应用于生产制造过程从设备层、产线层到车间层、工厂层等不同的层级，贯穿于生产制造的设计、工艺管理和优化、资源配置、参数调整、质量管理和追溯、能效管理、生产排程等各个环节，对生产过程进行仿真、评估和优化，系统地规划生产工艺、设备、资源，并能利用数字孪生技术，实时监控生产工况，及时发现和应对生产过程中的各种异常和不稳定性，日益智能化，实现降本、增效、保质的目标和满足环保的要求，如图 5-10 所示。

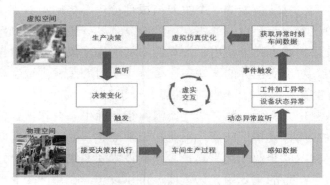

图 5-10　数字孪生在智能制造中的全生命周期

数字孪生提供物理实体的实时虚拟化映射，设备传感器将温度、振动、碰撞、载荷等数据实时输入数字孪生模型，并将设备使用环境数据输入模型，使数字孪生的环境模型与实际设备工作环境的变化保持一致，通过数字孪生在设备出现状况前提早进行预测，以便在预定停机时间内更换磨损零部件，避免意外停机。通过数字孪生，可实现复杂设备的故障诊断，如风机齿轮箱故障诊断、发电涡轮机、发动机以及一些大型结构设备，如船舶的维护保养。

5．具体应用

（1）生产单元模拟。

在生产单元各类设备上设置 5G 模组或部署 5G 网关等，采集海量生产数据、设备数据、环境数据等实时上传至边缘云平台。边缘云平台利用三维（3D）建模技术建设与物理生产单元对应的虚拟生产单元，实现生产制造状态实时透明化、可视化。利用模型仿真、孪生共智等基于数字孪生模型的技术进行分析处理，实现产能预测、过程感知、转产辅助等功能。企业可将实际的生产结果与 5G 虚拟生产单元的预期结果进行比对，根据比对差异对物理生产单元进行优化，实现生产要素、生产工艺、生产活动的实时精准管控，确保生产稳定高效运行。企业的物理生产单元具备较好的数字化、网络化基础，企业的数字化研发与设计、设备和系统运维管理等经验较为丰富，生产现场实现 5G 网络覆盖，生产设备具备 5G 网络接入能力。

（2）精准动态作业。

利用 5G 传输和定位的技术能力，在室外场景下配合北斗定位，精确测量大型机械的位置以及偏转角、俯仰角等姿态数据；在室内场景下配合工业相机等设备，精确测量生产对象的高度、位移、角度等数据，通过 5G 网络将测量数据实时传输至控制系统。控制系统根据生产需要实时、动态调整对象的位置和姿态，提升生产作业精度和自动化水平。企业具备生产自动化基础，能够部署室内外定位系统，生产现场实现 5G 网络覆盖，测量设备具备 5G 网络接入能力。

（3）生产能效管控。

通过内置 5G 模块的仪器仪表，实时采集企业用电、水、燃气等各类能源消耗数据和总烃、苯系物、粉尘等污染物排放数据，实现大规模终端的海量数据秒级采集和能效状态实时监控。辅助企业降低生产能耗，减少污染物排放量，实现清洁生产。结合人工智能等算法分析，可对企业用能需求进行预测，智能制订节能计划，进一步挖掘节能潜力空间。通过对用能设备进行监控告警、远程调度等操作，配合产线排程调整和设备参数设置，实现节能减排、削峰填谷。生产现场实现 5G 网络覆盖，现场仪器仪表可进行 5G 采集模块改造，监测设备具备 5G 网络接入能力。

（4）工艺合规校验。

综合利用工业相机、物联网传感器、激光雷达、智能仪表等设备，全方位监测企业生产原料、半成品和成品的各项指标，实时跟踪工作区域工人手工操作设备的流程步骤，监测投料和配料数量，通过 5G 网络将采集的指标、操作信息等同步传送至边缘云平台。边缘云平台利用人工智能、大数据、云计算等技术对工人实际操作工序、取料信息等进行分析，并与规定标准流程进行实时合规校对，分析找出颠倒顺序、危险操作和错误取料等现象，实现工艺检测自动告警。企业能够提供质检标准、工艺操作合规标准和自动质检基础设施建设条件，工艺具有明确的标准流程，生产现场实现 5G 网络覆盖。

（5）生产过程溯源。

将企业生产现场的扫码枪、工业相机、摄像头、刷卡机等设备接入 5G 网络，将生产过程每个工序的物料编码、作业人员、生产设备状态等信息实时传输到云平台。云平台将产品生产过程中的人、机、料信息进行关联整合形成溯源数据库，运用区块链、标识等技术，实现产品关键要素和生产过程追溯。通过实时追溯批次、品质等原料信息，可动态调整后道工序参数，提升产品质量。生产现场实现 5G 网络覆盖，企业工业设备已完成自动化改造，具备条形码、二维码、用户身份识别模块（SIM）卡或软 SIM 卡等多种标识载体，具有统一的产品标识编码规范。

（6）设备预测维护。

将企业生产现场的工业设备、摄像头、传感器等接入 5G 网络，实时传输设备的运行状态至云平台，实现工业生产设备性能和状态的实时监控，构建设备历史监测数据库。基于故障预测机理建模等人工智能技术对监测数据进行实时分析，评估设备健康状态，预判设备运行趋势，智能制订设备维护保养计划，实现设备安全预测与生产辅助决策，有效降低设备维护成本，延长设备使用寿命，确保生产过程连续、安全、高效。生产现场实现 5G 网络覆盖，企业工业设备具备数字化、网络化、智能化基础，具备 5G 网络接入能力。

（7）厂区智能理货。

在企业厂区、工业园区内部署基于 5G 网络的扫码枪、工业相机或网络视频录像机（NVR）等信息采集终端，将拍摄的条码数据、高清图像或视频等信息实时上传至云平台。利用光学字符识别（OCR）等人工智能技术自动识别货物标识、外观、尺寸、品相等信息，实现全厂货物的实时盘点和管理。云平台与厂区业务系统实时交互，实现按需码放货物、品质定级、实时分拣等功能的自动化和智能化，助力企业提升产品全生命周期的管理能力。全厂区或园区实现 5G 网络覆盖，采集设备具备 5G 网络接入能力。

（8）全域物流监测。

综合利用 5G、大数据、边缘计算、人工智能等技术，通过工业运输装备上的智能监控终端，实时采集全域运输途中的运输装备、货物、人员等的图像和视频数据，并通过 5G 网络传输至云平台。云平台对运输装备进行实时定位和轨迹回放，对货物、人员进行实时监测，实现工业运输的全过程监控，能够避免疲劳驾驶、危险驾驶等行为，有效保障冷链物流、保税品运输、危化品运输等过程中运输装备、货物和人身的安全。运输装备能够配备接入 5G 网络的智能监控终端，运输路线中有稳定的 5G 网络覆盖。

（9）虚拟现场服务。

虚拟现场服务主要包括产品展示体验、辅助技能学习、远程运维指导等三类服务。产品展示体验服务通过对工业产品的外形及内部结构进行立体化建模，构建虚拟数字展厅，通过 5G 网络传输至平板电脑、增强现实/虚拟现实（AR/VR）眼镜等智能终端，与数字模型实时互动，实现产品细节的沉浸式体验和感受。辅助技能学习服务基于 5G 和 AR/VR 融合构建贴近真实场景的全虚拟场景，进行操作技能培训和自由操作练习，提高技能学习效率。远程运维指导服务通过在全虚拟场景中，叠加远端专家指导数据形成端云协同，使端侧获得实时操作指导，提升运维服务的效率和质量。企业具有较为丰富的数字化研发与设计经验，具有较为完善的数字化管理流程，具备跨地域 5G 网络接入能力，具有 AR/VR 应用基础。

（10）企业协同合作。

利用"5G+数采"技术，纵向实现上下游企业大规模关键设备联网和数据实时采集；通过"5G+边缘计算"，横向实现制造执行系统（MES）、供应商关系管理系统（SRM）等互联互通，并统一集成至云平台实现数据共享。企业可实时追踪内部生产过程和进度，对委托外部生产的工序进行监控并实时跟踪协同流程，快速满足用户的个性化定制需求和多品类生产需求。通过平台连接供给侧和需求侧，实现供需对接与交易撮合。产业具有同类企业聚集或者上下游企业紧密协作的特征，企业在距离相近园区内可搭建"5G+ 多接入边缘计算（MEC）"平台，具有一定的业务协作基础。

6．未来工厂应用

工厂级数字孪生技术在国外应用较早，尤其在军工企业最为成熟。空客已经在其多个工厂部署数字孪生，打造透明化的工业流程和设备应用，尤其是工艺装备及其在部装厂和总装厂的分布。某物流工厂通过构建实时数字孪生软硬件系统，实现了人、设备、产品的数据全面交互，优化场内物流路线，提升效率。工厂级数字孪生技术在国内的应用主要以工厂可视化监测、旧厂房的优化和新厂房设计布局优化为主。某造船集团，为解决仓库点多，占用面积大，物流搬运落后等问题，通过数字孪生技术打造了船厂物流仓储集配智慧化物流配送中心，对造船生产物资和物流供应链进行系统优化与创新，建立内部生产物资和物流配送体系。

"未来工厂"是广泛应用数字孪生、人工智能、大数据等新一代信息技术革新的生产方式，以数据驱动生产流程再造，以数字化设计、智能化生产、绿色化制造、数字化管理、安全化管控为基础，以网络化协同、个性化定制、服务化延伸等新模式为特征，以企业价值链和核心竞争力提升为目标，引领新智造发展的现代化工厂。

"未来工厂"以数字化生态组织新一代信息技术及先进制造技术为关键支撑，通过推进数字化设计、智能化生产、安全化管控、数字化管理、绿色化制造等能力建设，以及个性化定制、网络化协同和服务化延伸等模式创新，提升企业综合效益和竞争力，实现高质量发展。

工厂级数字孪生应用需将工厂业务流程全面贯通，通过对财务、人员、供应链等方面的智能管理，为工厂决策提供数据支撑，在工厂层级实现调度一体化、监测实时化、管理透明化、分析智能化、决策自主化，打造数字孪生透明工厂。国内外的工厂级数字孪生应用现阶段发展较为缓慢，缺乏深度应用，一方面受限于现有的基础条件，工厂现有基础设施不易改变，简单改造并不能完全支持工厂级的数字孪生应用；另一方面受制于现有的建模技术的水平，工厂作为复杂系统，包含了车间、产线、设备、人员、物料等元素，现有的建模分析能力还不足以支撑如此复杂的系统的数字孪生应用。

数字孪生透明工厂的构建，一般应从工厂设立之初就进行整体规划，从工厂周边环境、厂房布置、数据通信网络、产线运营调度等多个维度考虑，才能实现工厂的透明化管理。数字经济综合应用是其中重要内容，以工业领域为突破口，以产业大脑为支撑，以数据供应链为纽带，以"未来工厂"、数字贸易中心及未来产业先导区等建设为引领，推动产业链、创新链、供应链融合应用，实现资源要素的高效配置和经济社会的高效协同，赋能高质量发展、竞争力提升、现代化先行，努力打造全球数字变革高地。

模式创新包括个性化定制、网络化协同、服务化延伸三种模式。其中个性化定制包括模块化设计、模块化生产和个性化组合三个个性化定制要求。网络化协同包括研发设计协同、供应链协同和生产协同三个网络化协同要求。服务化延伸包括产品生命周期、供应链/产业链、检验检测认证和承包集成四个服务化延伸要求。

企业可根据所在行业特点、管理模式进一步探索服务化延伸新模式。这三种模式创新，将指引传统制造向新制造进行转型，重构制造企业的数字战斗力。在能力建设方面，导则提出了数字化设计、智能化生产、安全化管控、数字化管理、绿色化制造五方面的制造企业新能力。在"数字化设计"能力建设方面，包括产品研发与设计、工艺设计和试验设计三个数字化设计要求。其中产品研发与设计是第一步，希望制造企业建立研发设计能力：产品研发与设计是指从概念设计阶段开始，采用协同设计平台，利用参数化对象建模等工具，开展产品的研发与设计。在"智能化生产"能力建设方面，导则包括计划调度、生产执行、质量管控、物流配送和设备运维五个智能化生产的要求。其中，计划调度是指企业采用生产计划排产系统或平台、先进排产调度算法模型、生产运行实时模型等技术，实现满足多种约束条件的动态实时生产排产和调度，实现对突发事件的自动预警、辅助决策和优化调度。

生产执行是指依托 MES 等信息化系统，实现作业文件自动下发与执行、设计与制造协同、制造资源动态组织、生产过程管理与优化、生产过程可视化监控与反馈、生产绩效分析和异常管理，提高生产过程的智能化和可控性。质量管控是实现质量数据采集、在线质量监测和预警、质量档案建立及质量追溯、质量分析与改进等质量管控的智能化和敏捷化。物流配送是指企业运用软件技术、互联网技术、自动分拣技术、光导技术、RFID、声控技术等先进的科技手段和设备，对物品的进出库、存储、分拣、包装、配送及其信息进行有效的计划、执行和控制，确保物料仓储配送准确高效和运输精益化管控。设备运维智能化是指实现设备运行状态实时监控、基于知识的设备故障管理、基于大数据的设备预测性维护、远程诊断、设备运行分析与优化等。

在"安全化管控"能力建设方面，导则提出了包括生产安全、信息安全和作业安全三个方面的安全化管控要求。在"数字化管理"能力建设方面，导则提出了数字化管理应以数据为驱动，以精益制造和精准服务为目标，以风险防控和智能决策为导向，实现企业管理的科学化。导则提出了精益制造、精准服务、风险防控、智能决策四方面的内容。在"绿色化制造"能力建设方面，导则提出了应围绕"碳中和"国家绿色发展战略，综合考虑环境影响、资源效益和经济效益，使产品在整个产品生命周期中，资源利用率极高，环境污染危害极低，实现企业经济效益与社会效益的协调优化。

5.1.4　数字孪生+智慧水利

2021 年 11 月，水利部印发了《关于大力推进智慧水利建设的指导意见》和《"十四五"期间推进智慧水利建设实施方案》，还同步印发了《智慧水利建设顶层设计》和《"十四五"智慧水利建设规划》，系列文件明确了推进以构建数字孪生流域为核心的智慧水利建设时间表、路线图、任务书和责任单。2021 年 12 月 23 日，水利部召开推进数字孪生流域建设工作会议。水利部党组书记、部长李国英出席会议并讲话，强调要大力推进数字孪生流域建设，积极推动新阶段水利高质量发展。

数字孪生流域是通过综合运用全局流域特征感知、联结计算（通信技术、物联网与边缘计算）、云边协同技术、大数据及人工智能建模与仿真技术，实现平行于物理流域空间的未来数字虚拟流域孪生体。通过流域数字孪生体对物理流域空间进行描述、监测、预报、预警、预演、预案仿真，进而实现物理流域空间与数字虚拟流域空间交互映射、深度协同和融合。数字孪生流域是以物理流域为单元、时空数据为底座、数学模型为核心、水利知识为驱动，对物理流域全要素和水利治理管理活动全过程的数字化映射、智能化模拟，实现与物理流域同步仿真运行、虚实交互、迭代优化。推进数字孪生流域建设是贯彻落实习近平重要讲话指示批示精神和党中央、国务院重大决策部署的明确要求，更是强化水利流域治理管理的迫切要求。

"数字孪生流域建设"是 2022 年水利网信工作的重中之重，也是智慧水利的核心与关键。以全国水利行业首个正式开工建设的数字孪生水利工程举例，建设大藤峡数字孪生工程，就是通过数字化方式创建大藤峡实体工程的孪生双胞胎——虚拟动态仿真，借助历史数据、实时数据、算法模型等，模拟、验证、预测、控制大藤峡工程的全生命周期。

"数字孪生流域建设先行先试工作（2022—2023）"计划用两年左右时间在大江大河重点河段、主要支流、重要水利工程中，加强数字孪生、物联网、大数据、人工智能、5G 等新一代信息技术与水利业务深度融合，在促进业务协同、创新工作模式、提升服务效能方面不断取得突破，打造一批可推广可复制的成果和经验，带动全国数字孪生流域建设。

数字孪生流域是新一代信息通信技术与传统流域管理技术深度融合的创新应用。其关键技术包括：

1．面向复杂环境的低功耗新型传感技术及综合阵列传感技术

流域运行状态的全面、准确数字化表征是构建数字孪生流域的基础。为此，以重点流域水环境阵列传感技术传感器为数据来源，以多源数据融合为技术手段，是打造数字孪生流域的首要关键。传感器类型包括：水文测报传感器、水质传感器、水环境传感器等。

2．边缘智能与协同技术

边缘计算是面向流域智能化需求，构建基于流域海量数据采集、汇聚、分析的服务体系，支撑流域泛在连接、弹性供给、高效配置的流域边缘计算节点。其本质是通过构建精准、实时、高效的数据采集，建立面向流域轻量级大数据存储、多传感器数据融合、特征抽取等基础数据分析与边缘智能处理及流域云端业务的有效协同。

3．流域通信与数据传输技术

针对数字孪生流域的物联网感知数据传输问题，需要探索覆盖重点流域断面、支撑多源数据传输的无线通信技术，为数字孪生流域多源数据传输提供安全可靠保障。

（1）面向数字孪生流域的智能传感器安全接入。

流域终端传感设备作为物联网的感知层，承担着流域数据采集的重要任务，保证终端传感设备安全接入、防止系统被非法侵入是保证数字孪生流域物联网安全的重要环节。传统的智能设备接入认证方案和身份认证协议在大规模物联网场景下的认证效率和安全性上存在严重不足。基于区块链的分布式认证为数字孪生流域物联网安全接入提供了新的解决方法和思路，然而区块链融入端边云架构时，会面临系统架构、数据隐私安全、参与节点资源和共识等多方面的挑战。

（2）支撑多源数据传输的流域无线通信技术。

针对建设数字孪生流域的需求，结合流域场景特点，探索面向流域无线专网通信技术，设计不同场景下流域无线专网深度覆盖，为数字孪生流域数据高效传输提供支撑。目前，5G网络以大带宽、低时延、广连接为智慧水利场景的立体化感知、互联、智慧管理提供了多维度信息通信服务。然而由于流域范围大、距离长、气候差异大，使得5G覆盖范围受限。未来随着低轨道卫星和6G的发展，构筑天空地水一体化融合组网技术，将具备更广阔的流域覆盖范围和泛在通信服务能力，将为数字孪生流域提供可靠的通信与数据传输。

4．流域数字孪生体构建与数据驱动及仿真技术

流域孪生体的构建需要采集流域各要素数据、构建各类型模型，并进行数据、模型集成融合，以实现流域孪生体与物理实体精准映射镜像。其中从流域实景三维建模到动态数据驱动的数字孪生流域模型以及数字孪生模型的反向推演仿真成为数字孪生流域的核心技术。

5.1.5　数字孪生+5G网络

1．发展历程

随着"新基建"发展不断加速，各行各业的数字化转型已成大势所趋，但数字化转型常常导致愈加复杂的网络系统和海量的数据接入，因此也需要一个强大的网络管理系统，以实现高效的网络监管、配置和调度。通过构建数字孪生网络，可以为垂直行业的 IoT 网络提供全生命周期、全功能、全要素的网络智能运维管理服务。依托网络数字孪生，网络全要素的数字化表达可以制定统一化的信息模型以构建跨对象、跨系统的互操作性；数字孪生的模块化建模可按需灵活调用，极大提高数字化资源的拓展性；同时，多维度、跨系统、跨对象的数据集成可有效支撑网络智能运维、自治、自优化的实现。

2．系统能力

5G 网络与未来 6G 网络需要支持多种业务和部署场景，例如具有更高带宽、更低时延的增强移动宽带业务，支持海量用户连接的物联网业务，以及超高可靠性、超低时延的工业物联网等垂直行业应用等。为应对这一需求，空口技术、网络架构等不断演进创新，网络变得更加开放和灵活。网络的灵活性也不可避免地带来了网络的复杂性。面对复杂的网络环境变化和网络规模及用户的成倍增长，网络的管理和运维的效率需要进一步提升。5G 时代网络需要更加自动化和智能化，能够从业务体验、网络质量、网络效率和网络成本等各个方面自主优化网络。

网络数字孪生平台需要从四个方面进一步增强与完善。

（1）网络数字孪生体特征模型自优化能力。

网络数字孪生体是数字孪生网络的基础组成单元，数字孪生体本身能力成熟度需要从单体数化、虚实交互的基础上，向智能分析、自主孪生的方向演进。

- 数据采集层：实现通过硬采、软采、路测等方式，实现对通信网络核心网、无线网等数据的采集。满足亚米级的数据采集能力。
- 数据模型层：基于网络运行数据及各类指标，实现对网络各类特征模型的智能构建。
- 平台能力层：根据网络运行数据及指标，实现数字孪生体的高保真模拟，同时支持在场景构建中实现业务规则的验证测试。

（2）网络数字孪生场景编排设计能力。

需要满足对网络各应用场景的组网设计，从单一小型网络组网逐步延展到多节点网络组网设计。满足对网络运行静态规则的自适应执行。后期逐步实现特定场景下动态策略的智能生成与执行。

（3）网络数字孪生运行仿真能力。

实现对网络应用场景的流程仿真，实现完整的业务动态模拟展示。以网络拓扑的可视化方式将网络节点和链路以点和线构成图形进行呈现，清晰直观地反映网络运行状况。模拟展示业务运行态势。

（4）网络数字孪生大规模组网可视能力。

逐步满足全程端到端的网络组网拓扑可视化，特别是在资管数字孪生应用中，需要城市级三维模型的快速加载、渲染及可视化能力，从而真实反映网络的物理组网情况。

3．具体应用

5G网络数字孪生具体的应用场景有：

- 端到端网络SLA质量保障。
- IP网络性能预测。
- 数据驱动的分布式流量工程。
- 无线网络速率调优。
- 无线算法仿真。
- 基于云边协同架构的区域网络自治。
- 基于多维度资源分配的无线网络节能。
- 通信网络一体可视化运营。

需要指出的是以上提到的数字孪生的方向，从底层的角度审视，基础技术以及系统架构方面都会有互相交叠的部分，只是根据业务，相应技术与架构的侧重点会产生一些差异，且关于网络领域的数字孪生会在第13章展开进行详细阐述，这里只是从宏观角度拆解分析。

5.1.6　数字孪生+算力网络

在5G赋能千行百业的数字化转型中，这些通用目的技术组合在云网边端的应用里均对算力提出了要求，即通过网络来实现云、边、端多级算力协同，满足网络承载的各种业务场景对算力的量化需求。2019年开始，算力网络的理念被我国通信业界提出并倡导，网络开始逐渐进入算网时代。

"算力网络将算力融入网络，以网络作为纽带，融合人工智能、大数据、区块链等通用目的技术组合，使得算力通过网络连接实现云—边—端的最优化协同与调度，最终实现有网即有算，有网络接入的地方即有算力可提供。"亚信科技首席技术官、高级副总裁欧阳晔博士在接受《通信产业报》全媒体记者采访时指出，算力网络是云网融合的持续演进，算力和网络能力的融合，未来逐渐由云与网一体化基础设施承载。相比于国外运营商大多放弃云，只专注于网络的现状，我国通信运营商兼备网与云的基础设施，未来面向云算融合一体化的服务运营模式，具备了一定的先发优势。

云网融合阶段，以云为主体，旨在将不同地理位置、规模各异的云计算节点统一纳管到一套云管理系统中，为云用户提供标准统一、高效便捷、安全可靠的云服务。在云网融合初级阶段中，网络能力开放程度有限，尤其是在网络接入侧。由于泛终端接入位置的广泛性、普遍性和不确定性，云厂商很难构建或租用一张泛在接入网络的基础设施实现算力的 Anywhere 与 Anytime 接入。另外，最重要的短板在于，由于网络开放能力的缺失以及云和网统一编排调度的标准缺失，云管理系统与网络管理系统无法互通，无法灵活、实时地根据用户需求选择并调配恰当的算力资源与网络资源。

算网阶段，"强调以网络为中心的算力网络，通过网络对算力的感知、触达、编排、调度能力，在算网拓扑的任何一个接入点，为用户的任何计算任务可灵活、实时、智能匹配并调用最优的算力资源，从而实现云—边—端 Anywhere 与 Anytime 的多方算力需求。"欧阳晔博士认为。

1．算力网络构建

那么，算力网络如何构建？欧阳晔博士表示，算力网络系统主要包括算网基础设施、算网大脑、算网运营三大领域。

第一，算网基础设施。"十四五"规划已明确提出通过算力与网络基础设施构建国家新型数字基础设施。算力基础设施的建设，主要通过 5G 边缘计算构建云边协同、布局合理、架构先进的算力基础设施。网络基础设施的建设，主要通过 SRv6、确定性网络等网络协议实现网络对算力的感知、承载与调度，进一步实现算在网中，从而具备算、网统一管理的条件。亚信科技提供算网软件基础设施的全栈产品与解决方案，目前已在三大运营商初步商用。

第二，算网大脑。先看国外运营商在构建算网大脑的局限性。国外运营商逐渐退出云市场，算力的全局图谱由云厂商提供。即算力资源、接入拓扑与网络资源、拓扑是完全独立的两个体系。因此，最大的问题在于网络性能与算力性能无法达到联合最优解，或者说只能是基于当前算力分布现状条件下的网络性能最优解。

一旦是这种条件概率场景，那网络方和算力方势必就要进行博弈，从而达到共同商业利益最大化的纳什均衡。如果博弈中，运营商最终是弱势一方，那会出现三种对运营商不利的博弈结果：一是运营商的网络性能达不到最优；二是运营商网络性能达到最优，但用了更多的资本投入达到最优；三是运营商和云商始终难以达到网络性能和算力性能的联合效用最大值。

中国运营商由于兼具网络与计算两套基础设施，因此理论上是可以通过构建统一算网大脑，达到"网络性能＋计算性能"与"网络资源＋计算资源"的联合最优解。

算网大脑作为算力网络的中枢核心，主要实现算力感知、算网统一调度、算网智能编排等。算网大脑的关键组成包括四部分：首先，算网编排中心，实现算网业务网络资源和算力资源统一编排；其次，算网调度中心，实现网络和算力资源采集、感知、调度与开通；再次，算网智能引擎，提供算网注智以实现网络与算力性能，网络与算力资源达到联合效用或者期望最优；最后，算网数字孪生中心，利用数字孪生技术实现算网建模与编排仿真。

第三，算网运营。算力网络的商业目标是像卖水电一样提供算力服务，其重要内涵是构建、设计一套完整的算力商业运营模式，以满足算力需求、供给等多方需求，实现多方的利益最大化。商业模式的关键要素包含多方的合作边界、分账模式、算力计费等。

算力网络的整体产业链包含算网硬件与软件基础设施供应商、算网大脑以及算网管理运营软件供应商、算网服务集成商等。面向未来，算网时代对产业链企业既是机遇也是挑战。

2．算力网络发展运营

欧阳晔博士认为，算力网络在中国乃至世界范围内的商用推进，目前主要面临标准先行、注智保障、模式探索三问题，有待行业共同努力。

第一，算网发展，标准先行。算力网络体系与架构标准化工作需各方努力，尽快在 ITU、ETSI、3GPP 等国内外标准组织形成共识，并有序推进标准化后的商用进程。大多国外运营商已退出云市场，专注网络运营，需多争取国际运营商同行对算力网络理念与发展的认同，促进算力网络全球技术链与产业链发展。

第二，算网大脑对中国运营商的优势。国外运营商专注于网络运营，退出云（计算）领域，网络与算力无法形成全局图谱，云能力依赖云厂商提供，因此网络性能与算力性能无法达到联合最优解。而中国运营商具有网和算的全局基础设施，把算网大脑建设好，可以收敛得到算和网性能的联合最优解，保障算力网络的联合性能最优。

第三，算网交易商业模式探索。算力作为运营商新服务，基于自有或第三方算力，通过中立的算网交易满足多方算力需求，因此在传统计费系统方向，需新建设基于区块链技术的算网存证与交易平台，在平台之上，要积极探索算网交易新商业模式，如直营、代销与联邦模式等。

5.1.7 数字孪生+元宇宙

1．发展历程

元宇宙概念兴起，促进数字孪生产业进一步壮大。元宇宙涵盖人工智能、虚拟现实、人机交互、图形图像、数字加密、心理学等技术领域，数字孪生城市作为现实世界在数字空间中的一一映射、复制模拟的载体，也是未来"元宇宙"

中与物理世界对称存在的数字基础设施，属于"元宇宙"重要组成部分。2022年以来，元宇宙的社会投资空前活跃，粗略统计 2021 年以来国外游戏平台和我国互联网企业以"元宇宙"概念获得的融资额分别超 50 亿美元和 150 亿人民币。此外，元宇宙新概念对数字孪生企业带来发展利好，企业纷纷开展元宇宙布局，Facebook、腾讯等科技巨头启动"元宇宙"高科技研发计划。

2021 年，在线创作沙盒游戏平台 Roblox 在美上市，称为"元宇宙"第一股，Facebook 更名为"Meta"，引发全球性的"元宇宙"狂热。苹果、微软、谷歌、英伟达、腾讯、字节跳动等科技巨头根据各自优势加大对元宇宙的布局，争取新一代互联网风口。同时，国内外政府也加快制定"元宇宙"发展计划。韩国首尔宣布从 2022 年起分三个阶段在经济、文化、旅游、教育、信访等市政府所有业务领域打造"元宇宙"行政服务生态。上海、浙江明确提出前瞻部署"元宇宙"等领域，深圳成立"元宇宙"创新实验室，无锡发布《太湖湾科创带引领区"元宇宙"生态产业发展规划》，武汉、合肥、成都等地也在政府工作报告中提及"元宇宙"。

数字孪生企业纷纷进军"元宇宙"。除 Facebook、Roblox、英伟达、高通、网易、腾讯、阿里等科技巨头启动"元宇宙"外，优锘科技、飞渡科技、51WORLD、孪数科技等数字孪生城市企业也纷纷在"元宇宙"领域发声。数字孪生技术加持下，中国国际服务贸易交易会数字平台、百度"希壤"等"元宇宙"初步应用已经启动。随着"元宇宙"深入发展，越来越多掌握物联感知技术、模型渲染、城市算法仿真、虚实交互等关键技术的数字孪生城市相关企业即将加入，市场板块也在快速提升和持续扩展，有望催生新一批创新企业。

2．系统能力

"元宇宙"与数字孪生城市形式相近，都需要创建数字世界中的虚拟对象，但是"元宇宙"发源于科幻，成形于游戏，引爆于社交；数字孪生城市起源于工业，倾向于对现实社会的治理、对行业业务效率的改进，二者面向的对象不同，因此本质上存在差异。

"元宇宙"强调"人的孪生"。数字孪生城市必须是永续的、实时的，和现实世界一致且保持同步，能够与现实世界互动操作。而"元宇宙"则在城市的基础之上，引入了"人的行为"这一主观要素，现实世界中的各种人类活动（如买卖交易、人际交往等）均要求能在"元宇宙"中完成，从人类个体，到人类社会关系，都需要相互连接、相互影响、协同进化。

"元宇宙"是"完美数字孪生世界"。数字孪生城市强调的是对唯一现实世界物理元素进行严格地、精确地 1∶1 的还原，强调物理真实性，更加倾向于对现实社会的治理、对行业业务效率的改进和技术创新。而"元宇宙"概念起于科幻小说，更倾向于构建公共娱乐社交的理想数字社会，它直接面向人，强调视觉沉浸性、展示丰富的想象力和沉浸感，呈现的是脑洞大开的"多元宇宙"，允许在数字世界中对现实世界进行修改，也可以完全塑造全新理念的数字世界，通过内容运营，产生相应价值。

当前，业界对于"元宇宙"的基本概念等还没有达成共识，存在不同理解和分歧。清华大学新闻学院教授沈阳认为，元宇宙是整合多种新技术而产生的新型虚实相融的互联网应用和社会形态，它基于扩展现实技术提供沉浸式体验，以及数字孪生技术生成现实世界的镜像，通过区块链技术搭建经济体系，将虚拟世界与现实世界在经济系统、社交系统、身份系统上密切融合，并且允许每个用户进行内容生产和编辑。北京大学新闻与传播学院院长陈刚教授、董浩宇博士认为，元宇宙是利用科技手段进行连接与创造的，与现实世界映射与交互的虚拟世界，具备新型社会体系的数字生活空间。中国信通院专家研究认为，"元宇宙"是架构于数字孪生、区块链等数字技术体系之上的虚拟化经济社会应用形态和服务生态，是理念、内涵、模式持续演化的互联网发展新阶段。事实上，元宇宙仍是一个不断发展、演变的概念，不同参与者以自己的方式不断丰富着它的含义。

3. 基础技术

数字孪生城市实现从概念到落地，具备五大技术体系。数字孪生城市是基于城市业务而构建的一个复杂巨系统，从当前发展来看，大致由五类技术紧密结合而成。

- "空间地理信息"技术为城市提供集成底板、参照基准和位置服务。
- "建模与渲染"技术为城市提供基础骨架，实现物理城市的精准刻画与可视化呈现。
- "感知和标识"技术采集城市实时运行数据，并通过标识与模型集成，为城市提供数据血液传输。
- "算法与仿真"技术不断将城市运行规则、业务模型、深度学习预测结果等，模拟仿真呈现给所有城市用户。
- "交互与控制"技术为城市用户参与城市治理、获取城市服务提供互动互操作支撑。

数字孪生技术是构建"元宇宙"的基石。"元宇宙"作为连通现实世界与虚拟世界的通道和人类数字化生存的载体，通过数字孪生技术将现实世界镜像到虚拟世界里面去，以此构建细节极致丰富的拟真的环境，营造出沉浸式在场体验，因此数字孪生是构成"元宇宙"社会活动体系的基础支撑系统。元宇宙除数字孪生技术外，还需要脑机交互、区块链、虚拟人等更多的技术支持，如应用区块链技术为数字资产交易与流通监管提供安全认证，使得"元宇宙"中任何"权利"都具备了金融属性和交易流通可行性，以此构建"元宇宙"去中心化、开放式虚拟经济运行体系。

4．发展前景

总体来看，业界普遍认为数字孪生是实现"元宇宙"的关键技术，从概念上，数字孪生城市和"元宇宙"均是建立"虚实共生"的世界。但数字孪生城市是基于数字孪生技术体系，对城市规划、建设、治理服务的再造，内涵和方向目标相对清晰。"十四五"国家数字经济规划和"十四五"国家信息化规划等均提出，各地要因地制宜探索建设数字孪生城市。因此，本文从确定性的数字孪生城市发展起点延伸，扩展到不确定性的"元宇宙"数字空间，从数字孪生城市发展实践和经验角度，为"元宇宙"发展提供策略建议。

随着数字孪生城市的落地实施，暴露出一系列现实问题，例如数据融合难、数据安全问题、城市运行机理问题、技术典型应用场景深度不足和关键技术卡脖子制约等。加强数据体系建设与治理、强化"元宇宙"技术体系创新攻关、加强城市运行机理问题研究、开发拓展多元化应用场景，有利于促进"元宇宙"持续健康发展。

重视数据体系建设与治理，加强规范引导。无论是数字孪生城市还是"元宇宙"，共同之处都需要以数据为基础。虽然数字孪生城市汇聚海量数据，但数据准确性差、数据不一致、数据不更新、数据安全等问题突出。随着"元宇宙"的不断发展，还会产生大量个人行为数据，应加快开展针对城市空间数据、个人数据相关标准研究和立法工作，同时针对"元宇宙"应用发展可能带来的潜在风险冲击提前研究制定政策工具和管理手段，增强抗风险冲击和主动治理能力。

强化"元宇宙"技术体系创新攻关。当前数字孪生城市涉及标识感知、模拟仿真、可视化渲染等多项关键技术自身发展和融合应用还有待加强，利用人工智能、边缘计算对动态数据快速分析处理能力不足，传感器技术不能满足全域感知部署需求。亟须强化政策精准支持，鼓励市场创新主体加快 AR/VR/MR、云计算、物联网、人工智能、智能硬件、图形图像渲染等技术突破攻关，为"元宇宙"应用提供更完备和成熟的技术支持。

加强城市运行机理问题研究。城市是一个开放的复杂巨系统，我们所看到的，通常只是城市的物理形态和一些高度简化的系统运行状态和模拟推演。即使掌握机器学习和深度学习技术，具备了一定的对高维系统的抽象和模式识别能力，甚至可以一定程度上实现数字系统的自学习和自适应，但城市的数字孪生是目前尚无法在技术上哪怕近似实现的。加入"人"与"社会"等复杂变量之后，"元宇宙"的内在机理问题远比数字孪生城市复杂。未来，深入研究与探索城市外生驱动和内生机制，才是实现城市"真孪生"的关键。

开发拓展多元化应用场景。目前数字孪生城市以政府投资运营为主，66.7%的数字孪生城市项目由政府投资建设，数字城市建设成本与收益、研究与应用间的差距短期内尚未能弥合。长期发展应面向企业与个人运营方式，与企业运营及居民生活中的应用场景打通，创造新的业态和价值。从 To G 向 To B 和 To C 转变的关键在于挖掘合适的应用场景，应用于社交领域的"元宇宙"恰好能够提供入口。而"元宇宙"当前的发展只限于社交与游戏娱乐，长远健康的发展有赖于服务实体经济和现实社会，因此，"元宇宙"要加强与数字孪生城市互补。一方面可以在"元宇宙"中建造新的各种城市设施，邀请市民感受和试用，以便于在真实世界建造前进行优化改进。另一方面将数字孪生城市作为基础平台，开放给不同企业和个人，在此基础上可以开发自己专属应用，扩展投资渠道。

5.2　业务触达需求

5.2.1　业务端到端

端到端，即 End to End。它的诞生，源自网络连接概念。1960 年，Paul Baran 和 Donald Davies 在分组交换网络工作中提出了端到端。1970 年，Louis Pouzin 率先在 CYCLADES 网络中使用了端到端策略。现在端到端的概念和定义推而广之，被应用于不同领域、不同技术、不同业务等中。

最初的端到端原则的基本含义（专指网络领域）：网络只负责为终端提供连接，任何一种智能都应该位于终端。所以，网络设计人员经常会问某个功能是否应该在终端系统中实现，或者要不要在终端的通信子系统中实现。网络要通信，必须建立连接。不管有多远，中间有多少机器，中间的系统与线路有多复杂，都必须在两头（源和目的）之间建立连接。一旦连接建立起来，就意味着已经完成端到端连接。端到端是逻辑链路，这条路可能经过了很复杂的物理路线，但两端主机不管，只认为是有两端的连接。

"端到端"可以有不同的定义和维度，例如从业务的角度来看，端到端流程是从客户需求端出发，到满足客户需求端去，提供端到端服务。端到端的输入端是市场，输出端也是市场。端到端必须快捷有效，并且流程顺畅。如果能够实现快速服务，就能降低人力、财务与管理成本，进而降低整体的运营成本。从表面上看，端到端的流程，是从分析客户需求开始，到收集客户反馈结束，其实中间经历了概念形成，市场研究，从设计规划、研发、生产、到宣发产品方案，到售前沟通、商务谈判、融资协助、物流发货、预装部署、安装交付、维护保养、业绩评估等多个阶段，涉及营销部、研发部、采购部、生产部等若干部门。从 IaaS、PaaS 再到 SaaS 涉及了软件、硬件不同维度。

端到端不仅可以提升一个企业组织竞争力，更有价值的是对于客户、社会来讲是一种高效的运作方式，它极大地简化了流程的繁杂程度、节省了大量的沟通成本、提升了整体业务的运转效率，也正是这些有价值的点在一定程度上塑造了企业的护城河，提升了整体的公司水平。

对于数字孪生整个业务领域，如果要实现端到端的产品服务流程，需要深入了解对应服务行业的业务体系架构，借鉴 SaaS 的理念，打造通用化可触达业务需求的包含数据中台、业务中台以及 AI 中台的中台系统，完成业务流程。

5.2.2　运营场景化

针对通信、交通、公共服务等各个领域，数字孪生运营逐渐起着越来越重要的作用，例如城市数字孪生平台可以模拟支持短期和长期计划与响应的方案。通过整合有关现实世界对象（如建筑物、树木、人行道）和基础设施要素（如水管、下水道系统、连接管道）的数据，以及相关静态数据（如许可法规、建筑法规）和在处理时处理的动态数据（也称为边缘数据，如天气状况、行人交通计数、车辆行驶等）采集，城市规划人员可以实时勾画出城市的运行情况。这种虚拟环境可以实时反映现实，并测试和预测分析潜在性的可能结果。

可持续的城市景观数字孪生技术还可以加强人们对在特定城市区域的投资，以缓解环境问题。通过使用预测分析的交通流量和空气质量对城市街道设计进行建模，城市可以优化其模型并更精确地预测分析特定响应的结果，比如封闭街道或降低速度限制，以及增加关键的绿色基础设施（如电动汽车充电站）。房地产开发商和设计师可以在规划过程中使用 Digtal Twin，以帮助确认如何提高能源效率。通过对建筑设计元素（比如太阳能电池板或屋顶花园）或可持续建筑材料（比如自动调光玻璃等照明系统）进行建模，Digtal Twin 可以支撑对经济没有不利影响的环保决策。在构建昂贵的系统之前，可以对可持续性措施进行建模。这些建模数据依赖于场景，而数字孪生的意义在于提供场景化的运营模式，针对不同的场景以数据业务化的场景构建器作为底座，后续再创建数字孪生体。用相同的数字孪生平台为不同的场景定制不同的运营模式将成为数字孪生平台必备和核心的能力。

5.3　通用能力需求

5.3.1　数字化

1．数字建模

今天的数字化技术正在不断地改变每一个企业。未来，所有的企业都将成为数字化的公司，这不只要求企业开发出具备数字化特征的产品，更指的是通过数字化手段改变整个产品的设计、开发、制造和服务过程，并通过数字化手段连接企业的内部和外部环境。

随着产品生命周期的缩短、产品定制化程度的加强，以及企业必须同上下游建立起协同的生态环境，都迫使企业不得不采取数字化的手段来加速产品的开发，提高开发、生产、服务的有效性以及提高企业内外部环境的开放性。

这种数字化的转变对于传统的工业企业来说可能会非常困难，因为它同沿用了几十年的基于经验的传统设计和制造理念相差甚远。设计人员可能不再需要依赖于通过开发实际的物理原型来验证设计理念，也无须通过复杂的物理实验才能验证产品的可靠性，不需要进行小批量试制就可以直接预测生产的瓶颈，甚至不需要去现场就可以洞悉销售给客户的产品运行情况。

这种方式，无疑将贯穿整个产品的生命周期，不仅可以加速产品的开发过程，提高开发和生产的有效性和经济性，更能有效地了解产品的使用情况并帮助客户避免损失，能精准地将客户的真实使用情况反馈到设计端，实现产品的有效改进。

而所有的这一切，都需要企业具备完整的数字化能力，而其中的基础，就是数字孪生，即 Digital Twin 技术。

2. 可视引擎

随着计算机软硬件技术突飞猛进地发展，计算机图形学在各个行业的应用也得到迅速普及和深入。目前，计算机图形学已进入 3D 时代，3D 图形在人们周围无所不在。科学计算可视化、计算机动画和虚拟现实已经成为近年来计算机图形学的三大热门话题，而这三大热门话题的技术核心均为 3D 图形。

由于 3D 图形涉及许多算法和专业知识，要快速地开发 3D 应用程序是有一定困难的。当前在微机上编写 3D 图形应用一般使用 OpenGL 或 DirectX，虽然 OpenGL 或 DirectX 在 3D 真实感图形制作中具有许多优秀的性能，但是在系统开发中直接使用它们仍存在一些缺点：

- OpenGL和DirectX都是非面向对象的，设计场景和操作场景中的对象比较困难。
- OpenGL和DirectX主要使用基层图元，在显示比较复杂的场景时编写程序相对困难。
- OpenGL和DirectX没有与建模工具很好地结合。
- OpenGL和DirectX缺乏对一些十分重要的关键技术，如LOD（Level of Detail）、动态裁剪等的支持。

基于以上情况，应用程序开发人员非常需要一个封装了硬件操作和图形算法、简单易用、功能丰富的 3D 图形开发环境，这个环境可以称作 3D 可视化引擎。

引擎，是借用机器工业的同名术语，表明在整个系统中的核心地位，也可以称为"支持应用的底层函数库"或者说是对特定应用的一种抽象。3D 可视化引擎需要解决场景构造、对象处理、场景渲染、事件处理、碰撞检测等问题。

最能体现 3D 可视化引擎各方面技术的无疑是游戏引擎，3D 游戏引擎总是各种最新图形技术的尝试者和表现者，总是站在图形学技术的最高峰，并不断通过更高的速度、更逼真的效果推动 3D 技术的发展。

3．虚拟创建

这部分主要包含了场景的创建以及孪生体的创建，可以采用多元异构数据进行导入，采用不同的可视化技术手段进行呈现，同时要将物联网设备的基础数据、运行数据进行采集，将这些数据集中处理后注入孪生平台完善整个创建过程。

5.3.2　孪生化

1．数据驱动

数字孪生的描述概念是一个动态的过程，这个过程的在上层架构来看起点即是数据，将物理设备的数据采集、清洗、处理、训练后构建模型。模型构建好后也会产生运行结果，将这些数据记录下来，再结合新采集的信息重新注入系统中完善模型。

2．闭环控制

尤其是在智能制造业领域，数字孪生的闭环控制概念更为明显，例如可以将模型得出的结果与执行指令的 PLC 系统建立连接，可以实现对于系统的闭环控制。

3．交互规则

在进行驱动与闭环控制的流程中，必然会涉及交互、可视化孪生平台与数字模型的交互，数字模型与物理设备的交互，等等。值得一提的是，由于这个过程的接口涉及的业务是内部流程，故对应的厂家可以自主地定义其通信规则以及 API 的接口规范。

5.3.3　平台化

1．场景构建

在构建数字孪生平台时，需注意构建场景的方式以及构建场景后的运营模式，因为场景不是单独存在的，需要与业务流程产生连接、需要与其他场景以及孪生体本身产生联系。

2．共建共享

通过 5.2.3 节的第 2 点论述，可以明白，对于平台来讲开放的共建共享平台是可持续发展的必由之路，但需要明确的是，共享共建的模式要求企业本身参与到规则构建和产业构建的整体业务生态中。

5.4 定义"数字孪生平台"

5.4.1 必要性

众所周知，数字孪生是一项跨领域、多样性、技术融合的设计理念和一整套方法论。从对通用目的技术的整合角度来看，如何将数字孪生平台化，建立面向多个行业普惠的业务底座，降低重复"造轮子"的问题，无论是从经济性、可持续发展还是商业化运营角度，都显得尤为重要。

从政策角度来看，数字孪生是我国经济社会未来发展的必由之路，世界经济数字化转型是大势所趋。在创新、协调、绿色、开放、共享的新发展理念指引下，中国高度重视发展数字经济。当前，以新一代信息技术为代表的新兴技术突飞猛进，加速推动着经济社会各领域的发展变革。在推动形成以国内大循环为主体、国内国际双循环相互促进的新发展格局背景下，数字经济在推动经济发展、提高劳动生产率、培育新市场和产业新增长点、实现包容性增长和可持续增长等诸多方面，都发挥着重要作用。

当前，世界正处于百年未有之大变局，数字经济已成为全球经济发展的热点，美、英、欧盟等纷纷提出数字经济战略。数字孪生等新技术与国民经济各产业融合不断深化，有力推动着各产业数字化、网络化、智能化发展进程，成为我国经济社会发展变革的强大动力。

从产业角度来看，我国经济已经由高速增长阶段转向高质量发展阶段。我们正处在转变发展方式、优化经济结构、转换增长动力的攻关期，这为数字经济与实体经济融合发展带来了重大机遇。而数字孪生作为一项关键技术和提高效能的重要工具，可以有效发挥其在模型设计、数据采集、分析预测、模拟仿真等方面的作用，助力推进数字产业化、产业数字化，促进数字经济与实体经济融合发展。

近年来，数字孪生得到越来越广泛的传播。同时，得益于物联网、大数据、云计算、人工智能等新一代信息技术的发展，数字孪生的实施已逐渐成为可能。现阶段，除了航空航天领域，数字孪生还被应用于电力、船舶、城市管理、农业、建筑、制造、石油天然气、健康医疗、环境保护等行业，特别是在智能制造领域和 3D 可视化领域，数字孪生被认为是一种实现制造信息世界与物理世界交互融合的有效手段。许多著名企业（如空客、洛克希德马丁、西门子等）与组织（如Gartner、德勤、中国科协智能制造协会）对数字孪生给予了高度重视，并且开始探索基于数字孪生的智能生产新模式。

5.4.2　意义和价值

推动实现企业数字化转型、促进企业经济发展的重要抓手，已逐步基于数字孪生为基础，将人工智能、物联网（IOT）、大数据分析等新一代信息技术进行整合，打造出适合新一代企业应用的智能可视化管理平台，并在产品设计制造、智慧城市和 3D 可视化等领域有较为深入的应用。在当前我国各产业领域强调技术自主和数字安全的发展阶段，数字孪生技术本身具有的高效决策、深度分析等特点，将有力推动数字产业化和产业数字化进程，加快实现数字经济的国家战略。

1．降低技术门槛

降低数字孪生城市场景搭建门槛，吸引更多从业者和利益相关方共筑数字孪生城市。目前三维建模和可视化呈现对于非 GIS、BIM 领域从业者而言，存在一定门槛。可通过政府部门构建数字孪生公共服务平台，产业建立数字孪生开源软件推进联盟积极推广低代码、零代码等方式，发展一些面向无开发经验的 SaaS 微应用或开放必要的 API 赋能接口，例如，提供在线的原型绘制、模型定制服务等，帮助城市管理者、运营人员、产品经理甚至城市市民等共同丰富数字孪生城市场景，改善已有业务流程。以建立通用能力视角，对数字孪生技术和能力平台化展开设计，如全要素建模表达、可视化呈现能力，数据融合、空间分析计算、模拟仿真推演、虚实融合互动、自学习自优化等，培育企业独立长板优势，互补集成，破除行业之间存量竞争、零和博弈的思维模式，建立基于开放互联的增量商业模式，开拓新的商业空间，形成群体加速的组合式创新，构建数字孪生城市繁荣产业生态。

2．长板组合创新

重点锻造数字孪生领域独特长板，避免上下通吃，形成组合式创新繁荣生态。正如 TED 创始人 ChrisAnderson 提出，业有大量创新者参与同一件事情的时候，每个人都会在别人创新基础上更进一步，促成更高水平创新。数字孪生城市亦是如此，它涉及面广，维度丰富，无法由少数几家企业"通吃"。

3．提炼产业标准

注重产业实施中标准引领，形成互联互通、互利共赢的标准化伙伴关系。要发挥标准化在推进数字孪生城市中的基础性、引领性作用，从美国、中国、新加坡等先进地区实践中提炼共性要求和规范标准，积极开展数字孪生城市参考架构、城市信息模型、孪生城市成熟度等合作，加强 ITU、ISo 等标准化人员的往来和技术合作，建立开放且统一框架的市政数字服务平台，提升关联系统的互操作性，推动数字孪生城市更大范围实现信息互联、数据共享，促进形成互利共赢的数字孪生城市国际标准化合作伙伴关系。

5.4.3　适用场景

随着数字孪生技术不断发展，逐步适用于生产的规划设计、优化评估、运维管控及预测等应用场景，如图 5-11 所示。

图 5-11　数字孪生的主要应用场景

在产品研发设计过程中，通过在数字世界中构建产品的数字孪生体，实现对产品的物理结构、几何模型、机理模型的数字化定义，从而对其进行仿真测试和验证。在生产制造时，可以模拟设备的运转和参数调整带来的变化。实现对物理设备的几何形状、功能、历史运行数据、实时监测数据的实时展示。数字孪生能够有效提升产品的可靠性和可用性，同时降低产品研发和制造风险。改变了传统产品规划设计中的"黑箱"状态，改进产品开发流程，缩短产品设计验证周期，提高产品设计成功率。

在产品的生产运行中，基于数字孪生体的历史运行数据（运行、故障、性能等）和实时数据，与产品各类事件（故障、告警等）进行关联。基于机器学习、知识图谱等技术建立各类实体设备数字孪生体的分析模型。实现相关产品故障诊断、定位、评估等能力，提升用户体验及系统效率。

在产品的运行维护中，系统维护人员可以通过数字孪生体实时收集产品的各项内在性能参数并绘制的关系曲线，分析各项性能偏差，提前预判产品故障、宕机等问题，以便主动、及时和提前提供维护服务，缓解问题发生。

第三部分
开放式数字孪生体系架构

第 6 章 通用数字孪生平台关键性设计

6.1 数字孪生系统的核心逻辑

6.1.1 数字孪生流派融合曲线图

正如 Gartner 定义的数字孪生炒作曲线，我们希望在数字孪生技术应用最广泛的场景中，找到对应的底层实现逻辑。从业界普遍的观点来看，数字孪生技术领域大致可分为"数据派、连接派、方针派"，用来区分数字孪生系统实现的不同方法。连接派以物联网 IoT 技术为基础，如工业物联，讲究实时感知能力，设备建模方法主要是物模型。数据派以 GIS、BIM、新型测绘等技术为基础，如智慧城市，讲究大规模城市三维建模和极致可视化能力，以沉浸式交互体验为主要场景。仿真派以面向智能制造为主，如德国工业 4.0 推出的"资产管理壳"，以此实现数据格式交换、单体模型仿真以及业务规则编排。

所以我们能看到，无论是在"数字孪生城市"还是"数字孪生工厂"，乃至"数字孪生流域""数字孪生矿山"，从业者的观点总不尽相同，对于系统设计和实现的方法也千差万别。虽然我们能看到"数据、模型、软件"这三要素，但贯穿业务流程、推进实践落地，实际上是远远不够的，这也造成了数字孪生"千人千面"，流于"三维可视化"，甚至"无用论"等一系列的观点。究其原因，还是因为我们缺少一种面向行业深度、端到端的理解和设计方法，数字孪生在某种意义下，是对传统 IT 模式的升级版，也可以理解为基于通用目的技术集合而成的统一性平台，面向碎片的行业需求，尽可能实现底层能力的抽象、复用，打通技术壁垒，建成普适性的数字孪生技术底座。

为达到这样一个目标实现，亚信科技从数字孪生的底层逻辑出发，绘制了一版数字孪生技术发展"曲线图"（如图 6-1 所示），从各流派主张入手，来分析共性需求以及可能的融合创新价值，也为亚信科技自有数字孪生平台提供一个长期规划演进路径。

图6-1 亚信科技理解的数字孪生技术融合发展关键路径

我们用四条曲线分别定义了"连接派""数据派""仿真派""AR/VR/XR"的关键技术路径，简单做如下解读：

● 横轴：时间维度。四条曲线的波峰x轴分别代表各自领域或市场大规模建设，对应数字孪生技术应用爆发的时间先后。

● 纵轴：预计市场规模。四条曲线的波峰y轴分别代表各自领域的市场规模和基础投资规模。

● 连接派：通常描述的以IoT为主要场景能力的数字孪生玩家。

● 数据派：通常描述的以GIS、BIM、可视化渲染为主要场景能力的数字孪生玩家。

● 仿真派：通常描述的以工业仿真、资产管理壳为主要场景能力数字孪生玩家。

● AR/VR/XR：通常描述的以元宇宙、AR/VR/XR为主要场景能力数字孪生玩家。

● 交叉点1"CIM"：指CIM的定义中，融合了数据派和连接派的IoT部分。

● 交叉点2"基础模型"：从基础模型、机理模型、仿真模型，逐步增加城市信息模型，作为模型层的统一性表述。

● 交叉点3"孪生模型设计"：借鉴"资产管理壳"的概念，延伸出亚信科技"数字孪生体针脚图"概念设计，用工具化实现对物理资源或者虚拟资源的不同维度的定义，包括几何外观、南向数据服务和控制接口、北向模型单体化运行能力和服务接口，以及外部接入的高阶的"黑盒子"算法模型。

● 交叉点4"仿生级虚实交互"：正如网络数字孪生场景，"仿生级虚实交互"不仅仅是自治，更要自智、自创、自连接、自服务。

- 圆饼1 "面向智慧城市和基础设施"：面向城市的数字孪生平台。亚信科技的产品设计理念正是以GIS（自研AIMap时空地理信息平台）为基础底座，整合物联网、云渲染等能力，以低代码场景构建为行业切入点。但和同类产品有所区别的是，平台增加了"孪生体设计工具"，能以可视化方式定义基础模型、数据、图表、几何模型、功能模型、规则配置、指令控制通道等，实现所见即所得的数字孪生场景创意设计。
- 圆饼2 "面向专业领域的单体级和场景级模拟仿真"：面向5G网络的数字孪生平台。
- 圆饼3 "面向智能制造和工业互联网的复杂模型的仿真"：借助5G，面向工业互联网的数字孪生平台。

6.1.2　城市数字孪生业务地铁图

亚信科技城市数字孪生业务地铁图被作为关键性设计指引，建设面向智慧城市领域的数字孪生业务体系。

我们用若干条"地铁线路"组成的网络，形成数字孪生城市"地铁图"，用于描述核心业务板块、关键性技术、基础能力底座、跨领域协同技术和多样性的产品形态。如图 6-2 所示，简单做如下解读：

- 自顶向下看：代表三种不同的产品形态。"解决方案和能力"是面向开发者视角，通过解决关键场景的可视化搭建能力，提供二次开发工具，解决客户需求的灵活定制化需求，同时降低项目交付成本。"云门户"提供的是一个SaaS化线上平台，支持多租户下的项目区隔、资源区隔、按需使用。"知识付费"提供的是包括顶层设计、关键性技术验证和行业知识模型、知识图谱化的一整套服务能力，以单独定制的方式，为客户提供业务级的方法和咨询服务。
- 自底向上看：亚信科技的数字孪生平台，是以自有产品为依托，如时空地理信息平台、物联网平台、大数据平台、位置服务平台和人工智能平台。数字孪生平台既是一个技术体系的"整合者"，也是一个碎片化数据的"治理者"，同时也是客户创新业务的"建造者"，帮助客户实现对跨领域的技术融合创新，制定清晰的目标和路径。
- 从产品内核看：亚信科技的数字孪生平台，并没有纯粹按照传统的"可视化能力"作为唯一性抓手，而是采用了"工具化"的设计思路，首先解决"内循环"，即基本的"数据—模型—软件"这一路径，其中涉及城市信息模型的构建、大数据平台、低代码工具。而后再用"资产化"

的运营思路，进而解决"外循环"，即面向可重复使用的孪生体数字资产、场景模板、图表组件以及功能组件，沉淀业务行为并实现标签化管理，实现差异化的"平台+工具+内容"的运营模式。

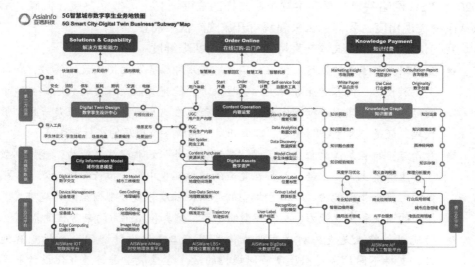

图 6-2　亚信科技城市数字孪生业务地铁图

6.2　数字孪生平台的设计理念

6.2.1　开放式框架

众所周知，建立一个庞大的城市级的数字孪生系统，是投入巨大且产业链环节众多的。对从业者来说，很难有一家能独自"端到端"地解决问题，这也是集成商存在的合理性和必要性。在软件视角同样如此。良好的产品设计，能使得业务具备自驱、自洽的特性，能将分散的技术和能力进行平台化整合视角的呈现，更重要的是，能带来良性的内外部循环特征，促使业务更加有效地运营。

那么如何解读所谓"开放式框架"的设计理念和维度定义呢？

2021 年中国企业亚信科技参加的 TMF 催化剂项目："开放式的智慧城市数字孪生框架"（Open Digital Twin Framework for Smart City Ecosystem）获得两项大奖。该项目为通信服务提供商开辟了进军智慧城市领域的机会，通过构建 5G 连接以外的智慧城市生态系统的开放式数字孪生框架，扮演城市运营商的领导角色。垂直行业的合作伙伴可以利用可重复使用的城市数字孪生来实现它们的可持续发展目标，并大幅节省成本。该项目同时纳入美国常青藤大学—达特茅斯学院（Dartmouth College）商学院研究生课程学术案例库。

这已经是亚信科技以"数字孪生主题"连续两年拿到 TMF 行业大奖。在 2020 年"5G 网络共建共享"主题中，同样的关键词有：可持续发展、低碳。那么从系统实现角度，我们怎么来理解"开放式"框架呢？

我们认为，"开放式框架"可简单定义为四个维度：

● **生态级**：特点是建立行业标准，实现"应用即服务"的协同设计能力，整合上下游技术、内容和业务解决方案提供者，能完善最大程度的数字孪生城市的经济业态，实现平衡且完整的收益链条。在这个级别，不约束是采用"低代码"还是"原生级"或是"二次开发"的软件应用层的交付模式。

● **资产级**：特点是最大程度地实现"模型即服务"的共建共享能力，能做到数字孪生资源上云、上链，具备在复杂的虚拟环境中独立执行和运行能力。模型的定价和权益能力，取决于模型的精细化程度、复合型模型的构建难度、模型的适配和交互能力、功能模型的扩展、仿真和AI能力的丰富程度。

● **功能级**：特点是支持对数字孪生体实现"工具化设计"的一致性兼容能力，支持不同厂商对同类型、同规格的数字孪生模型进行差异化设计和孪生场景的自主构建能力，支持专家参与设计（PGC）模式。如果说模型的多维设计像一个IC芯片，那么可以用"针脚"来定义不同设计、接入和扩展方向，来实现更加智能、更加高阶的多元、动态建模能力。

● **代码级**：特点是"低代码"，能够通过开放在线的"代码编辑器"实现应用层交付。"低代码"和"零代码"的产品特性是具有差异化的，在此不做赘述。

亚信科技面向城市的数字孪生平台架构如图 6-3 所示。从应用场景来看，数字孪生城市的全局视野、精准映射、模拟仿真、虚实交互、智能干预等典型特性正加速推动城市治理和各行业领域应用创新发展。

业务赋能。提供标准的总线平台实现各部门服务上云、业务在线化，提供基础的实名认证、一点查询、流程服务和场景服务。

AI 赋能。针对业务需求，利用机器学习能力挖掘数据资产价值，为全业务域的数据驱动型应用提供认知模型，为智慧中台的搭建实现注智服务，是助力政府完成智能化转型的使能平台。

数据赋能。以大数据平台建设为抓手，加强对城市治理所需数据的把控力度，规范数据服务体系，提升数据质量，打通数据壁垒，辅助科学决策、政府治理、提升公共服务水平。

技术赋能。全面推进一体化平台建设，注重打造移动化的领导驾驶舱，按照"一朵云、一张网、一平台"的思路，加大统筹力度，促进信息资源整合共享利用。

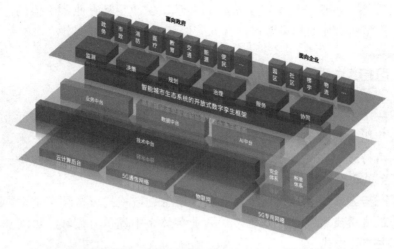

图 6-3　亚信科技面向城市的数字孪生平台架构

制度标准赋能。加强对顶层设计的重视程度，充分提升智慧城市的治理效率，做好总体规划，构建数据开放与共享体系设计，一体化政务服务体系设计。

安全体系。从城市物联感知数据采集的有限性造成应用深度不足。数据的采集能力参差不齐，底层关键数据无法得到有效感知，多维度、多尺度数据采集不一致，尤其 IoT 等物联感知设施建设不均衡，将导致数字孪生城市发展呈现事前模型居多、模拟演示居多、虚拟仿真居多，而在实时动态感知、城市空间尺度孪生互动的应用上深度不够。城市多源异构数据规范化治理不足。目前由于数字孪生城市正处于探索期，标准规范滞后于产业界实践。数字孪生城市七国八制、缺乏规范，更多依赖各厂商解决方案，系统互联互通性很差，没有相对统一的技术架构共识和数据加入标准，较难实现多元异构数据的集成、融合和统一处理，进而造成数据质量不高、治理效能不足等弊端。海量数据集中化处理导致数据安全和隐私泄露风险加大。数据来源点多而广，数据存储与处理高度集中于城市智能中枢等中心化机构，可能在黑客入侵、安全攻击等网络风险下导致城市陷入运行瘫痪。此外，数字孪生城市很多视频数据采集、轨迹分析等涉及部分公民隐私，如果不能有效匿名化处理，设立合理权限管控数据，就容易造成个人隐私滥用。

基础设施赋能。借助 5G 建设，发展专网建设并提升政府和企业网络保障和服务质量，发展私有云、物联网、智能终端一体化解决方案，实现全产业链赋能。

6.2.2　模型资产化

模型狭义上来讲特指孪生体模型，这个模型包含了可视化展示、交互规则、智能研判等能力，这类模型对于实际的展示、生产是具有业务价值的，故需要构建一个模型资产库对模型资产进行保管以及维护。

6.2.3　可持续发展

对于数字孪生来讲将其概念如何应用，应用在什么阶段，什么行业，从什么角度去应用。相对于提供平台服务的厂商还是政企、普通消费者来讲都需要建立一个可持续循环的体系。这对于参与数字孪生设计整体流程的每一个参与者来讲都至关重要。

从厂商与客户的视角来解析，在数字孪生领域模式可持续可定义为数字孪生厂商不过度透支数字孪生理念，深入业务体系中提供可循环、可增长、可维系的业务生态的模式。

当然在整个产业链条中不仅包含传统的厂商与客户，还包含另外两个闭环：开发者与平台之间的闭环；客户与客户之间的闭环。最终这两个闭环也会反哺厂商与客户之间的闭环，形成相辅相成的可持续发展模式。

值得一提的是，在这个循环中，还有一个很重要的角色在起着决定性的作用：资本和政府决策。只有在政府与资本看到未来数字孪生在商业、工业、通信业等各行各业中发挥价值提升产能、降低风险、加快社会运转效率这些积极作用后，才会加大投资和政策性引导。数字孪生模式才能迎来真正的可持续发展。

（1）厂商与客户。

首先，在这两者之间最重要的是深入客户业务体系中，让数字孪生不仅仅停留在可视化层面，以智能制造领域为例，让数字孪生平台参与到业务流程过程中，起到从可视化这一个点进入，扩展到整个设计、规划、研发、生产、售前、商务谈判、融资、物流运输、售后交付、维护运营、复盘总结的整体业务线中。以通用平台的模式代替完全定制化，做到避免投入大量研发资源的情况下，提供给客户需要的产品。可以助力客户高效完成当前的业务，并可以为客户定制规划适配当前业务的下一阶段的产品方案。

（2）开发者与平台。

乔布斯在一开始创立 Apple 后一直担心软件安全问题，所以在推出第一代苹果手机的时候只允许苹果系统运行自己开发人员开发的软件，这在现在是不可以想象的，因为当下智能手机市场几乎所有的厂家都会有自己的开发平台与应用市场，这些开发平台会有统一的接口文档，与开发规范，开发者会在遵循厂家制定的开发规则基础上研发自己的程序，发布自己的应用程序。但是苹果手机初期，这种商业模式还未被引进。大量刚需软件以及涉及大众日常的消费、娱乐、交通等各个维度的软件，苹果一时之间难以快速满足，最终导致客户的快速流失，转向了安卓阵营，意识到这一问题的乔布斯马上转变了策略，开放了开发平台，以及应用市场，允许其他企业和个体在苹果开发者平台进行注册并发布相应的应用程序。

故在上面的案例中我们可以看到因为苹果打造的并不是一个简简单单的智能手机，它的野性在于打造一个平台，所以对于国内的数字孪生平台来说，实现模式可持续的重要一环是，避免闭门造车，可以利用开放自身的开发平台引入更多优质的开发个体和组织，完善自己的平台，打造更加完整的护城河，赋予整个数字孪生平台更多、更加持久可延续的生命力。

（3）客户与客户。

我们知道，在厂商帮助客户构建数字孪生场景以及孪生体的时候有一个重要的概念"数字资产"在前面两个平台可持续属性实现后，将会出现一个具有生命力的动态可持续模式。但上面两点提到的都是以下层研发为主扩散开产生的，如果从上层、应用层之间的交互视角来看，似乎企业（客户）与企业（企业）之间也有着类似相同的需求，除了厂商可以提供统一的平台提供满足这些需求以外，可以尝试再次借助区块链技术将这些数字资产进行交易和复用。这样的模式可以加快整个系统的内部循环以及相关产业技术的快速发展。

（4）资本与政策。

最后一点对于整个数字孪生产业来讲，可以说是一个外部因素了，但正式这个外部因素起着决定性作用，一方面对于厂商来讲，需要时刻关注客户的行业、项目金额以及政府的规划文件，找到未来产品的一些演进方向。对于 B 端客户来讲，需要注意行业动态，深入解读资本走向以及政策导向，提出更多的更加深入行业业务的需求。促使厂商完成相关的产品平台迭代发展。维持可持续发展模式。

6.3　数字孪生平台的设计方法

6.3.1　模型即服务

数字孪生模型构建是实现数字孪生落地应用的前提，数字孪生模型越完整，就越能够逼近其对应的实体对象，从而对实体对象进行可视化、分析、优化，通过界定数字孪生模型的评估原则、评估内容，规范化的评价流程和可操作实施的评估方法，为数字孪生模型构建者、使用者以及第三方评估机构等提供一套规范化的评估依据，有助于提升数字孪生模型质量水平，助力数字孪生推广应用实施。

类似德国工业 4.0 中关于"资产管理壳"的描述，亚信科技提出的"模型即服务"是一种高阶的模型资产管理方法，是集合"数据驱动、多维模型、单体仿真、虚拟化运行"的一个单元式的集成设计理念。"模型即服务"的最大价值是确保了数据、场景、业务交互的一致性。

软件硬件解耦带来了近年来 ICT 行业的第一次发展进步，一系列例如云计算、NFV、SDN 的技术产业得到了长足发展。现阶段在数字孪生领域将模型服务从技术架构上解耦，并遇到微服务的理念时，将产生新的名词：模型即服务。尤其是在数字孪生领域可以将模型即服务分为：

（1）嵌入式：将模型作为整个系统功能的一部分，嵌入到宿主中，由宿主负责模型集成和预测等功能。

（2）独立式：将模型进行封装，独立提供服务，常见的有远程过程调用和更为轻量和通用的 Web API 服务。

在模型上线发布过程中，可以借鉴机器学习领域技术理念：PMML（Predictive Model Markup Language，预测模型标记语言）和 ONNX（Open Neural Network Exchange 开放神经网络交换格式）实现跨平台模型上线。

当然在现阶段模型即服务大多数针对的是单个企业对多个行业的模型，对于框架环节的要求还不是特别严格，但需要明白的是无论是单纯的可视化单体模型，还是数据模型都需要深入结合线上微服务的理念，构建完善的模型服务。

6.3.2　数据即服务

数据即服务（DaaS）是一种数据管理策略，旨在利用数据作为业务资产来提高业务创新的敏捷性。它是自 20 世纪 90 年代互联网高速发展以来越来越受欢迎的"一切皆服务"（XaaS）趋势下关于数据服务化的那一部分，介于 PaaS 和 SaaS 之间。与 SaaS 类似，DaaS 提供了一种方式来管理企业每天生成的大量数据，并在整个业务范围内提供这些有价值的信息，以便进行数据驱动的商业决策。

同时，我们也可以将 DaaS 作为虚拟化产品形态的一种，比如把计算、网络等基础设施虚拟化变成统一的服务，称为 IaaS；把数据库、消息中间件等平台化产品虚拟成统一的服务，称为 PaaS；把软件虚拟化后，称为 SaaS，同样，我们把各种异构的数据进行抽象，提供面向领域的统一数据访问层，各业务使用统一的接口及语义即可访问企业所有可共享数据，而无须关注数据存储在什么地方，用的是什么数据库。

DaaS 强调的是数据服务，侧重于通过 API 的方式按需提供来自各种来源的数据，它旨在简化对数据的访问，提供了可用于多种格式的数据集或数据流，这一目标的关键在于数据虚拟化技术的使用。事实上，DaaS 体系结构可能还包括一系列数据管理技术，除了数据虚拟化，还包括数据服务、自助分析和数据编目等，如图 6-4 所示。

从数字孪生的视角来看 DaaS 更像是一个组建或者说是一个中台，需要明确的是如何将企业自身的数据中台开放出来为整体的生态赋能是未来的进一步的发力点。

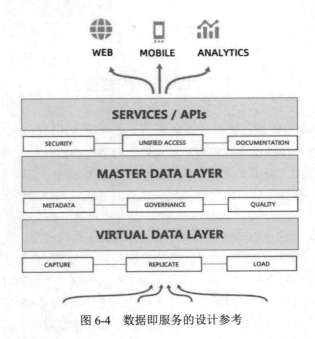

图 6-4　数据即服务的设计参考

6.3.3　软件即服务

近年来，SaaS 架构的软件交付运营模式层出不穷，其概念软件即服务（Software as a Service，SaaS）是一种软件分布模型，在这种模式下，供应商或服务提供商可以通过互联网向客户提供它们的应用程序。所以 SaaS 正成为一个日益普遍的供应模式，它支持 Web 服务和面向服务的架构（SOA）的成熟，并使新的发展方法，如 Ajax 流行起来。与此同时，宽带服务可以为世界上更多区域的用户提供服务。SaaS 与应用服务提供商（ASP）和按需计算软件供应模式密切相关。IDC 公司为 SaaS 确定了两个略有不同的供应模式。应用程序代管（Hosted AM）模式类似于应用服务提供商（ASP）：供应商为客户托管商用软件并通过 Web 提供给用户。

7.1 云原生中台能力

5G 时代网络资源面向场景软件配置，大数据在切片网络里从边缘汇聚到云端，数据分析和价值的提炼也将以更加实时、分布、智能化的方式深度融入数字化业务场景应用中，提供实时数据驱动和智能化服务。随着云网一体化，作为基础资源的网络，存储和计算能力虚拟化、企业的数字化系统也更加趋于分布式，整体架构更加水平可扩展（scale out）和垂直可扩展（scale up）。水平方向上形成技术平台，采用通用的弹性伸缩平台如 Kubernets 全网扩展，支持从边缘到中心的统一部署与调度，并面向事务处理、数据分析及人工智能等不同技术特征的组件提供统一的云原生框架。垂直方向上为了有效促进业务创新打造了专业的中台能力，传统 OLTP 应用功能微服务化沉淀为业务中台，OLAP 中数据功能以规范化的数据模型及信息在数据中台上对外服务，进一步通过知识图谱和机器学习打造智能中台。中台之上以 DevOps 和 DataOps 为理念的流程为企业高效敏捷地进行业务应用创新提供了强力的支撑。5G 时代企业数字化中台参考架构如图 7-1 所示。

7.1.1 技术中台

技术中台面向 5G 网络时代将需具备以下三个方面能力。

1. 标准技术能力

- 通过对 Aicache、MsgFrame、ComFrame 能力的集成，屏蔽各开源技术组件的差异性，提供统一的 API 服务接口。
- 通过可视化的资源申请、集群管理、运维管理和技术组件运行状态和资源情况的智能监控，提升系统运维效率。

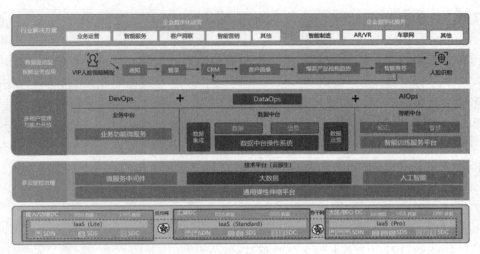

图 7-1　5G 时代企业数字化中台参考架构

2．弹性计算能力

● 通过弹性计算服务，实现资源和应用的联动。通过扩缩容策略，使得应用在高峰期可动态实时扩展。

● 提供一站式在线镜像制作，通过容器自动化部署、升级等功能，提升系统上线效率。

3．运维监控能力

● 实现配置文件的统一托管和可视化的操作，配置修改实时生效，提升系统的灵活性和可控性。

● 通过无侵入的日志探针实现对目标系统的数据采集和指标处理，为系统优化提供有力数据支撑。

企业技术中台参考架构如图 7-2 所示。

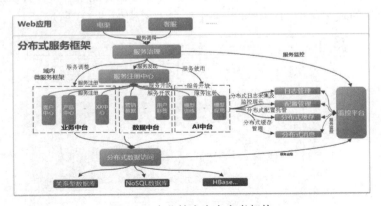

图 7-2　企业技术中台参考架构

7.1.2 数据中台

数据中台是指通过数据技术，对海量数据进行采集、计算、存储、加工，同时统一标准和口径。数据中台将数据统一之后，会形成标准数据，再进行存储，形成大数据资产层，进而为客户提供高效服务。数据中台集成数据采集、数据加工、数据分发、上线、接口管理等多种工具，多样化的工具、统一的数据开发平台使数据处理更加简化、标准化，处理效率更高。数据开发与数据治理有机结合起来，既是对开发过程的管控，也是保障数据质量的有效治理。

7.1.3 智能中台

智能中台是以大数据为主要数据基础，构建集中的深度学习平台、AI 在线服务平台，不断沉淀 AI 通用模型，为业务提供包括自然语言处理、图像处理、语音处理、OCR 识别等服务能力，以满足市场、网络、服务、安全、管理的智能化需求，优化生产运营流程，提升生产运营效率。

7.1.4 业务中台

5G 网络加速运营商数字化变革，特别是通过 5G 网络实现的创新应用的引入，运营商需要改善客户体验，并向其展示完全的透明度。运营商 BSS 系统需要不断发展和进步，以满足不断变化和创新的业务需求。在"大数据及人工智能"驱动下实现运营商业服务流程的自动化，例如智能账单检查、欺诈预防和客户分析、智能化营销服务体系，它还将在客户服务中发挥更基本的作用，智能营业厅、智能机器人等服务，必然通过数据中台和智能中台"注智"业务中台，提升运营商的数字化能力。企业业务中台参考架构如图 7-3 所示。

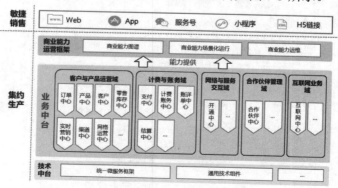

图 7-3　企业业务中台参考架构

7.2　数字孪生系统架构

7.2.1　体系结构

数字孪生系统架构参考如图 7-4 所示。

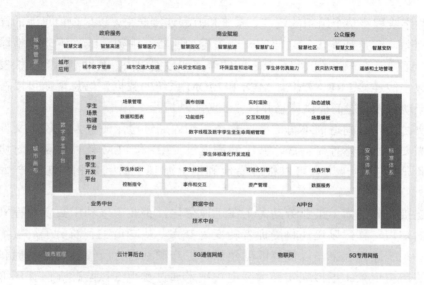

图 7-4　数字孪生系统架构参考

7.2.2　数字孪生模型

数字孪生模型又称为数字孪生体，其通过精准描述物理实体的几何、物理、行为、规则等多维度属性，在物理实体运行数据的实时驱动下，对物理实体的实际行为和运行状态进行真实刻画，并基于既定规律和相关规则，输出物理实体的仿真运行数据，从而在缺少物理实体后续运行数据的驱动时，通过模型和数据迭代运行的方式，仿真推演物理实体未来的运行状态和行为特征趋势，进而实现对物理实体的预测、评估、优化等重要服务。

7.2.3　数字孪生场景

满足在具体的业务场景下，基于数字孪生体的组合、编排和运行规则的定义和操作，实现数字孪生的仿真服务和孪生共智的需求。在孪生场景构建之下，物理对象和数字对象之间的动态互动、物理对象之间的互动基于 IOT 物联网实现，数字对象之间的互动基于数字线程实现，建立多视图模型数据融合的机制和引擎能力。

7.2.4　数字线程

数字线程将整个组织的资产、系统和流程连接起来，以呈现信息流的详细、虚拟视角，它是智能工厂之旅的一个关键加速器。由数字线程驱动的整体数字战略，通过消除不同团队和系统之间的摩擦和数据损失，帮助制造商加快发展。通过数字线连接 ERP、EMS、MES 和 MOM 系统的数据，信息现在可以在系统之间流动，为制造商提供信息并优化业务驱动流程。

实时协作。制造商不再需要在整个组织内通过电子邮件发送设计文件，也不再需要对抗版本控制问题。数字线程通过 CAD 和 PLM 软件实现实时协作。整个价值链上的合作者可以很容易地利用上游和下游利益相关者所产生的洞察力。

连接的劳动力。工业劳动力正在迅速变化。企业可以利用数字线程来实现无缝的知识转移，以迅速将受训者转变为专家。从老员工到新员工，数字线程将业务系统连接起来，以便能够创建保持生产顺利进行所需的所有培训和在职指示的历史记录。虚拟现实和增强现实技术通过实现低风险、高保真环境培训和对新员工或再培训员工的实时设备指导，可以将培训时间缩短 75%。

数字孪生。数字线程可以用来虚拟调试新的生产线。这可以让制造商缩短上市时间，保护投资。与其等到机器用螺栓固定在地板上时再调试生产线，制造商可以通过数字孪生验证制造过程和调试 PLC 代码，确保操作顺利进行。

数字线程可以连接产品并处理数字孪生，这样就可以涵盖产品的整个生命周期。然后可以将物理产品的数字模型识别为一种数字信息的端到端可追溯性载体，将性能和过程数据通过 IoT 平台实时传输到 PLM。对于用户而言，该值来自数据分析输出。输出基于 AI / ML，以非接触方式将其转化为信息。

当然通过数字孪生建立数字线程具有挑战性，比如客户在使用或者操作产品时，是一个孤立的生命周期阶段，需要进行互联互通。而隔离的数字孪生和数字线程技术本身可提供巨大的好处。其真正的价值要归功于技术的集成，用户将从实时提供的产品端到端生命周期可见性中受益，制造商可以使用强大的工具来提高其业务敏捷性和灵活性。这正是他们在当今瞬息万变的世界中所需要的。

第 8 章 数字孪生系统设计实现

物理世界中的机器是由人类创造的，可以完成数字化建模再构建物理系统，而人和物则是先有物理对象再完成数字建模构建其数字孪生系统。因此，我们把数字孪生系统设计实现目的下的关键元素，大致归纳为"设备孪生场景、空间孪生场景、人员孪生场景"下的端到端的能力。本章将围绕这三类场景实现进行逐一展开。

8.1 设备孪生场景

8.1.1 感知智能

感知智能即视觉、听觉、触觉等感知能力，人和动物都具备，能够通过各种智能感知能力与自然界进行交互。

感知智能是指将物理世界的信号通过摄像头、麦克风或者其他传感器的硬件设备，借助语音识别、图像识别等前沿技术，映射到数字世界，再将这些数字信息进一步提升至可认知的层次，比如记忆、理解、规划、决策等。而在这个过程中，人机界面的交互至关重要。

有研究者认为，人工智能的发展主要分为三个层次：运算智能、感知智能和认知智能。所谓运算智能，是指计算机快速计算和记忆存储的能力。所谓感知智能，是指通过各种传感器获取信息的能力。所谓认知智能，是指机器具有理解、推理等能力。

自动驾驶汽车，就是通过激光雷达等感知设备和人工智能算法，实现感知智能。机器在感知世界方面，比人类有优势。人类都是被动感知的，但是机器可以主动感知，如激光雷达、微波雷达和红外雷达。不管是 Big Dog 这样的感知机器人，还是自动驾驶汽车，因为充分利用了 DNN 和大数据的成果，机器在感知智能方面已越来越接近人类。

8.1.2　模型设计器

在亚信科技定义的数字孪生平台中，孪生体新建包含五步操作，依次为基本信息填写、属性新增、指令与事件配置、数据接口配置、可视化设计、实例化。

1．基本信息

选择行业类型、填写孪生体名称和孪生体描述、绑定模型文件，文件可以是已经从模型资产库中选择对应的单体模型进行绑定。具体的操作和效果如图 8-1 所示。

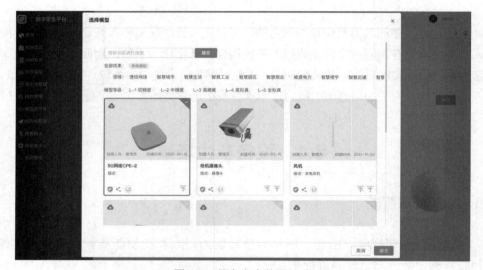

图 8-1　数字孪生体设计器

2．自定义属性

系统在规格创建的时候为每个规格默认了四个属性：id、name、lon、lat，并且这 4 个字段无法删除。主要是为了在实例化和场景构建中统一字段。需要新增规格的其他属性信息可单击面板中的新增按钮，通过属性新增面板添加。具体的操作和效果如图 8-2 至图 8-6 所示。

这里的属性新增定义的字段可以在后续的运行规则中得到体现，例如我们定义了无线网络中的 AAU 的 PRB 上行利用率在低于某一数值的时候触发事件 / 指令。所以我们在整个设计孪生体的过程中是一个从外到内，从基本属性到运行规则的闭环。

3．指令与事件配置

指令是孪生体按照提前设置的规则向真实物理设备发布的命令，事件为孪生体向外部发送的信息，反馈孪生体的运行状态。

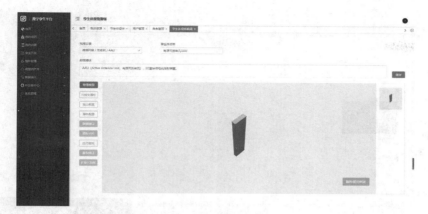

图 8-2　绑定几何模型

图 8-3　配置属性信息

图 8-4　对孪生体进行可视化设计

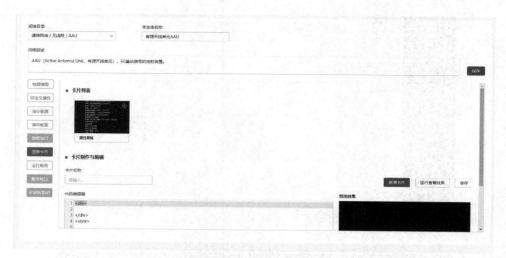

图 8-5 对可视化图表进行卡片式的设计

图 8-6 对孪生体进行运行规则的设计

指令的对接需要涉及与物联网平台进行对接，这个物联网平台可以是亚信科技也可以是其他设备厂商、云厂商的物联网平台，我们可以将自己的指令代码与之 API 接口对接，对接成功后，即可以利用孪生体定义的规则来智能化控制物联网设备了。

事件的触发也是在运行规则中进行定义，我们可以设置运行规则触发的条件，这些条件在属性中已经被定义好了，所以在这里只需要设定其规则，利用属性的某一临界值来触发事件或者指令，如图 8-7 所示。关于事件显示，亚信科技是定义为孪生体可视化界面的变化，当某一临界值达到后，增加某个特效、变化孪生体颜色、隐藏或者显示某个孪生体等这些依赖数字孪生后台提前进行的配置，如图 8-8 所示。

图 8-7　对孪生体进行交互指令配置

图 8-8　对孪生体进行事件和运行规则配置

4．数据接口配置

亚信科技联合自身的物联网平台，定义了 6 类数据接口的类型，目前可以做到全平台通用配置，前面描述的指令配置的后台需与这里的数据接口配置进行关联，保证后续的数字孪生平台与物联网平台的数据通信保证以及指令的拉通，如图 8-9 所示。

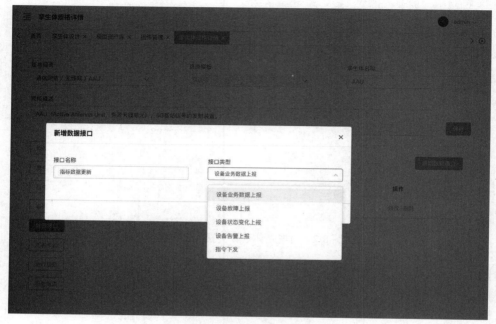

图 8-9　单数据接口配置

5．实例化

德国哲学家莱布尼茨说过："世上没有两片完全相同的树叶。"物理世界的其他物体，例如电子设备等更是如此，它们都有唯一的设备 ID、MAC 地址和物理标识等。所以我们在虚拟世界表达出来的模型还需要导入物理世界的真实物理设备信息后才可以称之为数字孪生单体，这个过程被称为实例化，下面以单个实例化和批量实例化来介绍亚信科技孪生体的实例化过程。

（1）单个实例化。

在数字孪生平台中，选择"我的资源"，单击"创建单个实例化"，选择"实例化孪生体类型"，通过填写孪生体标识、经纬度、设备倾角、频率、RS 功率、所属基站 / 站址编码等信息完善孪生体的设备信息，单击"保存"即可实现单个孪生体实例化，如图 8-10 所示。

在后续的批量实例化的过程中，其实本质上也是将多个物理设备的信息放入数据库或者是 Excel 表格中进行批量导入，数据条目和类型本质上没有区别，只是导入数据的途径会有区别。

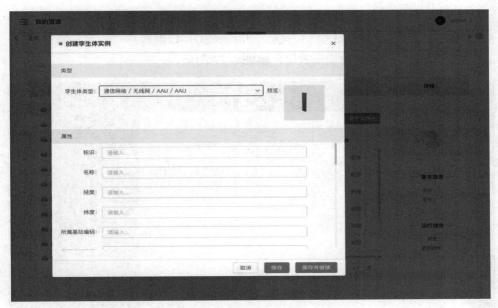

图 8-10　创建单个孪生体实例

（2）批量实例化。

需要注意的是在批量实例化之前需要配置对应的数据源，保证数据源已经接入系统中，如图 8-11 所示，数据源接入在首页单击"数据源管理"对数据源进行管理后才可以进行后续的操作。

图 8-11　对外部数据源的导入

孪生体批量实例化能够将数据库表数据和 Excel 表格数据进行孪生体实例化。数据库目前支持 Oracle、MySQL、PostgreSQL 数据库。

根据数据库表实现批量实例化，如图 8-12 所示。

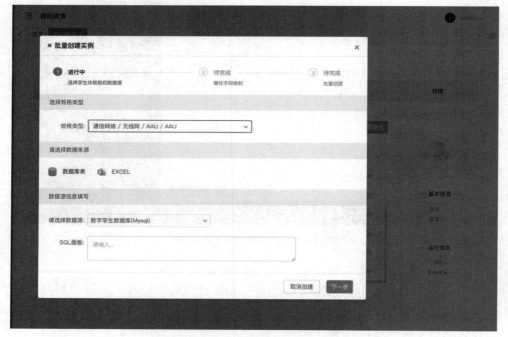

图 8-12　批量孪生体实例化（1）

（1）在"我的资源"界面中单击"批量创建"按钮。

（2）选择规格类型、数据源类型，本操作选择的是数据库表。

（3）数据源列表中选择数据源，这里选择的是数字孪生数据库（MySQL）。

（4）在 SQL 面板中填写 SQL 语句，后续会将其查询结果作为批量实例化的数据，写 SQL 的时候一定要谨记必要的时候一定要带条件。填写完 SQL 语句后单击"数据浏览"按钮，实现对数据的查看。如图 8-13 所示。

（5）单击"下一步"进入数据表字段和规格属性的映射，通过选中规格属性和数据属性字段，单击"关联"按钮，实现属性映射操作。

（6）单击"实例创建"，实现实例化数据保存操作。

根据 Excel 表格实现批量实例化：

（1）在"我的资源"界面中单击"批量创建"按钮。

（2）选择规格类型、数据源类型，本操作选择的是 Excel 表，如图 8-14 所示。

（3）单击"文件上传"，选择已准备好的文件，单击"上传"。

（4）单击"数据浏览"可以查看表格的数据样例（该操作可以跳过），如图 8-15 所示。

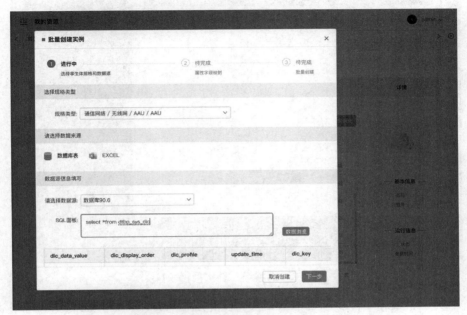

图 8-13　批量孪生体实例化（2）

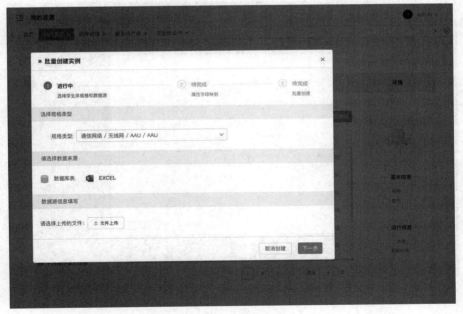

图 8-14　批量孪生体实例化（3）

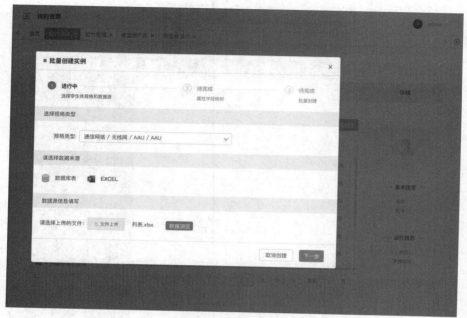

图 8-15　批量孪生体实例化（4）

（5）单击"下一步"进入数据表字段和规格属性的映射，通过选中规格属性和数据属性字段，单击"关联"按钮，实现属性映射操作，如图 8-16 所示。

图 8-16　批量孪生体实例化（5）

（6）单击"实例创建"，实现实例化数据保存操作。

6．可视化设计

这里的可视化设计主要是指在进行交互的时候孪生体呈现出来的状态、在孪生体设计的整个流程中其实有两个步骤都有涉及：一是条件触发事件后可以调整孪生体的颜色、滤镜等视觉外观；二是在亚信科技的场景构建器里面我们可以定义单击后孪生单体需要做出的交互动作，例如文字说明弹窗以及视频弹窗。针对这些弹窗的样式，我们又可以在图表卡片中进行调整。

8.1.3　模型构建

描述一个数字孪生体，可以从基础模型和功能模型两个维度来定义。例如在数字孪生网络中，基础模型是最重要的基础能力。基础模型包括网元模型、拓扑模型和运行状态等属性。网元模型是数字孪生对象（如网元）单体化、结构化、语义化的最终呈现形态。网元模型描述了物理网络设备的基本属性、几何外观规格、可视化的水平等。

功能模型是面向应用的智能能力水平构建、功能构建及虚实交互方式构建等。智能能力水平的构建从单网元智能到全域的智能、从静态策略执行到知识驱动的动态策略闭环能力演进。功能的构建包含场景的构建方式及功能运行规则能力的构建，场景的构建实现了对多个基础模型的组合连接，负责承载域内的孪生网络运行规则，随着智能水平的不断提升，场景的构建能力及场景的功能也从单域的简单运行向高阶的自主构建、自主优化、自动闭环演进。

拓扑模型从网元模型的连接能力及接口和指令的交互能力划分，有单域连接到多域协同连接及接口和指令的交互。运行状态体现了孪生网络网元模型与物理本体的同步性，等级的进阶重点加强网元模型与物理本体所有状态实时对应的能力。

虚实交互的水平体现了数字孪生网络的控制水平，随着数字孪生网络的等级的进阶，虚实交互的能力也从人工控制向系统智能分析自主智能闭环控制演进。

8.1.4　数据驱动

系统需要具备关系型数据库、文件、消息队列数据源的接入，并能够通过相关的数据源进行数据服务的发布能力，同时平台还支持外部 HTTP 数据服务的注册能力。已经具备多源数据的融合能力。为了丰富平台数据接入能力，也为了更好地适配物联网平台的对接能力，平台需要扩展时序数据库快速接入。

在平台数据接入模块，视频流服务需要具备 FLV、HLS 视频流服务信息的注册、预览，以及服务信息的修改和删除能力。实现在组件中能够引用平台注册的视频流服务。在编排场景时，摄像头类型的孪生体在配置鼠标交互事件时，能够配置视频流展示，在场景预览时能够查看实时视频流。

8.1.5　可视化

数字孪生网络可视化技术满足实时载入大规模真实地理坐标系下的地形、植被、BIM 模型等多源异构的地理空间数据，根据通信业务需求，运用数字孪生技术构建网络数字孪生体模型，基于业务需求，构建不同级别的可视化能力。

在网络数字孪生领域，能够通过通信网络网元数字孪生体的拓扑规则形成网络网元的拓扑结构，并满足通信网络数字孪生体与现实物理通信网络设备之间的动态交互、关联性交互和沉浸式模拟。网络数字孪生可视化需要支持不同精度的网元单体模型、场景模型构建能力，基于业务选择合适级别的可视化能力，以此构建对应环境的拟真能力。覆盖小微场景到规模化的城市级场景网络全生命周期管理可视化，通过该技术能高度拟真还原现实网络，利用数字线程驱动场景可视化运行，通过数字线程修改其网络可视化内容，达到动态可视的能力。构建一个宏观到微观、室内到室外、个性化场景到规模化场景、网络组网到设备单体的数字孪生网络的平行世界。网络孪生体可视化呈现分为以下三个维度：

1．网络拓扑可视化

作为数字孪生网络可视化的基础，也可以将可视化技术与网络模拟器的相关能力进行结合，将交换机、服务器、路由器的静态路由信息、网络协议以及相关的网络时延、抖动、丢包率等信息定义在设备上以及链路上，当鼠标进行悬停和单击时可以实现对于网络性能以及连接方式的透视。清晰直观地反映网络运行状况，辅助人们对网络进行评估和分析。可视化布局算法是拓扑可视化的核心。

2．模型运行可视化

通过深度学习、机器学习（随机森林、梯度提升决策树（Gradient Boosting Decision Tree，GBDT））等人工智能算法对业务预测、网络性能预测、覆盖优化、流量优化、故障诊断、质量保障、安全监控、容量规划及站址规划等场景进行一一建模，结合可视化技术，可进一步直观体现统一数据模型作为数字孪生网络能力源所发挥的作用。

3．动态交互可视化

数字孪生网络的网络拓扑和数据模型需要尽可能提供动态交互功能，让用户更好地参与对网络数据和模型的理解和分析，帮助用户探索数据、提高视觉认知。常用的网络可视化动态交互方法有直接交互、焦点和上下文交互、关联性交互和沉浸式模拟等。

8.1.6 实时交互

基于上面几个维度的可视化，可以将拓扑可视化与模型可视化的理念进行结合，深入挖掘更多的交互操作，不断优化训练数据模型，可视化界面也根据数据模型训练结果进行实时更新。如果有网络状态异常的情况出现可以第一时间进行预警传达。

8.1.7 多维模型资产

提到模型，其实在本书中有两个维度的概念，一个是可视化的模型，另外一个是数据模型，该数据模型可以理解为集成了多种人工智能算法的处理数据的一种方式。而可视化模型仅仅是在前端展示界面中看到的三维模型。无论是哪一种维度的模型，亚信科技都支持多维度的模型资产的构建以及保存，为企业提供一个可以管理自己模型资产的平台。

8.2 空间孪生场景

8.2.1 整体设计

空间孪生场景即城市信息模型，通常使用 GIS、BIM、测绘扫描、几何建模等技术，完成多源数据融合治理和统一数据服务。

在空间孪生的背景下，我们需要围绕地理基础数据、社会公共数据、企业私有数据构建企业空间地理数据中心，提供满足全业务场景下（城市、园区、地下、室内）的 GIS 服务能力。满足各类业务场景下的空间分析，提供点聚合分析、拓扑分析、路径规划、叠加分析、轨迹纠偏分析等矢量大数据分析服务能力。可应用于城市规划、智慧交通、选址评估、应急告警等场景。同时基于亚信科技丰富的行业 IT 服务经验，形成行业地理空间智能分析模型。例如空间地址智能识别模型、楼宇平面图智能 3D 建模能力等，可应用于智慧城市、楼宇营销、智慧园区等方面。

AISWare AIMap 是亚信科技自主研发的融合大数据、人工智能和地理信息技术的企业级 GIS 平台，是基于云计算上的"去 IOE"全分布式 GIS 能力开放平台。具备强大的空间数据存储管理能力，支持 OGC 相关标准 GIS 服务，满足大数据量下的空间搜索及分析，支持企业级高性能并发调度。具备丰富的地理可视化能力，支持地理大数据的多样式表达和高性能渲染。基于深度学习技术，融合图像识别算法，实现地理特征智能提取。

AISWare AIMap 由空间数据引擎、空间数据服务器、空间注智引擎、GIS工具桌面端、自服务控制台、开发者中心、地图门户组成。时空地理信息平台整体架构如图 8-17 所示。

图 8-17 时空地理信息平台整体架构参考

（1）空间数据引擎（AIMap Data Engine）支持分布式关系型数据库、文件地理数据库以及非关系型数据库，满足二三维矢量电子地图、栅格地图（影像、全景）等数据的存储管理，可支持城市级地理空间数据下的应用管理，实现空中、地表、地上以及地下数据的一体化管理。

（2）空间服务引擎（AIMap Server）定位于高性能的企业级 GIS 服务器和可扩展服务式 GIS 开发平台，用于构建面向服务的地理信息共享应用。基于微服务架构设计，支持容器化管理。核心能力包括地图服务能力、要素服务能力、影像服务能力、切片服务能力、地理编码能力、空间分析能力等。

（3）空间注智引擎（AIMap Spatial Intelligence）是基于深度学习框架，结合测绘、遥感和地理信息等技术，提供空间地址智能匹配、空间分析与预测、影像特征识别等智能化服务，应用于遥感影像变化检测、建筑物提取等领域。

（4）GIS 工具桌面端（AIMap Desktop）提供地理信息编辑、使用和管理。支持异构数据的加载、导入、导出等。同时提供相关数据处理工具，解决地理数据不同格式的相互转换、不同坐标系下的数据转换等问题。具备地理空间数据的制图、转换、发布能力。

（5）自服务控制台（AIMap Self-service Console）允许用户配置和管理资源，满足用户个性化需求。

（6）开发者中心（AIMap Developer Center）是面向开发者提供二次开发API 说明、开发示例等知识分享平台。提供了代码调试工具辅助开发者熟练掌握平台的二次开发。该开发者中心提供了基于网页端、移动端、桌面端的 API，支持 Web 2D/3D、全景等场景的开发。

（7）地图门户（AIMap Portal）是集成接入各类 GIS 应用，并提供平台能力目录清单。提供通用地图工具集，满足各类地图操作使用。建设地图运维管理平台，统计 GIS 服务访问运行状态，分析 GIS 服务异常问题。

AISWare AIMap 在通信领域不仅成功应用于网络资源管理、规划建设、优化仿真分析等场景，还支撑市场前端的精准营销、选址评估、位置服务等。满足通信运营商 5G 网络建设、精细化管理及诸多行业政企解决方案的要求。

基于云原生架构下的 AISWare AIMap 不仅满足企业全网业务视角下的地图应用和服务运营支撑需求，支持企业全网数据规模下的空间数据管理和安全共享机制，而且实现企业全网能力要求下的云化 GIS 能力和开发者生态。另外在智慧城市建设中，AISWare AIMap 也将和物联网平台、大数据平台、人工智能平台一同构成智慧城市坚实的底座。

8.2.2　空间数据引擎

平台空间数据引擎实现对关系型数据库、文件、大数据平台、搜索引擎等数据源适配，提供空间数据存储、读取、编辑、分析计算等能力，包括以下模块：

- Data Engine for Database：提供空间数据与非空间数据的数据操作接口，主要基于关系型数据库来实现空间数据的存储、读取、编辑及分析等能力。目前主要支持AntDB、Oracle、PostgreSQL。
- Data Engine for File：提供对矢量图形格式文件的读取、加载及编辑。主要支持目前主流的Shapefile格式数据。
- Data Engine for Hadoop：提供基于分布式数据库的空间数据存储、读取、编辑等接口，集成MongoDB、HDFS等分布式数据库能力，实现对海量空间数据的高效存储。提供大数据环境下的空间数据分析处理，支持基于磁盘读写模式下的MapReduce的空间关系运算，Spark内存运算模式的空间关系运算，以及Flink实时流处理模式下的空间运算。
- Data Engine for Search：实现基于空间位置地址的全文搜索引擎，提供基于空间地址的存储索引建模，基于网格化空间范围的检索算法，建立空间坐标数据的存储和检索。
- Time Spatial Engine：基于时间和空间两个维度建立数据的存储和索引，实现时态空间数据的采集、存储、管理、分析与读取，可广泛应用于物联网、车联网等时空数据领域。

8.2.3 空间服务引擎

AIMap Server 是基于微服务分布式架构设计的 Web 服务器，面向企业级地理信息空间应用提供高性能的 GIS 服务，包含空间要素图层服务、空间数据服务、空间搜索服务、空间分析服务等。同时建立 GIS 服务安全管理机制，实现对 GIS 服务的安全性管理。

- 空间数据服务：提供矢量地图（二维、三维）、影像地图（栅格切片、卫星影像等）、场景服务（三维场景）等服务能力，支持地图动态缓存处理机制，满足地图服务的高效访问。
- 要素图层服务：提供符合OGC标准的服务协议，包含WMTS、WMS、WFS、WCS、WPS等服务。支持全景、AR、矢量切片等图层服务。
- 空间搜索服务：提供空间要素的搜索定位服务，支持空间数据的多维度查询，满足空间要素之间的坐标转换等能力。
- 空间分析服务：提供对空间地理要素的各类分析功能，包含叠加分析、缓冲区分析、邻近分析、拓扑分析等。同时满足在3D GIS场景中常用的可视域分析、淹没分析等功能。
- 样式管理：提供丰富的空间要素图形符号的管理功能，满足各行业应用中自定义的符号样式，支持通信行业网络资源标准图元符号的管理配置。
- 安全管理：提供对GIS服务的安全性信息的集中访问，支持企业大量的身份验证访问的需求。能够追溯相关问题。

空间服务引擎功能设计如下：

1．多源数据源管理

提供 AIMap Server 的数据源管理，支持不同类型的数据和数据源的配置，包括以下模块：矢量数据源（二维、三维）和栅格数据源（影像、高程），如图 8-18、图 8-19 所示。

图 8-18　时空地理信息平台数据源管理

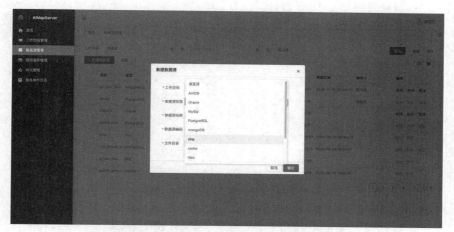

图 8-19　时空地理信息平台数据源选择

2．图层服务管理

提供基于 OGC 标准的图层服务能力，实现空间数据的可视化展示，包括以下模块：瓦片服务（WMTS）、Web 地图服务（WMS）、要素服务（WFS）、地图处理服务（WPS）、三维服务和全景服务，如图 8-20 所示。

图 8-20　时空地理信息平台服务管理

3．样式管理

提供 SLD 样式制作和配置功能，实现空间数据的渲染颜色、渲染方式、大小、透明度等配置。包括样式制作和样式配置模块，如图 8-21 至图 8-23 所示。

4．搜索服务

提供对空间数据的属性关键字查询、周边查询、多边形范围内查询等能力，包括以下模块：查询定位、空间查询和坐标转换。

图 8-21　时空地理信息平台服务样式管理（1）

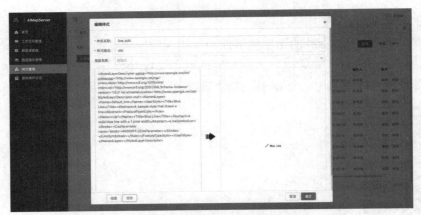

图 8-22　时空地理信息平台服务样式管理（2）

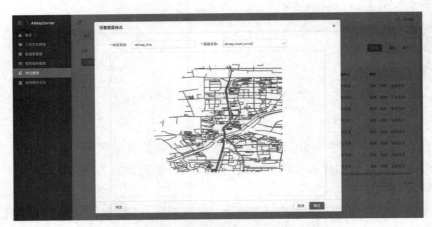

图 8-23　时空地理信息平台服务样式管理（3）

8.2.4　自服务控制台

AIMap Self-service Console 主要满足应用方自助定义空间数据模型、上传空间数据，并支持对自有数据符号样式配置、服务发布及访问授权控制等。

- 应用管理：提供自助式应用能力账号配置功能，实现服务权限、额度的授权和使用查看。
- 数据管理：实现平台应用开发者的私有地理空间数据的上传、编辑、配置、发布等能力。
- 自助服务：提供对私有数据进行符号样式配置、服务图层配置、服务发布与共享的功能。
- 地图云可视化：提供基于平台地图样式模板的自定义地图样式能力，以及对私有数据一键可视化功能。
- 地图云分析：结合平台空间分析计算模型，提供对私有数据、平台数据的自定义空间云分析功能，用户通过自服务控制台自行编排数据分析任务，完成业务需求的计算结果。

8.2.5　三维场景设计

采用三维 GIS 等相关技术，构建数字孪生技术体系。可满足丰富的城市场景、物联网运营管控，支持网络仿真、空间预测等应用。支持大规模、高精度、城市级三维数据的管理、呈现。满足矢量数据、影像数据、地形数据、影像数据、地下管线、室内场馆等多源数据的融合。提供对实景、VR 等场景的技术应用。支持 BIM 数据与三维 GIS 数据的转换。

1．球面场景

三维球面场景的主体是一个模拟地球的三维球体，如图 8-24 所示。该球体具有地理参考，三维场景位于地球球体之上，球体上的坐标点采用经纬度进行定位，支持加载经纬度和投影坐标系的地形、影像、模型、矢量、地图等 GIS 空间数据。支持用户在整个球体中浏览数据，更加直观形象地反映现实地物空间位置和相互关系。

2．场景元素

三维提供了太阳、大气环境、海洋等环境特效，以及导航罗盘、经纬网、场景信息状态栏、比例尺等场景元素。其中，环境特效可更加真实地模拟地球所处的环境与光影效果。导航罗盘、经纬网等辅助工具帮助用户更直观地了解当前观察点的位置信息、场景中数据的空间位置信息，使用导航罗盘可以方便地进行场景缩放、旋转、视角拉平等操作。

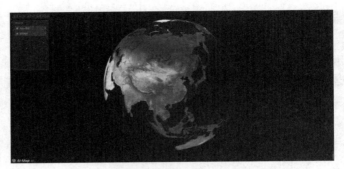

图 8-24　时空地理信息平台支持的三维球面场景

3．支持的图层类型

常用的栅格、矢量、模型等基础空间数据是以图层的方式加载到三维场景中显示的，根据功能不同，图层可以分为普通图层、地形图层、跟踪图层、屏幕图层四种。

（1）普通图层。

普通图层也可称为三维图层，支持将影像、矢量、模型、地图、KML 等类型的数据以对应类型的图层加载到三维场景中。

普通图层主要包括以下几种类型：

影像数据类型：支持将影像、栅格数据以数据集或缓存数据的方式加载到场景中显示影像效果，如图 8-25 所示；支持设置多种分辨率的显示比例尺；支持设置影像数据的显示范围和透明度。

图 8-25　三维场景加载影像数据效果

矢量类型：支持矢量数据以数据集或缓存数据的方式在场景中显示；支持对矢量数据进行批量拉伸、贴图等风格设置、快速建模，如图 8-26 所示。

模型数据类型：场景支持模型数据以数据集或缓存数据方式加载显示；支持直接加载倾斜摄影模型；支持加载 BIM 数据。

地图类型：支持将整幅地图加载到场景中，作为一个图层显示。

图 8-26　矢量数据批量拉伸后的建模效果

KML 类型：支持加载 .KML、.KMZ（一个或几个 KML 文件的压缩集，用于三维 B/S 应用）格式文件，并能够在三维场景中显示其中的点、线、模型、图片数据。

Web 类型：支持加载 AIMap Server、GeoServer、天地图发布的 WMS、WMTS 服务及第三方发布的 OGC 标准 WMS、WMTS 服务；支持加载 Google Map、Bing Maps、Baidu Maps、OpenStreetMap、STK World Terrain 等主流 Web 服务。

（2）地形图层。

地形数据是能够表示地球表面高低起伏状态，即具有高程信息的数据。数字高程模型（DEM）是一种对空间起伏变化的连续表示方法，是一种特殊的栅格数据模型。支持将地形缓存数据添加到场景中显示地形效果（如图 8-27 所示），能够设置地形数据的地形夸张比，获得更明显的地形起伏效果。

图 8-27　三维场景加载地形影像数据效果

（3）跟踪图层。

三维跟踪图层主要用于展示三维量算、分析等交互操作的动态对象和操作结果，每个三维场景都有一个跟踪图层，位于场景所有图层中的最上层。在跟踪图层上支持添加矢量、文本标注以及模型对象，并且支持对跟踪图层的几何对象设置三维符号，如图 8-28 所示。

图 8-28　图跟踪图层中实时显示定位结果

（4）屏幕图层。

三维屏幕图层不同于其他三类图层，其对象并不是依据对象坐标信息放置，而是根据像素位置放在屏幕上（三维窗口表面），屏幕图层上的几何对象不随视角或球体的旋转、倾斜等操作变化。因此，可以使用屏幕图层放置诸如公司Logo、说明性文字等静止显示的内容。

4. 三维符号化表达

作为表达地图内容的基本手段，符号可直观表达地理事物和现象。提供二维、三维一体化的符号解决方案，在三维场景中，通过对二维矢量数据使用三维点、线型、填充符号，免去了用户重复制作数据的麻烦，使得地物具有更直观的表现力。

支持二维、三维符号一体化存储，用户自定义分组管理，用户可快速查找到制作好的符号数据，并支持资源符号库导入模型符号。如图 8-29 至图 8-31 所示。

5. 专题图制作

三维专题图是 GIS 中非常重要的图形展示方式，用于在三维场景中反映数据的空间与时间的分布特征。提供了单值、分段、标签、统计、自定义五种三维专题图，可满足各行业直观表达自然、社会现象或用户自定义要素，如图 8-32、图 8-33 所示。

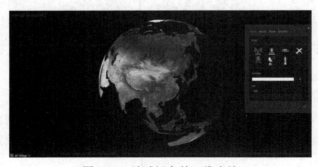

图 8-29　地球视角的三维表达

图 8-30　卫星地球视角的三维表达（1）

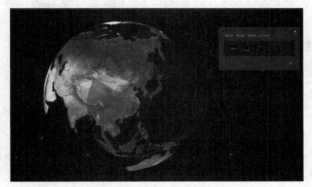

图 8-31　卫星地球视角的三维表达（2）

支持单值、分段、标签、统计专题图修改子项风格、颜色方案、文字样式、子项表达式。

支持用户通过字段表达式自定义百万级别海量专题图子项的显示风格。

文字标注支持设置字体、字号、字体前景色与背景色、是否贴地显示、是否显示轮廓线。

专题图图层支持设置过滤显示，通过设置过滤条件，选择性地显示重点要素。

专题图图层支持设置最大、最小可见高度。

图 8-32　三维热力专题图

图 8-33　三维立体状态专题图

6．三维特效

提供一系列的三维特效，在各个方面都最大可能地还原真实世界中的景观。对于应急演练、安全防护、气象模拟等项目，三维特效在表现自然元素、模拟人物运动、表达管道介质流向等方面发挥了独特的作用，显著提升三维场景的视觉效果和真实感。

支持模型贴图，使场景中的建筑物、管线设置等物体具有非常逼真的静态光影效果，如图 8-34 所示。

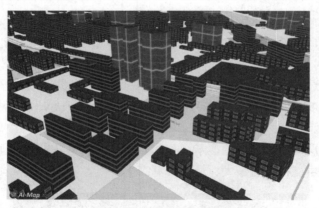

图 8-34　支持白膜贴图的模型效果

粒子效果：提供了火焰、雨雪、烟花、爆炸等粒子效果，利用粒子编辑器定制粒子效果和粒子运动方式，可制作出多种如水柱、樱花雨等美观实用的粒子，并允许用户指定雨雪降落区域，广泛用于气象模拟、应急演练、安全防护等方面，如图 8-35 所示。

三维流动线：支持在线符号编辑器中制作、编辑带状跟踪符号，包括设置符号的颜色、运行周期等参数，如图 8-36 所示。

图 8-35 雨雪天气

图 8-36 三维带状跟踪符号模拟车辆流向

动态纹理：支持模型中的动态纹理显示，可模拟建筑物广告牌效果，如图 8-37 所示。

太阳阴影：根据设置的时间计算、调整当前太阳位置，地形数据支持实时显示山体阴影，模型图层开启阴影后可实时显示模型对象阴影效果。

支持场景反走样：消除场景中对象边缘的锯齿效果，进一步提升细节美观度。

7．三维可视化

三维可视化主要包括三维柱体热力图、指标立体柱状图等，如图 8-38 所示。

指标立体符号化：按照业务数据的某个指标的高低设置三维柱的高低，并通过颜色分级进行可视化表达。

8．场景浏览

提供了三维基本场景浏览的功能，包括放大、缩小、倾斜、拉平、竖起、旋转等。用户可以通过三维场景控件中提供的三维导航罗盘，或通过鼠标或键盘快捷键组合操作的方式对场景数据进行浏览。

图 8-37　图环形波纹

图 8-38　三维柱体热力图可视化

- 支持场景的漫游、缩放、快速定位，以及旋转相机任意角度、指向正北、调整俯仰角等操作。
- 交互操作支持以鼠标拾取点为中心，精确缩放到目标点，同时支持以鼠标拾取点为基准0° ～180° 的俯仰范围。
- 支持地下场景的平滑操作。
- 支持场景放大至地表时执行俯仰操作。
- 支持室内小范围场景精确定位与漫游，可使用快捷键完成漫游速度的快慢调整。
- 支持相机惯性，更加符合真实世界。

● 支持用户自定义鼠标、键盘快捷键，提升三维浏览操作体验。如可使用鼠标双击事件实现飞行定位到某个建筑物的功能。

9. 三维飞行

三维飞行功能通过用户预先设置一系列飞行站点的位置和观察角度来确定飞行路线，如图8-39所示。在飞行过程中，将根据各飞行站点的位置，从不同方位、不同角度自动浏览场景。通过定制合理的飞行路线，能够更好地展示场景数据，带给用户身临其境的感觉。

图 8-39　三维飞行视角

● 支持以当前相机位置或鼠标拾取位置两种方式添加飞行站点。
● 支持飞行过程中减速转弯，可实现平滑过渡的效果。
● 支持围绕指定位置旋转飞行，并且飞行过程中可以控制飞行的速度。
● 支持飞行过程中方位角、高度、俯仰角锁定。
● 支持沿指定线对象飞行。
● 支持相机绑定运动物体飞行的效果。

除了使用飞行功能外，同样支持从当前观察位置直接切换至指定的区域，实现观察角度的快速切换。

10. 对象操作

支持在场景中创建点、矢量线、面、文字标注、三维体（立方体、球、圆柱等）、三维模型（如树、广告牌、汽车等小品对象）、粒子等几何对象，创建的对象可以临时存放到跟踪图层或者保存到模型数据集中。此外，支持通过编辑面对象，实现实时修改该面对象范围内的地形效果、地表开挖区域、倾斜数据压平范围等操作。

11. 加载倾斜摄影模型

倾斜摄影自动化建模成果数据量往往非常庞大，动辄数十GB乃至数百GB，若进行数据导入，耗时较长。利用倾斜摄影模型自带的LOD层级，直接加载任意剖分类型（如四叉树、八叉树）的倾斜摄影模型，省去数据导入过程，仅需几分钟即可轻松完成数据加载。同时运用 LOD 优化调度，仅占用较少硬件资源，保障稳定的海量数据承载能力，如图 8-40 所示。

图 8-40　加载海量倾斜摄影模型数据

倾斜摄影自动建模可以生成多种格式的模型，系统支持 .osg/.osgb、.obj 模型格式，用户可直接加载各类倾斜摄影数据。

8.2.6　数据工具

1. 坐标转换工具

（1）WGS84 坐标转 GCJ02 坐标。

WGS84 坐标转 GCJ02 坐标的坐标转换工具如图 8-41 所示。

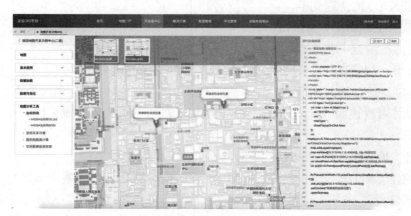

图 8-41　坐标转换工具（1）

（2）WGS84 坐标转 BD09 坐标。

WGS84 坐标转 BD09 坐标的坐标转换工具如图 8-42 所示。

图 8-42　坐标转换工具（2）

2. 空间关系计算

空间关系计算包括判断点是否在多边形内、计算多边形和要素集关系、计算两个多边形之间的交集、判断图形 geo1 是否包含 geo2、计算两个多边形的并集、计算线段之间的交集、判断点是否在线上、判断两个图形是否相等、计算两个多边形的差集、判断图形 geo1 被 geo2 包含和判断两个图形是否相离，以判断点是否在多边形内，如图 8-43 所示。

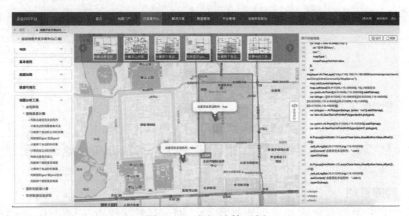

图 8-43　空间计算示例

3. 面积和距离计算

（1）距离计算。

距离计算效果如图 8-44 所示。

图 8-44　距离计算示例

（2）面积计算。

面积计算效果如图 8-45 所示。

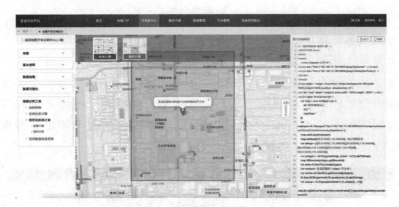

图 8-45　面积计算示例

8.2.7　地址工具

地址数据治理工具，主要有词库管理、地址智能分级、地址匹配工具和区划识别能力。

1．词库管理

词库用于对搜索内容和地址库数据的分割，主要有行政区划词库、POI 词库、门牌词库、别名词库等。词库管理工具用来对这些词库进行管理，可以新增词，对已有词进行修改、删除。通过记录用户搜索与真正下单选择的日志，通过一系列 NLP、OCR 技术相结合的算法，从 UGC 中自动挖掘出正误词表训练集，以及新发现的地名词汇，定时更新到词库中，使词库有自我学习、自我进化的特性。

2．地址智能分级

对用户输入的地址按地址层级模型进行分级，将分级后的地址层级信息反馈给用户。

3．地址匹配工具

对用户输入的非标准地址，通过分词器组件及 ES 自带同义词过滤器插件并结合地址词库，分段标注及规整细化为三种不同类型词元。再通过布尔查询方法来设置词元非必须命中（Should）与必须命中（Must），对查询优化处理。最后经过过滤，将关系不大的输出结果排序到后面，留下正确的标准地址。

4．区划识别能力

在地图的检索场景下，从基础的地图数据索引，到在线召回、最终产品展示，均以市级行政单位为基础粒度。大多数的搜索意图都是在图面或者用户位置的城市、行政区划下进行，但是仍存在部分检索意图需要在其他城市中进行，准确识别出用户请求的目标城市、区划，是满足用户需求的第一步，也是极其重要的一步。为提高用户体验，需要对城市区划做到自动识别与自动纠错。

8.2.8　空间注智引擎

AIMap Spatial Intelligence 是基于深度学习框架下的地理空间智能分析引擎，提供对遥感影像数据、栅格数据、矢量地理要素数据的特征识别和提取，助力空间数据的关联分析、空间区域特征预测分析等。可应用于污染源判断、区域个体特征分布提取、群体轨迹运动趋势等应用场景。

- 遥感影像识别：建立信息提取或参数反演模型，开展遥感数据处理与环境信息提取，大气环境、水环境、生态环境、突发性环境事件应急监测等关键技术研究。
- 地址智能匹配：基于NLP自然语义和深度卷积神经网络模型等技术，实现空间地址数据的智能匹配、纠错、智能搜索等能力。满足智能选址、智慧公安、物流配送等应用。

8.3　人员孪生场景

8.3.1　虚拟"数字人"

人员孪生即虚拟"数字人"。虚拟"数字人"是指具有数字化外形的虚拟人物，存在于非物理世界中，由计算机手段创造及使用，并具有多重人类特征（外貌特征、人类表演能力、交互能力等）的综合产物。虚拟数字人可按人格象征和图形维度划分，亦可根据人物图形维度划分。人物形象、语音生成模块、动画生成模块、音视频合成显示模块、交互模块构成虚拟数字人通用系统框架，以及集成了多模态建模、语音识别、知识图谱、视觉技术等综合 AI 能力，其在社交、传播、营销等领域的价值正在逐渐显现。

虚拟"数字人"市场快速升温，多家科技企业发布了"数字人"相关产品。2021 年年底，百度发布国内首个可在 App 内互动的超写实"数字人"。此前，阿里巴巴开发的超写实"数字人"AYAYI 正式"入职"阿里，成为天猫超级品牌日的数字主理人；OPPO 发布的基于虚拟人多模态交互的手机智能助手，可实现与用户在多个场景生态下实时交互；B 站专门为虚拟主播开设分区。不知不觉，虚拟"数字人"已经开始走进我们的生活。

对于用户而言，"数字人"是进入虚拟世界的必要化身，用户可以根据喜好设置多个形象迥异的分身；对于经纪公司而言，虚拟偶像比真人违约风险低，因此其有意愿孵化虚拟偶像和虚拟主播；对于商家而言，多样化"数字人"的上线也能获得更多商业化场景，拓展新的数字营销空间。

从技术体系来看，虚拟"数字人"基础硬件包括显示设备、光学器件、传感器、芯片等，而基础软件包括建模软件、渲染引擎。显示设备是数字人的载体，既包括手机、电视、投影、LED 显示等 2D 显示设备，也包括裸眼立体、AR、VR 等 3D 显示设备。光学器件用于视觉传感器、用户显示器的制作。传感器用于"数字人"原始数据及用户数据的采集。芯片用于传感器数据预处理和"数字人"模型渲染、AI 计算。建模软件能够对虚拟数字人的人体、衣物进行三维建模。渲染引擎能够对灯光、毛发、衣物等进行渲染，主流引擎包括 UnityTechnologies 公司的 Unity 3D、Epic Games 公司的 Unreal Engine 等。

以 Unity、Unreal 两大游戏引擎为首，游戏引擎的强大性能使得"数字人"形象拟真度进一步提升。Unity 的渲染技术 HDRP 是基于可编程渲染管线（SRP）构建的，具有完全统一的基于物理的渲染以获得超高的画质表现，HDRP 的设计遵循三个原则：①渲染基于真实物理；②光照统一、连贯；③功能独立于渲染路径。HDRP 的强大功能让数字人得以"逃离"恐怖谷，以更接近真人的状态呈现在大众面前。

从内容生产来看，虚拟"数字人"技术结合实际应用场景领域，形成行业应用解决方案。按照应用场景或行业的不同，已经出现了娱乐型"数字人"（如虚拟主播、虚拟偶像）、教育型"数字人"（如虚拟教师）、助手型"数字人"（如虚拟客服、虚拟导游、智能助手）、影视型"数字人"（如替身演员或虚拟演员）等。不同外形、不同功能的虚拟"数字人"赋能影视、传媒、游戏、金融、文旅等领域，根据需求为用户提供定制化服务。

内容的基础是模型。建模能力决定了应用体验。建模技术分为静态扫描建模和动态光场重建，目前主流技术仍为静态扫描，相比静态重建技术，具有高视觉保真度的动态光场三维重建技术不仅可以重建人物的几何模型，还可一次性获取动态的人物模型数据，并高品质重现不同视角下观看人体的光影效果，成为数字人建模的重点发展方向。

静态扫描建模技术可分为结构光扫描重建和相机阵列扫描重建，结构光扫描重建扫描时间长，对于人体这类运动目标在友好度和适应性方面都不尽如人意，更多应用于工业生产、检测领域。相机阵列扫描重建替代结构光扫描重建克服了以上问题成为人物建模主流方式。随着拍照式相机阵列扫描重建得到飞速发展，目前可实现毫秒级高速拍照扫描（高性能的相机阵列精度可达到亚毫米级），并成功应用于游戏、电影、传媒等行业。

在渲染建模方面，主要海外厂商有 Epic Games、Unity 和 NVIDIA 等。它们开发的引擎 Unreal engine、Unity 和 NVIDIA Omniverse 提供了 3D 实时模拟和协作的工具和平台。关于动态捕捉的海外厂商有关注光学动态捕捉技术的 VICON、Motion Analysis、Opti Track，以及关注惯性动作捕捉技术的 Xsens 等。在 VRAR 方面，主要有 Wave 和 Stageverse 这样的海外厂商使用 VRAR 技术向用户提供虚拟服务的平台以及应用程序。

随着相关技术逐渐成熟，"数字人"作为与虚拟世界交互的重要载体，潜在市场广阔。调研机构数据显示，到 2030 年，我国虚拟"数字人"整体市场规模将达到 2700 亿元。

目前虚拟"数字人"市场正处于前期培育阶段，替代真人服务的虚拟主播和虚拟 IP 中的虚拟偶像是目前的市场热点，应用偏向娱乐化。随着人工智能技术不断成熟，虚拟"数字人"市场正逐渐向生活服务领域拓展。未来，数字技术的进步将为"数字人"创造更多元的应用场景和更大的发展空间。

虚拟"数字人"的概念是一个动态发展的过程，其所需具备的能力如图 8-46 所示。

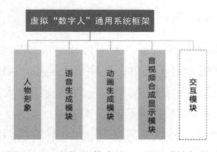

图 8-46　虚拟"数字人"通用系统架构

在推进虚拟"数字人"的过程中，相关拟人程度从形象写实到理解智能，从手工制作到自动生产，整个 AI 数字人的进化历程可以划分为五个阶段，如图 8-47 所示。

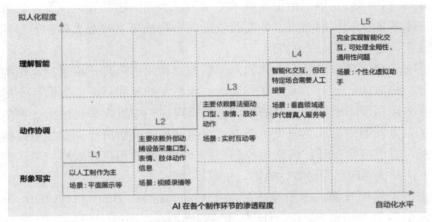

图 8-47 虚拟"数字人"分级

L1 级：主要以人工制作为主。

L2 级：依靠动捕设备采集表情、肢体等动作，例如电影动画制作。

L3 级：可依靠算法驱动口型、表情和动作，例如虚拟化身实时互动。

L4 级：实现部分智能化交互，在垂直领域创新服务模式。

L5 级：实现完全智能化交互，打造真正的个性化虚拟助手。

达到 L4 级别，意味着"数字人"实现了 AI 仿真动画生成能力与自然语言理解能力的结合。此时的"数字人"，可通过学习大量真人会话、语气、表情和动作，根据表达内容生成相应神态和全身动作，输出栩栩如生的拟人效果。同时，结合 AI 算法在制作流程中的深度融合（AIGC），制作效率也得到了大幅提升。

8.3.2 数字员工

如果说虚拟"数字人"定义了"躯干外貌"，那么数字员工应用可以说定义了"行为准则"。从概念定义来讲，数字员工是以"AI+RPA+数据+机器人"等多重技术深入融合应用创造的高度拟人化的新型工作人员，和数字孪生的"数据+模型+软件定义"有着高度的契合。

随着信息技术的发展，特别是人工智能、虚拟现实等新技术的不断迭代更新，各行各业开始探索虚拟数字人的应用场景。多家银行试水元宇宙，推出虚拟"数字人"。根据《IDC FutureScape：全球人工智能市场 2021 预测》报告，"到 2024 年，45% 的重复工作任务将通过使用由 AI、机器人和机器人流程自动化（RPA）提供支持的'数字员工'实现自动化或增强"。

数字员工面向企业数字化转型，它能带来的实际效益已被各方机构看重。德勤事务所通过一份调研报告证明了"数字员工"的实用性——一家收入 200 亿美元、拥有 5 万名员工的企业，其中 20% 的工作若用 RPA 自动化操作完成，可每年为企业带来超 3000 万美元的利润。不妨设想一下，在未来工作环境中，数字员工通过模仿人类的工作状态，在 PC、移动端自动执行简单、重复、烦琐、规则性强的业务流程，可以把一般员工从初级、重复的烦琐事务中解放出来，投身到更有价值和创造力的工作内容中去，在降低企业用人成本的同时，更多激发员工创意、创新、创造的价值与潜力，更好服务企业成长。

目前以真人为基础的数字孪生虚拟人在技术层面已然相对成熟。"AI ＋ CG"相关技术下，网络中看似真人的主播可能是一个数字人。基于深度学习的三维场景表达与神经渲染，特定场景中如小冰公司采用的深度神经网络渲染技术（XNR）在与 CG 融合后，能够使得数字孪生虚拟人更自然真实。

但只有达到 L4 或更高级别的仿真程度，AI 数字人才能真正走入千行百业，真正参与到社会生产工作中，可以与智慧工厂、智慧医疗、智慧城市的各个场景进行结合，推动生产力变革。

需要处理大量重复性计算的标准性工作的人，例如收银员、柜台导购、财会审计、工厂操作员、安保人员等都可以利用 L4 级别的虚拟数字人进行代替，并且这些数字员工可以 7×24 小时不停歇工作还不会出现系统性错误和计算错误。这将极大提升工厂、公司以及社会的工作效率。

另外一个维度，由于数字人已经可以模拟真人的情绪表情、说话的语音语调等永远保持最饱满的精神状态和工作热情与大众进行交流办理业务，处理工作，所以与之交流的大众可以享受到更加完善的服务体验。

8.3.3　数字人体

数字孪生在医疗健康的应用中展现出了极具潜力的前景。

比如，通过创建医院的数字孪生体，医院管理员、医生和护士可以实时获取患者的健康状况。医疗健康管理的数字孪生使用传感器监控患者并协调设备和人员，提供了一种更好的方法来分析流程，并会在正确的时间、针对需要立即采取行动的状况来提醒相关人员。

亚信科技在 2020 年帮助两家运营商参与领导 2020 年全球 TMForum Digital

Transformation World 的催化剂项目"基于数字孪生的 5G 网络共享"-Inception: Digital Twins for 5G Network Infrastructure Sharing，为 5G 新基建的共建共享构建领先的数字化运营系统。系统基于新冠肺炎疫情背景，还原了从感知、收治、转移、救治、线上诊疗、临时医院选址等场景。

如图 8-48 所示为新冠肺炎疫情初期，患者病情加重，从方舱医院转移至临时医院救治的流程。转移过程中，救护车和临时医院医生实时视频互动：救护车实时上传病人体征，医生实时给出救治意见。承建方网络孪生实体沿途切换，为共享方的医疗行业客户提供高可靠、低时延的网络服务。

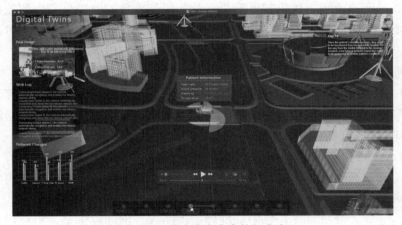

图 8-48　重症患者生命体征孪生

医院的数字孪生体可以提高急诊室的利用率并且疏散患者流量，降低操作成本并增强患者体验，如图 8-49 所示。此外，可以通过数字孪生预测和预防患者的紧急情况，如心跳 90% 或呼吸停止，从而挽救更多的生命。

图 8-49　特殊医院空间数字孪生

从造物角度来讲，人体比机械要复杂得多。人体数字化，即基于人体相关的多学科、多专业知识的系统化研究，将这些知识全部注入人体的数字孪生体中。有利于降低各种手术风险，提高成功率，改进药物研发，提高药物的效用。

临时医院具有多个远程会诊同时进行的场景，会诊过程涉及病人视频实时传输、CT 等医疗数据高清传送、医疗专家多方视频通话等业务需求。数字孪生体感知特殊业务场景，根据相应的无线资源管理配置策略，自动保障网络高带宽需求，如图 8-50 所示。

图 8-50　远程诊疗场景数字孪生

未来，我们每个人都将拥有自己的数字孪生体。通过各种新型医疗检测、扫描仪器及可穿戴设备，可以完美地复制出一个数字化身体，并可以追踪这个数字化身体每一部分的运动与变化，从而更好地进行自我健康监测和管理。

数字孪生作为一种技术，终将从原子、器件应用扩展到细胞、心脏、人体，甚至于未来整个地球和宇宙都可以在虚拟赛博空间重建数字孪生世界。

第四部分
通用数字孪生平台设计和实现

第**9**章 数字孪生平台设计

9.1 概念设计

数字孪生技术成为国家新型智慧城市升级的新动力,正加速推动城市治理和各行业领域应用创新发展。如城市规划的空间分析和效果仿真,城市建设项目的交互设计与模拟施工,城市常态运行监测下的城市特征画像,依托城市发展时空轨迹推演未来的演进趋势,洞察城市发展规律支撑政府精准施策,城市交通流量和信号仿真使道路通行能力最大化,城市应急方案的仿真演练使应急预案更贴近实战,等等。在公共服务领域,数字孪生模拟仿真和三维交互式体验,将重新定义教育、医疗等服务内涵和服务手段。未来,技术的变革将倒逼管理模式变革,正如生产力进步引发生产关系的变化,数字孪生城市的建设和运行,将推动现有城市治理结构和治理规则重塑调整。

亚信科技提出基于"数字孪生技术"构建 5G 智慧城市的整体规划,其中又以"5G 城市数字孪生平台"作为面向业务和交付的行业通用平台,一来解决过去搭建智慧系列解决方案和应用中、立体空间搭建和设备管理中重复造"轮子"的弊端;二来通过打造万物可孪生的数字化理念,基于孪生场景构建和运行为核心能力,实现面向不同行业、不同地域、不同规模的,具备快速搭建、集成接入、业务编排、AI 赋能、可插拔式应用和 API 能力开放的一体化交付能力,为政府、企业的智能管理、智慧运营全面赋能。

亚信科技 5G 城市数字孪生平台助数字化政府和新型智慧城市构建数字孪生底座,实现在城市地上、地下、空间三维全景下的场景级数字孪生的开发、搭建和编排能力。产品以数字孪生"基于运行数据的实时模拟仿真和交互"为理念,以"巨量、孪生、融智、场景"为核心,打造在密集的网络触点、海量的数据采集、巨量的信息处理的业务形态下,整合大数据、物联网、GIS、BIM、AI、沉浸式可视化等技术,提供增强型城市信息模型,为政府、商业、社会、公众展开一幅城市全景画布,提供实现物理世界和数字世界映射交互的 5G 城市数字孪生平台，为智慧治理、高效协同提供城市数字孪生底座，打造城市数字化基础设施层。亚信科技 5G 城市数字孪生技术链条如图 9-1 所示。

图 9-1　亚信科技 5G 城市数字孪生技术链条

1．产品定义

（1）一套面向数字孪生系统的创意设计和搭建式工具。

（2）一个赋能业务场景、极致视觉的通用数字化底座。

2．设计理念

（1）从物理世界到数字世界，应是一个双向数据驱动的闭环，而非一个单一的可视化系统。

（2）将 CIM 定义为一个完成虚拟化、数字化的城市基础设施，实现空间裁剪、资源弹性、拿来即用。对单体模型数据进行孪生体维度的二次定义，实现更加多维的信息传输、反馈、交互和可视化能力。

（3）数字孪生城市的最终目的，是让城市能全息鲜活、实时感知反馈、提升运营效率。实现面向开发者、运营者、参与者等多样角色的能力输出，打造可持续性的城市运营机制和抓手。

3．核心价值

（1）以"基于运行数据的实时模拟仿真和交互"为理念，以"巨量、孪生、融智、场景"为核心，整合大数据、物联网、GIS、BIM、AI、沉浸式可视化等技术，在密集的网络触点、海量的数据采集、巨量的信息处理的场景下，提供增强型 CIM。

（2）打造一个像"水、电、煤、气"一样的城市数字化基础设施，实现全景可视、万物智联、弹性使用、快速编排、智能仿真、高效交付的业务价值。

9.2　参考功能架构

我们把数字孪生平台大致分为两大核心板块：数字孪生开发平台和数字孪生场景构建平台。数字孪生开发平台实现将物理世界"数化"的过程，事物孪生即物联网平台，实现实时感知、所见所得，实现数字对象间及其与物理对象间的实时动态互动。数字孪生场景构建平台提供一整套面向客户视角和业务场景的"画布"，以低代码设计方式，帮助客户实现应用所见即所得搭建和应用发布。功能架构图如图 9-2 所示。

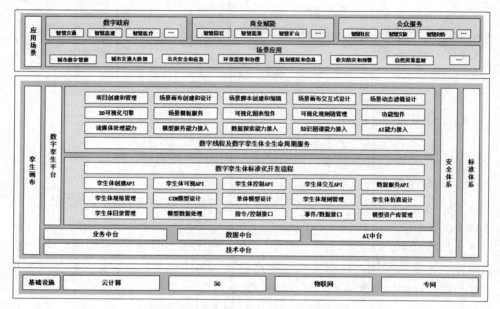

图 9-2　数字孪生平台架构参考

1．数字孪生开发平台

满足对数字孪生体的属性定义、指令规则、可视化形态的开发，主要包括空间孪生体和事物孪生体。数字孪生体即反映物理对象某一视角特征的数字模型，并提供建模管理、仿真服务，是一个面向物理实体对象，将相关功能、数据和人工智能紧密集成的融智对象。数字孪生体的特征主要包括：①云边协同，数据驱动：数字孪生对象基于云原生架构，分别在云端与边缘以分布式微服务的方式实现数据驱动的决策与执行功能。②实时感知，所见所得：数字孪生强调实时数据的采集、传输、处理、分析和展示，从而可以实况感知、展示并驱动其相应的物理实体。③持续认知，模拟预知：数字孪生通过云端的历史数据对物理实体的演变持续认知发现规律，并能够通过人工智能模拟仿真预判其发展趋势。

2．孪生场景构建平台

孪生场景构建平台集成通用模块功能，内置丰富的通用组件库，支持在线调用模型资产库的空间模型、拖曳式摆放模型、孪生体实例、图表组件等场景元素，并支持在线设置交互动作，支持在线布局、设置滤镜效果。解决 80% 的应用轻量化交付的问题。

3．产品特性

云原生弹性架构：①微服务架构——基于云计算技术理论及方法，以微服务架构设计服务端，实现了开发平台与构建平台的能力解耦，将云计算特征应用在数字孪生体的开发、存储、构建、运行、分析与计算上。②容器化部署——支持私有云灵活快捷部署，充分利用容器化的资源集约、自动运维、动态扩容、跨云平台支持等特性，实现了数字孪生平台服务的智能化。

极致视觉体验：基于 3D 效果与 GIS 能力提供对孪生体的可视化支撑，兼顾了可视效果与数据精度；可视能力中融合了传统的测绘成果（二维矢量与二维影像），又能支持新型测绘下的数据成果（倾斜摄影、激光点云）；针对不同类型的孪生体定义了多种可视化状态，通过光照环境、纹理、颜色、形态的诸多变化，更好还原数字孪生体基于实物的变化情况，丰富数字体的可视化效果。

一体化孪生体构建：基于传统测绘数据成果与新型测绘数据成果，利用丰富的 GIS 能力，提供快速生成 3D 数字孪生体的能力；提供了海量物联网的 3D 生态模型与丰富的可视化编排效果，能够快速将物孪生体置于空间场景中，形成空间与物一体的孪生体场景。

一站式业务场景编排：①丰富的组件库——支持同步第三方平台三维孪生体，支持创建或调用二维分析、基础组件，共同组成海量构建资源，为灵活便捷搭建场景提供基础。针对不同类型、不同业务场景划分组件，在海量资源中，可以快速高效找到所需内容。②所见即所得的搭建方式——将孪生体、图表、控件等组件，通过拖曳，直观搭建业务场景；支持对场景内的组件，根据业务需要，配置不同属性及样式。③便捷智能的规则配置——以简捷直观的方式配置触发规则，实现二维与三维触发智能化、自动化。

沉浸式业务场景监控：通过场景构建，使现实事物在场景中智能成像，同时实时采集、分析数据，使现实事物与数据信息可视化融合，形成了可直达现场又优于现场的监控体验，使业务人员可及时有效发现问题。

零距离虚实互动：基于规则配置，可通过构建的场景，向物理世界中真实的事物下达不同的指令。有效连接物理世界与数据空间，提供了高效解决问题的方式。

4．功能价值

协同开发优势：为智慧城市、行业应用提供基于数字孪生平台为核心的通用业务底座，深度融合大数据、地理信息、物联网、虚拟现实、仿真工具、人工智能，以轻量化平台和在线应用的方式，帮助各业务系统实现城市空间、虚实交互、仿真智能的快速搭建能力，提升云边协同、智能决策能力，满足政府和行业用户对智慧城市应用的全面升级需求。

快速交付优势：提供"空间可裁剪、态势可感知、运行可度量、资源可弹性、网络可切片"的全新智慧城市应用体验，改变传统以极致可视化为主流的城市数字孪生模式，打破数字建模的时效瓶颈，降低项目的整体建设成本，提升应用的整体运行效率。强化数字资产的价值运营，实现孪生体可复用，孪生场景可编排、可运行，实现在不同规模的业务场景下，快速交付应用，实现数字资产价值沉淀。提供 SaaS 化的智慧园区、智慧商街、智慧医疗、智慧警务等一系列解决方案和应用，实现低成本快速交付应用。

支撑开放运营模式：打造以数字孪生体为数据资产价值的共享运营服务，打造以创意、设计、运行、可逆为核心的智慧城市应用的全新体验，打造以数字孪生平台为能力出口的数字化运营通道。

9.3　参考技术架构

数字孪生平台技术架构参考图如图 9-3 所示。

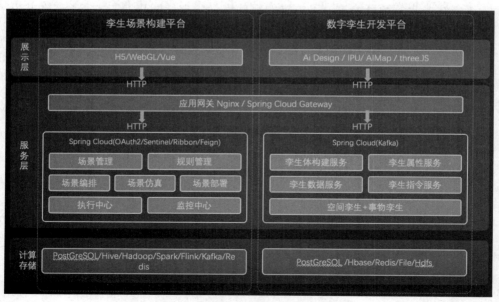

图 9-3　数字孪生平台技术架构参考

9.4　参考接口定义

支持对接入数据服务进行管理，实现服务分目录展示、目录管理、服务列表查询功能。

提供对数据服务的注册、查询、修改、删除等功能，其中提供对服务的基础信息的管理，主要包括：服务所属目录名称、服务所属项目、服务名称、服务类型、服务编码、服务输入 / 输出定义等信息。服务类型需支持 HTTP、数据库服务等。

该模块主要功能如下：

- 数据服务目录管理：支持对数据服务目录进行增删改操作，根据目录进行数据服务的过滤。
- HTTP服务注册：孪生场景运行需要数据驱动，能够实现HTTP服务注册为数据服务，实现HTTP服务的路径、协议、参数配置。
- 数据库服务注册：孪生场景运行可直接获取数据库中数据，通过SQL语句配置以及字段定义，实现抽取相应数据。
- 数据源管理：支持多源异构的数据源接入能力，包括关系数据库、JSON文件、表格文件等。

第10章 数字孪生平台功能设计

10.1 孪生体设计器

孪生体设计器提供对设备实体的属性、模型、事件指令、可视化规则等数字化定义，实现设备的数字建模。工具提供孪生体实例管理和孪生资产管理功能，接收资源数据、运行数据，并根据交互规则和可视规则进行单体化模型、几何外观模型的呈现。

- 孪生体规格查询：提供对孪生体规格进行查询检索，提供孪生体规格目录，提供对检索的结果进行详情查看、修改、删除操作。
- 新建孪生体规格：提供对孪生体规格进行新建操作。
  - 新建孪生体规格——基础信息：提供对孪生体规格基础信息的输入能力，主要包括孪生体规格名称、孪生体规格示意图、孪生体规格所属规格目录、孪生体描述信息。
  - 新建孪生体规格——属性：提供对孪生体属性的定义能力，包括新建属性字段，设置属性字段类型、字段长度、字段默认值、是否可编辑、是否必填等，提供对属性字段的增加、修改和删除等操作。
  - 新建孪生体规格——模型：提供对孪生体模型的定义能力，通过选择对应的三维模型，来描述孪生体规格的可视内容。
  - 新建孪生体规格——指令：提供对孪生体指令的设计能力，能够输入指令。
  - 新建孪生体规格——事件：提供对孪生体事件的设计能力，能够输入事件。
  - 新建孪生体规格——可视化：提供对孪生体的可视化定义能力，能够针对模型定义可视化能力，用来展示孪生体不同的可视化形态，用来表示孪生体不同的运行形态。
- 功能接口管理：在孪生体设计器中增加孪生体功能接口管理，接口管理包括功能接口的新增、编辑和删除。在孪生体设计阶段可以对接口的名称和接口的类型进行管理。孪生实例编辑阶段可以对功能接口进行实例化，将功能接口和数据服务进行映射。

● 功能接口列表：在孪生体设计器中通过列表形式展示功能接口，包括功能接口的名称、类型、数据服务（实例化后展示）、数据服务接口名称（实例化后展示）、数据服务编码（实例化后展示），并在列表中提供功能接口的编辑和删除入口。

● 功能接口映射和绑定：在实例管理功能中，在实例编辑界面中实现功能接口和相关数据服务的映射和绑定。

● 实例接口服务卡批量绑定：通过条件批量查询实例，对查询结果中的实例功能接口进行实例化。

10.2　场景构建工具

孪生场景构建平台通过对数字孪生体进行组合设计，实现面向业务的孪生场景构建和编排。实现在数字孪生城市模拟、仿真、交互、推演，并得以在物理城市完成精准治理。通过可视化的编排设计器，简化业务设计复杂度，提升灵活性，并形成能支持决策的知识图谱，通过注入 AI 能力，支持对模型的训练和优化，提升智慧城市快速响应能力和辅助决策效率。

孪生场景构建器是基于低代码可视化操作功能，实现对孪生体实例、拓扑资源实例、面向城市级大场景空间模型的加载和二、三维可视化渲染，实现面向应用的自主式构建和编排，满足应用的快速搭建需求。

在场景构建中，根据客户的不同需求，以及展示场景的实际成本和时间要求、成本要求，背景需要选用不同类型的三维场景，例如三维精模、白模、矢量地图、卫星地图、倾斜摄影等。选用倾斜摄影为背景的优势在于，数据获取方式较为自主、成本较低。采用无人机等方式获取航拍数据后，进行较短时间的三维视图构建，即可达到较好的展示效果。倾斜摄影对建筑物的描绘贴近真实，细节逼真，能够满足孪生大场景的能力。

● 地图服务列表展示：在场景构建器中增加地图服务菜单，单击地图服务菜单在左侧展示所有的地图服务，以图文形式展示，并能够通过服务类型进行筛选过滤。

● 倾斜摄影加载：支持在场景构建编排器中加载倾斜摄影处理后发布的GIS服务。

● 倾斜摄影服务设置：在场景构建编排器右侧属性框中支持对服务的设

置，包括服务的透明度、颜色、海拔高度等。

- 倾斜摄影服务选中和删除：在子场景资源列表中展示场景中加载的倾斜摄影服务，在资源列表中支持对服务的选中和删除操作。
- 菜单权限控制：根据场景画布中的3D模型类型来控制场景构建器的菜单权限。当拖曳3Dtiles服务到场景时，默认切换到地理三维引擎，并且禁用地理引擎无法支持的菜单。当场景中没有三维模型或者地图服务时，启用构建器中的全部菜单。

为帮助用户快速搭建业务场景，平台需要提供地理数据加载和编排能力，实现对有地理坐标的业务数据进行批量导入和加载能力。

场景构建编排器支持使用地理引擎来加载和渲染三维场景，从而具备大场景的搭建能力。在地理引擎渲染的场景中，用户可以载入有经纬度的地理数据，并根据经纬度自动把数据放置到相应的位置。

- 地理数据载入：在实例管理中载入有经纬度的孪生实例，系统会把孪生实例放置到经纬度对应的位置。
- 地理数据属性设置：选中场景中的实例，在实例属性框中设置实例三维属性。
- 地理数据交互设置：通过场景编辑器能够设置地理数据的交互动作，比如能够配置鼠标单击交互，根据孪生体设计中的图表卡片展示详细信息。
- 地理数据定位和删除：在场景资源列表中展示载入到场景中的实例数据，通过单击列表上的数据能够在画布上进行定位，并且能够对实例数据进行删除。
- 场景管理：在同一个页面下实现子场景的新增、编辑和删除功能。
- 场景编排：在每个子场景中能够提供独立的场景画布，用户能够在每个子场景画布中对场景模型、孪生体实例、图表组件、滤镜效果进行自由编排和设计。
- 场景切换：
  ■ 在场景列表中提供子场景的切换功能。
  ■ 通过设置组件属性达到子场景切换能力。
- 场景保存和预览：对每个子场景组件中的场景模型、孪生体实例、图表组件、滤镜效果设置进行保存，并且保存后能够对子场景进行查看和预览。
- 场景设置：在每个子场景中提供相机设置和通用设置能力，如图10-1所示。
- 场景发布：图10-2为"我的项目"界面，可在场景操作菜单中发布场景，支持对未发布的场景进行发布操作，并更改场景的状态。

- 场景取消发布：在场景操作按钮菜单中可取消发布场景（只有已发布的场景才有该功能），实现场景状态的更新。
- 场景权限控制：
  - 数字线程根据场景的运行状态进行数据权限控制。
  - 对已发布的场景启动数据推送线程。
  - 在前端页面上也需要实现场景权限控制，当场景是已发布状态时无法进行编辑，需要先取消发布。
  - 查看场景时需要根据场景状态控制场景是否能够进行单点登录操作，对未发布的场景无法进行单点登录。

图 10-1　子场景设置

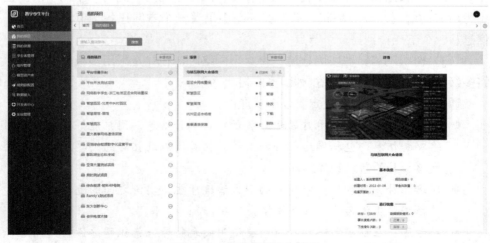

图 10-2　"我的项目"管理

10.3　自动拓扑工具

针对网络数字孪生场景，数字孪生拓扑编辑器实现对网络拓扑自动化创建、半自动化布局，支持绑定孪生体资源、对算网拓扑的路径搜索、关联查询、透视图查找等功能。基于场景测试规则，构建算网孪生实时仿真环境。通过算网编排中心接口请求，提供预规划测试和仿真计算能力，根据编排策略对现网影响进行评估，并返回预测结果。

拓扑是为了真实反映网络中各类实体、设备、终端等的布局关系，体现构成网络的成员之间特定连接关系和从属关系，这些关系可能是物理的，即真实的；也可能是逻辑的，即虚拟的。

网络拓扑编辑器，需要通过网络孪生体的拖曳，以及各类点、线、面、分层、标注、平铺关系、堆叠关系、可视化效果等的编辑操作，将实际的算力网络的节点、链路、通路等拓扑关系在孪生世界进行构建。

通过网络拓扑的可视化编辑和表达，可以形象体现对算力的感知、触达、编排、调度能力，展示算网拓扑的接入节点对计算任务的灵活、实时、智能匹配。

拓扑图是对实体符号图形的简单化与规则化表示，并借此图形显示量化信息，图形大小一般与实体面积无关。拓扑图数量对比直观，简单易绘，以图形传递量化信息为目的，是量化地图的一种有效表现形式。

（1）星状结构。这是最古老的一种连接方式，网络有中央节点，其他节点（工作站、服务器）都与中央节点直接相连，这种结构以中央节点为中心，因此又称为集中式网络。

（2）环状结构。环状结构中的传输媒体从一个端用户到另一个端用户，直到将所有的端用户连成环状。数据在环路中沿着一个方向在各个节点间传输，信息从一个节点传到另一个节点。

（3）树状网络。在实际建造一个大型网络时，往往是采用多级星状网络，将多级星状网络按层次方式排列即形成树状网络。

通常在拓扑工具中需要定义以下功能：

- 网络拓扑管理：以卡片的形式展示网络拓扑信息，用户能够直观查看网络拓扑信息，包括网络拓扑的名称、拓扑图以及拓扑的缩略图，并提供网络拓扑的新建和编辑入口。
- 网络拓扑关系管理：以列表的形式管理孪生体实例之间的连接关系，支持根据孪生体名称进行查询拓扑关系。
- 符号库：在创建网络拓扑时需要使用图元符号来标识网络设备、网络资源、网络节点之间的连接关系。平台需要预设若干通用的算网对象图标，在拓扑编辑页面中通过拖曳的方式绘制单个算网对象，可以对不同的网络内置一套相关设备类型和资源的符号库。符号支持名称筛选过滤。

- 拓扑编辑：支持用户通过拖曳符号库中的符号到拓扑编辑画布中，进行网络拓扑编辑，支持鼠标灵活调整网络图标位置，支持各类节点、连接线、面、分层、标注等的编辑。
- 网络拓扑属性设置：支持对网络拓扑中符号、拓扑连接进行设置，包括符号的尺寸、颜色、透明度、符号和线的样式、标注等设置。
- 算网孪生体绑定：需要支持将算网对象与已经定义的算网孪生体进行绑定，形成映射关系。
- 实例列表：提供网络拓扑中已绑定的实例列表展示，单击实例能够在网络拓扑中进行选中和定位。实例列表支持根据名称进行筛选过滤。
- 网络拓扑保存：支持用户创建好的网络拓扑进行保存，并可以将已创建好的网络拓扑保存为模板。
- 网络拓扑模板：提供网络拓扑模板功能，平台针对不同的网络类型可以内置一部分网络拓扑模板。用户可以通过使用模板进行网络拓扑的快速搭建。同时用户可以对权限内的模板进行删除操作。

10.4　地理三维能力

系统实现对空间孪生体和事物孪生体的开发，简化空间三维建模、终端设备管理的复杂度。通过融合倾斜摄影模型、BIM、精模、矢量、地形等多源数据，快速自动化构建大规模数字孪生城市模型，实现大场景动态实时渲染。同时，融合物联网平台能力，对物模型数字孪生体可视化定义，提供能够可视、仿真、交互、决策的智能孪生体，形成企业内的数字资产，满足重复利用和价值运营的要求。

3D 建模是利用三维生产软件通过虚拟三维空间构建具有三维数据的模型，从简单的几何模型到复杂的角色模型；从静态单个产品显示，到动态复杂的场景。许多行业需要 3D 建模，如影视动画、游戏设计、工业设计、建筑设计、室内设计、产品设计、景观设计等。

三维建模是计算机图形学中的一种技术，用于生成任何对象或曲面的三维数字表示。这些 3D 对象可以通过变形网格或其他方式自动生成或操纵顶点。

3D 建模和绘画的区别在于一个是在二维平面上绘制，而 3D 建模是在三维空间中多方位构建模型。

三维建模的应用场景主要包括：

- 游戏建模。主要分为3D场景建模和3D角色建模。3D场景建模师的工作是根据原画设置和规划要求制作符合要求的3D场景模型；3D角色建模师的工作是根据游戏角色的原画设计图纸构建游戏角色等的3D模型。

- 影视建模。根据影视原画设计师给出的影视剧中人物、动物、怪物、道具、机械、环境等物体构建模型。

- 工业建模。工业建模分为室内和室外两种。与游戏建模相比，制作模型的过程更简单，但更注重尺寸标签和制造标准。

- 二代场景建模。使用3Dmax.maya.Ps，根据项目要求中的文字描述和场景原画，制作高精度3D静物模型。

- 根据实际需要制作三维模型，如人体器官三维模型、VR游戏模型。

面对地理范围比较大的孪生场景构建和编排时，平台通过使用地理引擎来渲染，通常需要地图服务作为三维场景的底座或者背景。

- 地图服务加载：平台场景构建器中提供地图服务信息展示能力，在GIS服务列表中选择地图服务（WMTS、WMS等），筛选出平台支持的地图服务。拖曳地图服务卡片到场景编辑器中，场景编辑器对地图服务进行加载。

- 地图服务属性设置：在场景构建编排器右侧提供地图服务属性设置面板，支持对地图的垂直高度、透明度进行设置。

- 地图服务选中和删除：在子场景资源列表中展示场景中加载的地图服务，在资源列表中支持对地图的选中和删除操作。

10.5　模型资产管理

在一些孪生场景中需要以矢量地图、影像地图、倾斜摄影作为底座，并且结合业务数据快速搭建基于地理引擎的孪生场景。平台需要提供地图服务注册功能，将需要用到的GIS服务登记到系统中，以便在场景构建时直接拖曳使用。

- GIS服务注册：新增GIS服务注册功能，通过填写服务名称、URL和地图服务类型（支持WMTS服务、3Dtiles服务、WMS服务、天地图服务等），单击"提交"，保存GIS服务到系统中。

- GIS服务编辑：能够对已经注册到系统中的GIS服务进行修改，包括服务名称、URL以及服务类型的修改。

- 服务预览：在GIS服务注册时可以预览GIS服务，在GIS服务列表中通过单击"查看"也可以预览GIS服务。

- GIS服务列表：以列表的形式展示平台登记的GIS服务，列表支持分页功能。
- GIS服务删除：提供GIS服务删除功能。

10.6　可视化能力

10.6.1　天气组件

天气组件包括：

- 天气效果：支持设置雨、雪、雾天气效果；支持设置雨天的地面积水效果；支持设置雪天的地面积雪效果。
- 水体效果：支持设置水面动态投影及反射效果；支持设置水面动态波纹效果。
- 粒子效果：支持设置喷泉效果；支持设置模拟火灾中的火焰效果；支持设置动态线发光及炫光效果。

10.6.2　光影滤镜

场景构建编排器是一个通用的场景制作工具，需要支持众多的业务场景，进而也会提出很多个性化的需求。用户通常对场景光照设置能力关注比较多，需要根据实际场景需求，支持对场景光照效果进行自定义设置功能，以便更好地调整场景光照效果，提升场景展示效果。

- 24小时实时光照模拟：通过滑动条绑定24小时时间，拖动滑动条实现实时光照效果。
- 白天黑夜模式切换：支持切换白天模式和黑夜模式。
- 动态阴影设置：支持为建筑物、植物、城市部件设置动态阴影效果。
- 光照反射效果：支持水面的实时光线反射效果、材质表面的光线反射效果。

在场景制作过程中需要新增光源设置能力，光源包括平行光、点光源、聚光灯、环境光。用户可以根据场景需要，在任意位置添加光源来设置场景的光照效果。光源位置支持通过鼠标拖曳，也支持通过辅助线进行移动（包括上下、左右、前后）。同时光源应支持光源颜色、强度的设置。

- 光源列表：在场景构建器滤镜效果列表中增加光照组件，光照组件包括点光源、平行光、聚光灯和环境光。

- 点光源设置：在场景编辑器中支持从左侧光源列表中拖曳点光源到场景中，对场景局部光照进行渲染，并支持通过鼠标调整光源的位置，同时在右侧点光源属性面板中可以对光源属性进行设置，包括点光源的颜色、光照强度、光源位置。

- 平行光设置：在场景编辑器中支持从左侧光源列表中选择平行光光源载入到场景中，并作用于同一个方向被照射到的场景。支持通过鼠标调整平行光光源位置和平行光的照射方向，同时在右侧光源属性面板中支持对平行光的颜色、强度、位置进行设置。

- 聚光灯设置：在场景编辑器中支持从左侧光源列表中载入聚光灯，并能够对场景局部效果进行光照渲染。支持鼠标对光源位置进行调整，同时也支持在属性面板中对光源的颜色、强度、距离、光源角度、光源位置、目标位置进行调整。

- 环境光设置：在场景编辑器中支持从左侧光源列表中选择环境光加入到场景中，对场景全局生效。同时支持属性面板对环境光的颜色和强度进行设置。

10.6.3　云渲染

平台需要实现 3D 模型服务端加载、渲染能力，并通过像素流向客户端浏览器提供 3D 视图的能力，在浏览器端支持三维场景漫游、操作、渲染能力，降低客户端模型下载、渲染等压力。

- 3D模型服务在服务端渲染和配置，能够在后端通过服务器的GPU提前对3D模型进行渲染，实现大场景的快速加载能力。
- 客户端通过像素流来访问后端渲染好的场景。

10.6.4　场景相机

在实际应用场景中，需要根据客户需求，设置页面第一次载入时主场景的视角位置，并且为保证场景效果，通常会限制场景相机的漫游距离、垂直视角和水平视角。因此，平台需提供相机初始化视角、相机漫游距离、相机垂直视角范围、相机水平旋转范围设置功能。

- 初始化视角设置：支持用户手动调整场景视角，并支持手动截图保存，作为场景的效果图展示。

- 漫游距离设置：支持相机漫游最小和最大距离设置，并且在场景运行时能够生效。
- 垂直视角设置：支持相机垂直角度设置，设置范围为0°～90°，并在场景编辑和场景预览时能够生效。场景编辑时垂直视角设置值和场景能够实时交互。
- 水平视角设置：支持相机水平角度设置，设置范围为-360°～360°，并在场景编辑和场景预览时能够生效。场景编辑时水平视角设置值和场景能够实时交互。

10.6.5　模型材质

能够实现对模型整体的材质进行设置，包括材质颜色、透明度、渲染方式、粗糙度、金属度。

- 能够提供模型材质高级设置功能，能够对模型里的每个材质进行单独设置。
- 模型材质配置重置，能够实现对已配置的材质样式进行还原操作。
- 对模型设置的材质能够进行保存，并且在场景预览时进行生效。

10.7　图表卡片

图表卡片管理：可对孪生体规格相应的图表卡片进行增删改，并且可以根据应用场景定制孪生体的名片。在孪生体实例化后可以根据孪生体实例的当前属性数据和历史数据填充卡片内容。平台为每个孪生体类型内置一个通用的属性卡片。

图表卡片设计工具：提供孪生体名片设计工具，提供图表卡片代码编辑器，用户可以在编辑器中自定义卡片内容。

图表卡片交互设置：在场景构建器中配置孪生体实例鼠标交互事件时可以配置需要展示的卡片，并且在场景预览时能够单击孪生体实例展示对应的卡片。

10.8　组件管理

组件管理主要包含组件的新增、修改和删除操作。系统使用人员可通过编写 HTML、CSS、JS 自定义组件，并能在平台实时预览查看组件效果。组件包含图表组件、功能组件和滤镜效果，支持自定义组件，如图 10-3、图 10-4 所示。

图 10-3　创建可视化图表

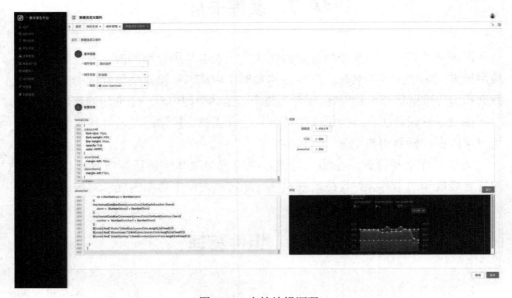

图 10-4　支持编辑源码

（1）打开组件管理。

（2）单击新建自定义组件。

（3）输入组件名称。

（4）选择组件类型。

（5）选择组件图标。

（6）编写静态 HTML、CSS 页面。

（7）编写逻辑 JS 代码。

（8）单击"运行"按钮预览。

（9）编辑调试单击"运行"按钮查看。

（10）单击"保存"提交组件。

（11）提示：创建组件成功。

10.9　运行规则管理

在实际应用场景中，用户需要对孪生体进行自动化、智能化的指令控制和事件响应。因此，需要支持为孪生体定义运行规则，从而实现当孪生体的属性数据符合运行规则时，孪生体可以进行对物理实体的反馈控制，达到虚实结合的效果。

● 新增运行规则：在孪生体设计器中增加运行规则的设计，一个孪生体类型支持配置多个运行规则。每个运行规则包含触发条件和响应动作两部分。运行规则是孪生体属性自由组合的条件，属性之间可以进行与和或逻辑运算。属性条件支持大于、小于、等于等常用的运算符。响应动作包括事件和指令两类，即运行规则中条件满足时可以触发上报事件和通过指令操作物理实体设备。

● 运行规则编辑：在孪生体设计器中对已配置的运行规则进行修改。可以对已配置的触发条件进行修改，包括属性阈值、条件的运行逻辑等，同时也可以响应动作。

● 运行规则删除：实现已配置的运行规则的删除操作。

● 运行规则重置：对已编辑未保存或者已新增未保存的运行规则可以使用重置功能还原操作之前的规则。

● 运行规则保存：在运行规则新增、编辑完成后的运行规则进行保存。

第11章 数字孪生平台运营模式

11.1 SaaS 化运营

SaaS（Software-As-A-Service，软件即服务），是随着互联网技术的发展和应用软件的成熟，在 21 世纪开始兴起的一种完全创新的软件应用模式。它与"On-Demand Software"（按需软件）、The Application Service Provider（ASP，应用服务提供商）、Hosted Software（托管软件）具有相似的含义。它是一种通过 Internet 提供软件的模式，厂商将应用软件统一部署在自己的服务器上，客户可以根据自己实际需求，通过互联网向厂商定购所需的应用软件服务，按订购的服务多少和时间长短向厂商支付费用，并通过互联网获得厂商提供的服务。用户不用再购买软件，而改用向提供商租用基于 Web 的软件，来管理企业经营活动，且无须对软件进行维护，服务提供商会全权管理和维护软件，软件厂商在向客户提供互联网应用的同时，也提供软件的离线操作和本地数据存储，让用户随时随地都可以使用其订购的软件和服务。对于许多小型企业来说，SaaS 是采用先进技术的最好途径，它消除了企业购买、构建和维护基础设施和应用程序的需要。

SaaS 提供商为企业搭建信息化所需要的所有网络基础设施及软件、硬件运作平台，并负责所有前期的实施、后期的维护等一系列服务，企业无须购买软硬件、建设机房、招聘 IT 人员，即可通过互联网使用信息系统。就像打开自来水龙头就能用水一样，企业根据实际需要，向 SaaS 提供商租赁软件服务。

SaaS 是一种软件布局模型，其应用专为网络交付而设计，便于用户通过互联网托管、部署及接入。SaaS 应用软件的价格通常为"全包"费用，囊括了通常的应用软件许可证费、软件维护费以及技术支持费，将其统一为每个用户的月度租用费。

对于广大中小型企业来说，SaaS 是采用先进技术实施信息化的最好途径。但 SaaS 绝不仅仅适用于中小型企业，所有规模的企业都可以从 SaaS 中获利。

2008 年前，IDC 将 SaaS 分为两大组成类别：托管应用管理（Hosted AM），以前称作应用服务提供（ASP），以及"按需定制软件"，即 SaaS 的同义词。从 2009 年起，托管应用管理已作为 IDC 应用外包计划的一部分，而按需定制软件以及 SaaS 被视为相同的交付模式对待。

SaaS 已成为软件产业的一个重要力量。只要 SaaS 的品质和可信度能继续得到证实，它的魅力就不会消退。

11.1.1　开放门户

SaaS 服务模式与传统许可模式软件有很大的不同，它是未来管理软件的发展趋势。相比于传统服务方式，SaaS 不仅减少了或取消了传统的软件授权费用，而且厂商将应用软件部署在统一的服务器上，免除了最终用户的服务器硬件、网络安全设备和软件升级维护的支出，客户不需要除了个人电脑和互联网连接之外的 IT 投资就可以通过互联网获得所需要软件和服务。此外，大量的新技术，如 Web Service，提供了更简单、更灵活、更实用 SaaS。

另外，SaaS 供应商通常是按照客户所租用的软件模块来进行收费的，因此用户可以根据需求按需订购软件应用服务，而且 SaaS 的供应商会负责系统的部署、升级和维护。而传统管理软件通常是买家需要一次支付一笔可观的费用才能正式启动。

ERP 这样的企业应用软件，软件的部署和实施比软件本身的功能、性能更重要，万一部署失败，所有的投入几乎全部白费，这样的风险是每个企业用户都希望避免的。通常的 ERP、CRM 项目的部署周期至少需要一两年甚至更久的时间，而 SaaS 模式的软件项目部署最多也不会超过 90 天，而且用户无须在软件许可证和硬件方面进行投资。传统软件在使用方式上受空间和地点的限制，必须在固定的设备上使用，而 SaaS 模式的软件项目可以在任何可接入 Internet 的地方与时间使用。相对于传统软件而言 SaaS 模式在软件的升级、服务、数据安全传输等各个方面都有很大的优势。

11.1.2　租户管理

SaaS 服务通常基于一套标准软件系统为成百上千的不同客户（又称租户）提供服务。这要求 SaaS 服务要能够支持不同客户之间数据和配置的隔离，从而保证每个客户数据的安全与隐私，以及客户对诸如界面、业务逻辑、数据结构等的个性化需求。由于 SaaS 同时支持多个客户，每个客户又有很多用户，这对支撑软件的基础设施平台的性能、稳定性、扩展性提出很大挑战。

搭建数字孪生平台在线运营环境，以客户形势对外提供租用，平台在线提供孪生体定义、模型管理、丰富的组件、灵活的场景构建器、支持多种协议的数据服务接入等能力，并预制部分孪生体模型，根据行业建立孪生应用模板库，允许用户在线订购模板、模型，在线进行数字孪生场景实例的加工，快速支撑各类数字孪生应用的搭建，一键发布生成分享链接，避免从零开始、烟囱式建设，缩短应用交付周期，降低数字化转型成本。

11.1.3　订购管理

SaaS 使得软件以互联网为载体的服务形式被客户使用，所以服务合约的签订、服务使用的计量、在线服务质量的保证、服务费用的收取等问题都必须考虑。而这些问题通常是传统软件没有考虑到的。

1．定制开发

这种模型下，软件服务提供商为每个客户定制一套软件，并为其部署。每个客户使用一个独立的数据库实例和应用服务器实例。数据库中的数据结构和应用的代码可能都根据客户需求做过定制化修改（多次开发）。

2．可配置

通过不同的配置满足不同客户的需求，而不需要为每个客户进行定制，以降低定制开发的成本。但是，软件的部署架构没有太大的变化，依然为每个客户独立部署一个运行实例。只是每个运行实例运行的是同一份代码，通过配置的不同来满足不同客户的个性化需求。

可配置性的比较通用的实现方式，就是通过 MetaData（元数据）来实现（一次开发多次部署）。

3．多租架构

多租户单实例（Multi-Tenant）的应用架构才是真正意义上的 SaaS 应用架构，它可以有效降低 SaaS 应用的硬件及运行维护成本，最大化地发挥 SaaS 应用的规模效应（一次开发一次部署）。

4．可伸缩架构

将第三级的 Multi-Tenant SingleInstance 系统扩展为 Multi-Tenant MultiInstance。最终用户首先通过接入 Tenant Load Balance 层，再被分配到不同的 Instance 上。通过多个 Instance 来分担大量用户的访问，可以让应用实现近似无限的水平扩展。

要实现第四级成熟度模型，最复杂的就是针对原有单个 Instance 的数据库服务器，实现其数据的水平拆分。

11.2　孪生模型资产运营

如上所述，数字孪生系统的一个重要设计是将各类异构、碎片化的数据"模型化"，以此实现对数字孪生模型资源的复用，降低后期创建和运维成本，如图 11-1 所示。

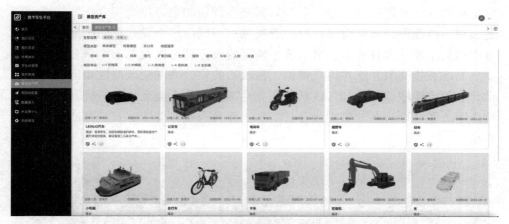

图 11-1　数字孪生平台模型资产库

数字孪生系统的主要使用场景包括：

- 在数字孪生平台场景构建器中装载、编排。
- 可将模型资产分享他人，支持在线式协同设计。
- 将业务使用行为沉淀至孪生体实例，实现标签化运营、分析、推荐场景。
- 支持PGC模式，即专家参与设计，以此实现模型资产的上云、上链、定价、交易等场景。

11.3　算力资源运营

数字孪生的一大特性，就是极致可视化能力。模型的精细程度和 GPU 算力资源决定了最终呈现效果。从投资角度考虑，提供云端的 GPU 云渲染服务应运而生。云渲染（Cloudrender）的模式与常规的云计算类似，即将 3D 程序放在远程的服务器中渲染，用户终端通过 Web 软件或者直接在本地的 3D 程序中单击一个"云渲染"按钮并借助高速互联网接入访问资源，指令从用户终端中发出，服务器根据指令执行对应的渲染任务，而渲染结果画面则被传送回用户终端中显示。

云渲染在数字孪生领域，将发挥巨大的作用。如图 11-2 所示为借助高效、低碳的云渲染服务，快速构建数字孪生城市的应用案例。在建筑、汽车、飞机、轮船等设备的设计中，已普遍使用到 3D 技术，设计师可以在屏幕上随时变更设计方案和快速验证，但如果要进行多部门的协作就不是那么容易了，因为跨国公司的设计部门往往分布在许多国家和地区，要让它们一起协作，最好的办法就是将设计人员派驻到某地，但假如需要多部门的全方位密切合作，问题就随之出现。而改用云渲染可以很好地解决这些问题：一个设计中的产品在云服务器中渲染生成，来自各个国家或各个地区的设计师可以在同一个平台上进行设计，彼此直接交流看法并得出结论，修改后的设计共同验证，这相当于将所有设计者紧密地联结在一起，内耗因素完全消除，个人创意均可得到发挥，最终整个团队能够以最高效率完成设计工作，而且也意味着能够获得高质量的设计作品。

图 11-2　借助高效、低碳的云渲染服务，快速构建数字孪生城市

亚信科技的算网大脑产品，帮助数字孪生平台实现了端到端的拉通和双向赋能。算网大脑利用数字孪生平台实现了算网 IOC 大屏，实现了从算力分布、整体态势、实时开通、业务分布、需求预测等功能。而数字孪生平台则利用算网大脑提供的算力，实现了集约、高效的在线应用、开通交易和云渲染等算力服务，为算网业务引流、激活算力资源运营。

第五部分

数字孪生方案实践及未来展望

第**12**章 泛在连接：AIoT 场景的数字孪生实践

AIoT 是人工智能物联网的英文缩写，它将物联网（IoT）的连接性与从人工智能（AI）获得的数据驱动的知识相结合。这项新兴技术是基于物联网基础设施中人工智能的整合，以实现更高效的物联网操作，改善人机互动，加强数据管理和分析。目前，越来越多的行业及应用将 AI 与 IoT 结合到一起，AIoT 已经成为各大传统行业智能化升级的最佳通道，也是未来物联网发展的重要趋势。

12.1　AIoT 发展应用特点

人工智能和物联网充分结合，有望在边缘分析、自动驾驶、个性化健身、远程医疗、精准农业、智能零售、预测性维护和工业自动化等广泛的垂直行业领域释放前所未有的客户价值。

12.1.1　AI和物联网的融合

人工智能（AI）和物联网是互补领域。AI 能够最好地处理大量数据，而物联网设备是提供所需数据的理想来源。涵盖两者整合的术语被称为 AIoT。这两种技术协同工作，为用户和企业提供最佳体验和应用。

通过将物联网与人工智能相结合，分布式节点收集的数据可以通过应用机器学习和深度学习等人工智能技术加以利用。因此，机器学习能力被下沉到离数据源更近的地方。这个概念被称为边缘人工智能，或边缘智能，它具备更高的可扩展性、稳健性和效率。

为了理解结合人工智能和物联网的必要性，首先看看这两个概念的优势。

● 人工智能，又称AI，是计算机科学的一个领域，涉及可以模拟人类智能的智能系统的发展。简单地说，人工智能的目的是使计算机能够重现人类的能力，如感知、推理、理解等。因此，极具颠覆性的人工智能能力是各行各业智能系统的基础，可以提高效率，开发新产品和服务。

● 物联网，又称IoT，是一个由连接的物体或设备组成的系统，可以在软件或传感器的帮助下实时收集和传输数据。物联网的应用有助于在各行业广泛的任务中实现高度自动化。通过传感器或用户输入，物联网设备创造了大量数据。

人工智能和物联网的结合包括人工智能系统中的机器学习模型与物联网的连接和数据传输能力的结合，主要是利用人工智能能力处理物联网系统产生和收集的数据。但随着人工智能在物联网系统中的融入，其功能不限于收集和传输信息，而是真正理解和分析数据。

物联网和人工智能结合，能使人工智能比传统方法更有效地解决各行业的实际业务问题。人工智能与物联网相结合有如下几个优势。

1．提高运营效率

AIoT 使企业能够达到最佳的运营效率。由 AIoT 驱动的机器能够通过应用机器学习方法来生成和分析数据，这使其能够快速提供运营见解、检测和修复问题，以及提高人工流程的自动化程度。因此，在重复性任务上执行的人工智能（AI）能力使公司能够以较小的劳动力提供更好的服务。

例如，基于视觉的质量检测的自动化，以及使用相机进行工业自动化的质量控制。各种应用旨在跟踪并确保遵守指南和法规（例如，检测个人防护设备，如口罩、头盔、背心或手套）。

2．使实时监控更容易

系统的实时监控可以帮助节省时间，减少昂贵的业务中断。它涉及系统的持续监督，以检测异常情况并做出预测或基于此做出决策。而这也不需要任何人工干预，实现更快、更客观的结果。

例如，工业人工智能物联网在石油和天然气领域的使用，用于远程泄漏检测的摄像头。

3．降低运营成本

智能 AIoT 设备和系统在降低运营成本方面发挥着至关重要的作用。智能系统的发展可以提高资源运行效率。这里包括用于根据占用率（人员的存在）调整光线和温度控制的智能建筑应用程序。

AIoT 设备在智能工厂的预防性维护和机械故障分析中起着至关重要的作用。传感器和摄像头识别用以监控机器部件的状况，以避免故障和昂贵的业务中断（智能工厂应用）。

4．有助于风险管理

风险管理对于各行业的组织都很重要。分布式智能系统能够预测未来风险，甚至采取措施进行预防，包括水位分析、员工安全分析或公共场所（智慧城市）中的人群分析。

在 AIoT 系统的帮助下，组织可以在准备和处理未来可能的风险方面保持领先一步。保险公司也可以使用此类应用程序来管理机器和整个工厂的风险控制。

12.1.2 AIoT数字孪生应用场景

将 AI 与 IoT 集成是将软件和硬件相结合的高度可扩展和高效智能系统的基础。因此，AIoT 使开发和维护大规模深度学习系统成为可能。为了建立真正准确的数字孪生，需要将基于物理模拟的方法与基于数据分析的 AI 方法相结合。AIoT 和数字孪生影响了它所触及的每个行业，是制造业、医疗保健、能源、智慧城市等广泛行业领域的新兴技术趋势，几乎任何行业都能体验到 AIoT 数字孪生的卓越之处。

1．制造业

在制造业中，工业自动化、机械臂、深度学习算法等场景的出现不仅优化了效率，还为降低运营费用铺平了道路。汽车制造商已经利用数字孪生技术彻底改变了汽车的制造方式。福特公司应用 AIoT 数字孪生，为其生产的每个汽车型号开发了七套数字孪生，每套数字孪生涵盖从设计到制造和运营的不同生产方面。它们还将数字模型用于制造过程、生产设施和客户体验。对于它们的生产设施，数字孪生可以准确地检测能源损失，并指出可以节约能源和提高整体生产线性能的地方。

2．医疗保健

医疗保健也正受到 AIoT 数字孪生技术的推动。移动医疗、电子健康记录、远程医疗保健咨询、药物研究、肿瘤学和遗传学是 AIoT 数字孪生正在研究的一些方面。帮助医生检测皮肤和器官中哪怕是微小的物理变化，人工智能应用使不可思议的事情成为可能。绷带大小的传感器被用来收集现实生活中的数据，并告知数字孪生以改善医疗保健。

3．能源

应用 AIoT 数字孪生，通用电气的风电场的生产力就提高 20% 之多。从每个涡轮机上的传感器反馈的数字孪生体的实时信息可实现更高效的设计，甚至可以提出更改建议，使每个活跃的涡轮机更加高效。

4．物流

通过 AIoT 数字孪生优化供应链，简化库存管理。传感器和设备可以检测商品何时缺货，并自动补充产品。平台还影响商业车队和交付模块，以实现安全和无缝运营。

5．智慧城市

如果工厂、酒店和风电场的数字孪生可以提高效率和流程，那么整个城市呢？新加坡和中国上海都有完整的数字孪生，可以改善能源消耗、交通流量，甚至帮助规划发展。智慧城市正在迅速成为现实，为减少污染和提高居民福利提供了一个很好的途径。

城市数字孪生可以使城市更智能，道路更安全。这个概念在行动中的一个真实的例子是 ET City Brain。该平台由阿里巴巴集团开发和推出，使用人工智能和物联网、数字孪生技术来监控交通和道路使用情况、检测事故、跟踪非法停车，并通过修改交通信号等为救护车铺平道路。该概念在中国的交通量也具有减少 15% 的良好记录。

12.2　数字孪生技术在 AIoT 中应用的场景

12.2.1　数字孪生助力数字建模

随着数字孪生、物联网等新兴技术的发展，如何实现面向制造业应用的物理空间、信息空间与业务空间的多维融合，已成为智能制造落地实施的关键。面向新型智慧城市和数字经济等国家战略对可持续的数字孪生建模重大需求，测绘技术不仅要通过高质量的创新发展不断提升适应全球范围内各种复杂环境精细化、实时化、智能化、自动化、低成本的实景三维建模能力，还要通过多学科交叉融合不断增强测绘地理信息技术在多源异质实时数据融合、关联分析与智能挖掘等方面的支撑作用和引擎作用，提供数据驱动—模型驱动—知识驱动协同的更强大的综合感知、精准诊断、可靠预测通用地理空间智能。从实景三维建模到数字孪生建模，测绘技术的内涵和外延需要不断丰富和拓展，包括从三维轮廓建模到三维实体建模、从动态更新到实时映射、从几何建模到行为过程建模与机理建模等。尽管 3D GIS 已经可以集成表达三维地质结构和部分时空过程，但这些能力还都限于特定的应用和有限的实体特征，并且各实体之间深层次的关联关系与互馈作用机制还缺乏显式描述，大大限制了测绘地理信息的价值。因此，从实景三维建模到数字孪生建模，测绘技术急需通过与信息、地理、地质、设计、建造和工程等技术的交叉融合，在以下三方面取得突破：

（1）突破长周期的天空地独立获取宏观或微观实景三维数据的局限，实现天空地有机协同，持续性实时动态获取多细节层级实景三维数据，满足数字孪生模型全要素全生命周期实时动态更新需求。

（2）突破处理完备的标准化测绘地理信息数据构建实体对象外部边界表示模型为主的局限，发展智能化处理多专业、多尺度、多模态时空数据，尤其是不完备数据条件下知识引导的三维实体精细化建模技术，例如在数据不全的情况下可用模型和知识补充改善，在模型不准的情况下可用数据和知识补充改善，以此实现地上—地表—地下自然与人造环境的实景三维"立体化—结构化—语义化"建模。

（3）突破以数据为中心只具备较浅显的描述性分析局限，发展数据—模型—知识关联管理和融合处理技术，实现数据驱动、模型驱动和知识驱动协同的高层次诊断性、预测性和决策性分析。

12.2.2　数字孪生助力一体化的仿真验证

仿真是通过将包含确定性规律和完整机理的模型转化成软件的方式来模拟物理世界的一种技术。只要模型正确，并拥有完整的输入信息和环境数据，就可以基本正确地反映物理世界的特性和参数。数字化模型的仿真技术是创建和运行数字孪生体、保证数字孪生体与对应物理实体实现有效闭环的核心技术。

数字孪生最诱人的地方是，数字模型和物联网的结合，而这种结合的最终目的是将模型打磨得更加接近真实系统。物联网技术为建模提供了一种新的强有力的手段，而且在对复杂系统机理缺乏足够认识的情况下，还可基于所采集的数据利用人工智能技术对系统进行建模。这是对建模技术的发展和补充。而基于模型的分析、预测、训练等活动，本来就是仿真要做的事。事实上，在仿真领域，利用动态实时数据进行建模和仿真的方法和技术已经研究多年，如动态数据驱动的仿真、嵌入式仿真、硬件在回路的仿真等。

12.3　AIoT 数字孪生整体方案

12.3.1　AIoT数字孪生架构

数字孪生应用对 AIoT 架构需求层面的要求如下。

1．泛在异构接入

数字孪生应用物联网需要支撑多用户、多项目、多模式、多制式、百万级设施、亿级感知设备，满足各种场景下泛在感知的需求。需要适配各种异构环境、通信协议和网络制式，制定感知设备接入标准与协议模型，提高物联网数据获取的便捷性。诚然统一的接入标准和先进的接入技术从来都是未来的趋势，但是面向基础设施系统建设现状，支持基于成熟的物联网技术的主流接入协议（如 ModBus、CAN、CoAP、MQTT、HTTP 等）、主流网络协议（如 LPWAN、WLAN 等）的融合接入能力，才能有效保护已有投资，实现万物数据智联。

2．人工智能赋能

在数字孪生应用中，通过在系统架构中多层次部署人工智能、综合使用多种应用技术，可赋予数字孪生城市感知智能、数据智能、决策智能，提升系统智能运行的速度与能力。

3．弹性伸缩部署

数字孪生应用物联网需要能够根据业务需求与技术策略，优化资源组合，调整部署深度，伸缩计算资源，具有可扩展的高度弹性部署管理能力。道路、桥梁、隧道与楼宇所需的物联网架构完全不同，是否利用现有移动网络、是否独立组网、是否设置边缘节点，每个项目给出了自己的答案。事物发展的逻辑决定了数字孪生应用物联网也是随时空动态更新、渐进发展的，需要提供一种有效的管理方式来应对每时每刻的大量设备与终端的动态添加、删除或者更新的需求。

4．灵活的资源分配

未来数字孪生应用物联网的数据量将超出想象，但每种物联网设备的流量需求不尽相同，可以分为三类：面向关键任务或者事件驱动的延迟敏感型、与连续流相关的查询和实时监控的带宽敏感型，以及一般物联网事务的尽力而为型。如果采用简单的网络架构，庞大的网络设备和爆炸式增长的数据量很容易因适配问题而导致网络拥塞，继而造成过载。各种研究表明现有机制可能无法满足这种巨大流量所需的服务质量（QoS）要求。

传统的网络架构中每种设备执行固化的网络功能与策略，架构的封闭性使得网络对设备的依赖性强，网络管理无法应对日趋复杂的应用场景。软件定义网络（SDN）是一种新型的网络框架，它通过控制层和数据层的解耦，在可编程接口和集中的控制器等方面打破了传统网络模型的层次结构，突破了传统网络基础设施的局限性。交换机和路由器等网络设备仅成为转发设备，所有配置和控制决策、管理都由可扩展的集中控制器完成，由此实现了设备和网络的动态、灵活和细粒度管理；实现了网络开放性、控制灵活性和运维高效性，加速了网络应用和协议的创新，降低了网络建设和运维成本。

面向数字孪生的软件定义由感知层、转发层、AIoT 控制层、AIoT 管理层和数字孪生应用层组成，如图 12-1 所示。

（1）感知层。

感知层由感知节点组成，负责采集数据和受控转发数据，也可上报指令与数据状态。感知节点不是网络设备，不能被认定为转发层。为满足泛在感知的需求，感知节点须具备简单、经济、低能耗、布置灵活和操作简单的特性。

（2）转发层。

转发层包含交换机、路由器等网络转发设备，还包括异构网络的汇聚节点即 AIoT 网关。网络设备负责数据转发，无自主决策供是否缺内容，网络智能被分离到控制层。AIoT 网关为各种通信协议的实现适配，为各模块和应用提供一致的服务，并对传感器／设备、存储和计算资源进行抽象和轻量级实现，形成资源池和服务集，如软件定义的虚拟传感器、虚拟网关等。AIoT 网关通过本地网络互联互通，支持海量泛在终端的接入，对物联网数据进行采集、汇聚、传输和基本处理，而相关的控制与管理功能则通过管理层的 AIoT 控制器实现。

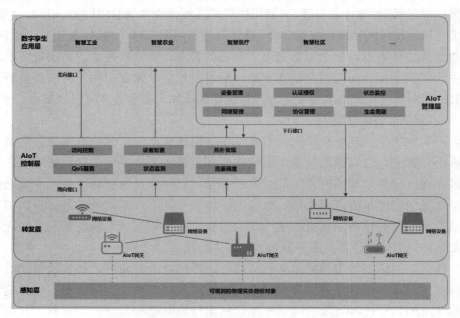

图 12-1　面向数字孪生的软件定义架构参考

（3）AIoT 控制层。

AIoT SDN 控制器经南向接口与转发层网络设备交互，将网络策略转化为网络配置、安全服务等信息下发到交换机、路由器等设备；AIoT SDN 控制器经北向接口与应用层和管理层交互。开发者通过北向接口对网络进行配置、管理和优化。为避免单点故障，大规模网络需要多个 AIoT SDN 控制器协同运行。

控制层中 AIoT SDN 控制器与转发层的网络设备是 SDN 网络的基本单元，将 SDN 控制器单独分层，可以保证 SDN 技术在 AIoT 的独立性与适用性。

（4）AIoT 管理层。

面向应用／事务驱动的 SDN 网络架构只能以应用／事务需求为中心，易导致资源滥用，引起网络资源失衡，因此需要构建具有全局视图的、能进行全域管理的管理层。管理层由物联网控制器组成，对传感器 / 设备进行编程、配置和管理，对 AIoT 网关进行统一管理、统一调度、数据共享和动态配置等。

基于全局视图，物联网控制器可以动态激活 / 停用传感器并自定义其配置以满足应用需求，同时降低能耗。下行接口收集发送来的转发层的传感器与网关信息，并对资源管理系统提供灵活的资源抽象（如虚拟化传感器资源）并通过上行接口相应的 API（应用程序接口）提供底层抽象给上层业务应用；管理层的网络管理模块通过控制层的北向接口与 AIoT SDN 控制器交互，配置物联网所需的网络资源的策略配置、路由协作、性能监控、睡眠调度、流量优化等。

（5）数字孪生应用层。

数字孪生应用层负责业务的构建、部署和管理，基于控制层和管理层提供的 API 完成数字孪生建模，开发应用。开发者可以通过控制层提供的北向接口和管理层提供的上行接口进行 AIoT 物联网应用的开发、安全管理与网络维护等操作。

面向数字孪生应用的 AIoT 架构将控制层与管理层分离，实现 AIoT 和 SDN 灵活共存，网络架构清晰，易于管理与维护。AIoT 管理层实现物联网决策，实现多应用承载，整网配置动态优化。面向数字孪生应用的 AIoT 架构融合繁杂的物联网网络协议，简化设备配置和管理，实现从感知到边缘、从边缘到网络、从网络到应用的灵活部署。基于该架构，硬件和软件完全解耦，屏蔽了底层设备的硬件差异，实现物联网资源的虚拟化和面向多业务服务需求的动态重构，提升服务响应能力，增强物联网的弹性、敏捷性和智能性。

12.3.2　AIoT数字孪生模型建模

传统的物联网业务开发包括终端设备研发、设备与云端联调、基于设备和云端进行应用开发三个步骤，三个业务开发步骤是串行的，且每一步都需要一定的资源投入和开发周期，从而导致物联网业务开发周期冗长，资源投入大。

基于物模型，可将终端设备实体进行数字化描述，在云端实现设备虚拟化。基于云端虚拟设备可以直接进行物联网的应用开发，终端设备的研发也可以同步进行。这样使得原本的串行研发流程变为并行的研发流程，缩短研发周期，节省人力和资源成本。AIoT 架构如图 12-2 所示。

1. AIoT 物模型定义

物模型是一种对物理实体进行数字化语义描述的方法，将实体设备抽象为云端的数字模型。

使用物模型描述物理实体，首先需要明确从哪些方面描述物体，然后对具体的方面进行参数定义。其中，前者是"物的抽象模型"，是描述物体的"方法论"；后者是"物的描述语言"，采用简明易懂的方式对物体的各个维度进行详细的描述。

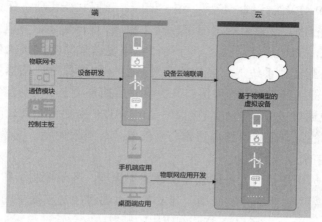

图 12-2　AIoT 架构参考

物模型属于应用协议之上的语法语义层。其中语法层定义了物模型描述语言的种类，如 XML、JSON 等；语义层定义了使用描述语言对物模型进行具体描述时需要包含的基本关键字。在物联网平台中，由物模型完成对终端设备业务数据的标准格式定义。

在业务逻辑上，物模型属于物联网平台的设备管理模块。不同设备使用统一的物模型标准对接应用平台，不同应用之间使用统一的物模型标准进行数据互通。物模型作为数据接入的基础能力，还需要与设备管理模块的其他功能交互，比如设备数据存储、在线调试工具等。AIoT 物模型架构如图 12-3 所示。

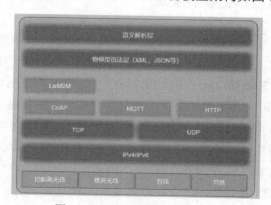

图 12-3　AIoT 物模型架构参考

2．AIoT 物模型标准

AIoT 物模型由设备、组件和功能三级构建而成，其中功能分为三类：属性、行为和事件。属性、行为、事件三个维度包含了设备是什么、能做什么，以及可以对外提供哪些信息。其中，属性是指设备支持的可读或可设置的参数功能，一般用于描述设备运行时的状态，用户也可通过设置的请求方式来更改设备的运行状态；行为是指设备可被外部调用的能力或方法，可设置输入参数和输出参数；事件是指设备运行时发生的某种需要被外部感知和处理的状态，可包含一个或多个输出参数，设备通过事件上报周期信息或者告警消息。AIoT 物模型标准如图 12-4 所示。

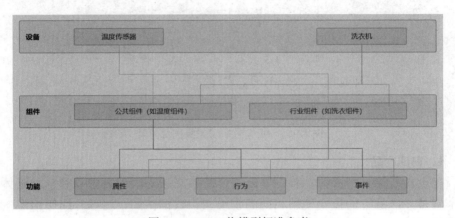

图 12-4　AIoT 物模型标准参考

3. AIoT 物模型示意

智能灯的属性包括灯的颜色、亮度、位置、开关等，行为包括设定时长等，事件包括告警、信息和故障等。灯的"开关"属性构成"开关功能"，"设定时长"行为构成"定时功能"。AIoT 物模型将"开关功能"和"定时功能"封装成"定时开关组件"，用户可直接调用"定时开关组件"来实现灯的定时关闭或定时开启。利用 AIoT 提供的不同组件，用户可直接拼合出完整的设备能力，降低了操作复杂度。AIoT 物模型场景实例如图 12-5 所示。

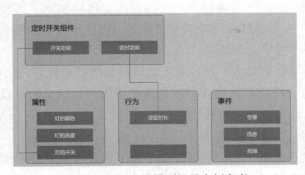

图 12-5　AIoT 物模型场景实例参考

12.3.3　AIoT数字孪生实例化管理

实例化管理过程包括如下几个步骤：创建产品、定义功能、下载通用 SDK、下载泛协议 SDK、添加设备、设备测试。如图 12-6 所示为 AIoT 数字孪生实例化管理示例。

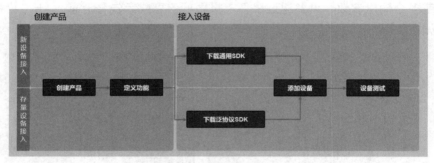

图 12-6　AIoT 数字孪生实例化管理

1．创建产品

在设备连接到平台前，首先要创建产品。产品为同种类型设备，如具体到某个型号。产品下的设备使用相同的物模型、数据格式、远程升级等信息。在产品创建阶段，填写的基本信息越完善，越便于后期对产品进行管理。

2．定义功能

在产品创建完成后，需要进一步定义产品下设备的功能点。采用统一的数据模型对物理实体进行描述，生成物模型，用于设备快速集成到项目中，以及方便地使用设备 / 应用调试、数据分析 / 数据可视化等平台服务。该过程可通过手动添加多个功能点的方式生成单个物模型，也可以通过导入物模型模板文件实现批量生成。生成的物模型文件也可根据需求导出到本地。

3．下载 SDK

完成上述两步后，平台将根据定义的功能点自动 SDK，方便设备通过集成 SDK 接入平台，应用通过调用物联网平台的 API，实现安全接入、设备管理、数据采集、命令下发等业务场景。

系统支持标准协议接入，用户可下载设备端物模型代码，结合 SDK 开发包进行设备开发。支持泛协议接入，服务提供了用户自定义协议设备接入平台的能力，提供设备与平台的双向通信能力。

4．连接设备

物理设备要连接到平台，需要先在平台上创建设备并获取到连接平台的鉴权信息。该过程既可通过手动输入设备详情添加单个设备，也可通过先修改模板文件再上传来实现批量添加。基于产品定义的物模型，用户可以对设备进行在线调试，实时更新设备日志。设备调试服务模块支持用户通过 Web 控制台模拟虚拟设备接入，同时支持用户通过 Web 控制台模拟应用访问设备数据以及与设备进行消息通信。

若需要将设备集成到第三方的项目中去，则需要将设备先转移到第三方账户下，转移后不再拥有该设备的查看和控制权限。

12.3.4　AIoT数字孪生场景编排

场景编排为 AIoT 平台提供一站式场景集成能力，在编排不同物联网业务场景过程中，简化了设备指令、设备事件、内外部服务、AI算法等功能的集成复杂度，组装并实现智能识别、AI 算法增强、设备协同 & 联动、告警策略、北向数据灵活订阅等丰富的物联网场景。通过简便易用的可视化设计、丰富的可拖曳组件，帮助用户高效便捷地完成各类场景的设计工作。相比于传统定制开发模式，提升效率在 5 倍以上。场景编排成为众多厂商物联网开发平台的核心能力之一。

场景联动是一种开发自动化业务逻辑的可视化编程方式，在 AIoT 平台可以通过可视化的方式定义设备之间联动策略，并将策略部署至云端或者边缘端并且完成响应的执行。场景联动由触发器（Trigger）、执行条件（Condition）、执行动作（Action）三部分组成，如表 12-1 所示。

表 12-1　AIoT 场景编排

功能点	描述
触发器	分为设备触发或定时触发。当设备上报的数据或当前时间满足设定的触发器时，触发执行条件判断。可以为一个规则创建多个触发器，触发器之间是或（OR）关系
执行条件	只有满足执行条件的数据，才能触发执行动作。可设置为设备状态、数据值或时间范围。可以为一个规则创建多个执行条件，执行条件之间是和（AND）关系
执行动作	执行的动作分为设备输出、规则输出、函数输出、告警输出，通过下发指令的方式实现

12.4　AIoT 数字孪生应用场景实例

12.4.1　智慧能源

智慧能源是信息技术向能源系统的深度融合，形成能源生产、传输、存储、消费以及能源市场深度融合的能源产业发展新形态。智慧能源的目标是促进能源安全、高效、低碳发展，实现智能监控、智能调度、能效统计分析、节能管理等能力，为客户创造良好的经济效益和社会效益。

深耕于能源行业是响应国家"双碳"政策的一个明确方向，包括构建新型电力系统，以及将原始电力系统向能源互联网侧升级。在能源行业场景中，包含产能、输能、储能、用能等多个工作节点，而更深入的是在所有工作流程中都存在设备类型冗杂、技术体系庞杂、业务结构复杂等问题，整体来说，当前的能源行业的管理管控具有一些包括随机性大、不确定性高、动态变化频繁、人工管理效率低、成本不可控等痛点，传统机理模型分析和优化控制方法已经难以满足能源互联网规划设计、监测分析和运行优化的要求。

针对以上提到的种种问题，是否可以找寻一类技术或手段来解决呢？答案是肯定的，数字孪生技术便是一个成熟的方案，简单来说数字孪生技术是 AIoT 技术与可视化技术的结合，通过本身所具备的数据驱动、数据处理、数据仿真等能力，补充了态势预测、参数辨识、非线性拟合等一些方面上的缺陷，最终为机理模型提供复杂的评估环境以及海量的模拟实验数据。通过以上描述，数字孪生系统可以实现能源行业的管理管控真正从物理实体中实时完整地映射到虚拟空间中，通过智能实体开展仿真、计算、分析及决策等对物理系统进行反馈优化，最终实现可再生能源的高比例消纳及能源利用效率的提升，帮助能源系统实现低碳、清洁、高效、经济运行，助力建成以新能源为主体的新型电力系统，促进"碳达峰、碳中和"目标实现。

数字孪生技术通过结合 AIoT、网络和人工智能等技术使得智慧能源行业变得数字化、网络化、智能化，通过有效利用数据的双向流动与融合共享特点，将能源物理系统实时完整映射为数据和算法定义的数字系统，实现电力系统各个环节网架、设备、人员的万物互联、人机交互，促进能源行业的全面感知、泛在互联、信息融合和智能应用。

数字孪生在能源行业中的具体应用场景实例如图 12-7 所示，包括：

- 能流图监控：数字孪生技术通过数据挖掘和 AIoT 技术为数据赋能，并结合可视化技术对现实厂区进行数字化建模，能够直观、定量地展示能源供应、转换和使用数量的全貌，而且可以揭示各个环节的能源利用效率水平，便于为后续进行对比、调优提供数据支持。
- 智能辅助决策：以数据采集、信息处理、模拟仿真等技术为基础，结合行业内能源算法，构建模型库与方法体系，提供能源数据的智能分析与预测，帮助客户实现数字化管理、智能化预测并合理制订决策调度方案。
- 能源调度：通过对能源的产生、传输与分配（能源网络）、转换、存储、消费等环节进行有机协调与优化，形成能源产供销一体化系统。

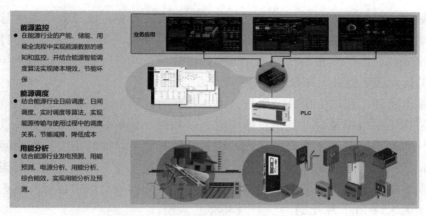

图 12-7　AIoT 智慧能源场景示意图

未来，电力物联网将有效提升系统可观、可测、可控能力，加快电网信息采集、感知、处理、应用等全环节数字化、智能化能力，成为连接全社会用户、各环节设备的物联体系，为打造数字孪生电网，推进电网向能源互联网升级提供关键技术支撑，助力构建新型电力系统，推进"双碳"目标的实现。

12.4.2　智慧园区

园区作为城市的基本单元，已经成为全球一流城市迈向智慧城市的"试验场"，扮演着领航者的角色。英国、新加坡、加拿大等国都在积极尝试开展智慧园区建设，践行要素创新、绿色低碳、敏捷感知、以人为本、实用至上等核心发展理念，并取得良好的经济和社会效益。

数字孪生技术在智慧园区的应用首先体现在能耗管理应用方面，包括实现水、电、燃气等能耗设备的数据采集和数据分析，便于更好地实现能耗优化管理。以产业型智慧园区（软件园）为例，通过数字孪生技术构建全生命周期的智慧园区场景，帮助园区内各企业在实际工作生产中，不仅能对各类能耗进行实时的、定期的统计分析，同时也可根据历史消耗情况在虚拟环境中进行仿真、测试和优化，最终实现帮助各企业甚至整个园区的节能减排的目的。

另外，在生活类园区（物业小区）中，应用数字孪生、AIoT 等技术实现园区内的人员位置信息感知以及安防感知。通过物联网定位设备的接入以及园区可视化场景的构建，将整个园区映射到数字化的孪生园区系统中，实现包括安保人员定位、夜间巡检、访客进入、陌生人入侵等在内的各类园区生活场景的监控与感知，通过在线方式完成过往人为手动操作的工作，更高效率完成了各项工作内容的同时，也更高限度地提供安全保障。

数字孪生园区建设，让社区物理世界数据真实可见。通过数字孪生与物联网技术的全融合有效解决了管理可视化、服务可视化、运营可视化。同时利用仿真推演，在园区灾害事件应急管理中，对应急仿真进行可视化推演指导，为园区的运营服务提供了高效高质的应用环境。

综上所述，通过应用数字孪生技术，智慧园区场景下各设备的数据信息可在数字孪生系统中呈现，包括设备实时上报数据、设备故障告警数据、设备历史统计数据等，可基于此来更直观地进行管理与管控，同时也能为保障园区的和谐稳定提供远程诊断和运维支撑。智慧园区系统多业务协同，使智慧园区未来的发展将更智能化和数字化，将会为实现更广阔的智慧城市目标发挥重要作用。如图 12-8 所示为 AIoT 智慧园区场景示意图。

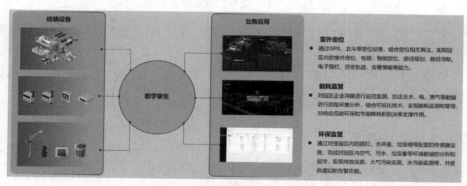

图 12-8　AIoT 智慧园区场景示意图

12.5　AIoT 数字孪生的业务价值

AIoT 与数字孪生的融合在模拟仿真、监控、评估、预测、优化等业务应用场景方面体现了各种不同类型的业务价值。

12.5.1　模拟仿真

1．虚拟测试

在汽车领域，利用数字孪生方式开展数字风洞建设，对某中心风洞实验室进行详尽的建模与数字还原，通过数字孪生技术，在实体风洞与数字风洞之间建立起数据映射关系，不断完善数字风洞的物理模型，将风洞测试技术与 CFD 技术进行结合，使在软件中重现风洞实验的流场细节成为了可能，为工程师提供更全面的流场信息的同时，也将为挖掘更深层次的车辆空气动力学机理、拓展风洞测试实验能力以及为未来的风洞技术升级打下坚实基础。

2．设计验证

数字孪生除了能对机器的硬件和软件进行仿真，还能提供逼真的生产过程的实时可行性验证。例如，对传送带上的产品运动进行仿真，有助于尽早发现潜在的碰撞。借助集成的实时物理引擎，数字孪生软件可以对动态机器行为进行三维仿真，生产过程中影响物料流的所有作用力都可以通过数字孪生进行测试。机器开发人员则可以即时获得视觉反馈，以了解不同的机器组件组合会如何影响机器行为。不必要的停机也可以得到迅速识别和排除。

3．操作预演

基于物联网的数字孪生系统使操作预演成为可能，它使虚拟调试、维修方案预演等成为现实。制造业的模式正在逐渐向智能化进行转变。机床作为制造业的母机，是影响制造行业发展的重要因素，更加高效、可靠与智能，成为现阶段机床发展的主方向。由于机床结构与功能的复杂性，机床的开发周期长，实机调试风险大、成本高，影响了其市场的快速响应和生产准备周期的控制。在此背景下，提出基于数控机床多领域物理模型的虚拟调试解决方案。建立多领域数字化模型，设计虚拟调试平台，并从伺服系统参数整定和虚拟加工两个方面对数控机床模型进行虚拟调试，验证数控机床多领域模型性能和功能两方面的有效性。

数字孪生城市排水管网能够基于排水管网数字孪生模型和排水系统运行数据，提供排水系统运维管理、管网线路更新以及突发事件预案推演等服务。在暴雨来临之前，相关人员可以基于排水管网的数字孪生模型进行紧急排水任务演练，为即将到来的暴雨做好充足的准备。在突降暴雨时，数字孪生城市排水管网能够实时获取各个排水管道中的水位线、水流量等数据，并以此为依据，对城市排水系统进行合理调度，尽量均衡全市各个区域的排水压力。在暴雨过后，相关部门可根据排水系统历史数据，回顾排水系统在暴雨期间的作业过程细节，进而针对其不足进行调整和完善。

交通拥堵和交通事故都是人们在出行时不希望发生的。如果为每辆汽车构建数字孪生模型，让汽车掌握自身的状态和位置信息，基于大量行驶数据和检修数据，汽车可以预测自己在何时何处可能发生故障，并通过提前保养来避免半路抛锚等问题。此外，如果为汽车增加感知道路和行人的传感器，并为每辆汽车安装通信模块从而实现车辆之间的信息互联，数字孪生汽车甚至能提供自动驾驶服务，进而可以基于多车同步启停服务避免拥堵，基于避让行人和避让车辆服务避免交通事故。

生老病死是每个人都会有的经历，但如果人们能预知疾病的发生，提前预防，这将大幅提高人类的生存质量。目前，科学家已计划开展构建人体数字孪生模型的研究，以期准确复现人体的一系列生理机能，为探索疾病演化规律和预测疾病提供基础。

同时，人体数字孪生模型还能支持药物实验和手术实验，帮助医学工作者更加高效地寻找解决各种疑难杂症的方法，进而提高临床诊断和预后能力。也许在不久的将来，人们还可以给所有的新生婴儿建立独一无二的数字孪生体。随着婴儿的成长，相应的数字孪生体也同步成长，并伴随人们一生。这些数字孪生体，可以准确预测每个人可能发生的疾病，并提供量身定制的预防和治疗方案，造福全人类。

4．隐患排查

在化工企业，通过构建企业数字孪生模型，重点针对化工企业火灾、爆炸、泄漏等风险隐患场景，运用数字孪生技术，让企业生产中的一举一动都可以在虚拟世界被掌握，构建全生命周期数字化闭环管理，架起了危化企业与应急管理部门的数字桥梁。化工企业可逐步实现线上巡查，利用现场声光、手机短信等方式将不同等级风险隐患实时推送，形成企业、镇（街道）、区县三级预警，实现处置闭环，处置率大大提高，让隐患无处可藏。

基于数字孪生模型的设备故障诊断技术，利用设备数据的本征特征，识别设备的故障状态。基于数字孪生模型的故障诊断技术主要包括物理实体，虚拟实体，孪生数据和服务模块，分别对应于物理层、模型层、数据层和系统服务层。通过 Unity3D 物理实体与虚拟模型的双向实时交互，搭建数字孪生模型，OPCUA 协议使物理实体、虚拟仿真和服务模块之间的数据集成与融合，能够对设备状态可视化监测与故障诊断。

人类始终无法彻底摆脱恶劣工作条件带来的威胁。而研究人员正运用数字孪生模拟应对这方面风险。

消防是风险最高的工种之一，抗击火灾的本质就是消化信息和数据，做出性命攸关的决定。AI 技术的应用，帮助消防员评估火灾场景下的各种影响因素，例如风力、火势等，协助他们准确了解自己当前面临的危险。

模拟仿真的不同应用场景业务价值体现在减少实物实验次数；缩短产品设计周期；提高可行性、成功率；降低试制与测试成本；减少危险和失误。

12.5.2　监控

1．行为可视化

在虚拟调试领域，西门子公司及上海智参、广州明珞等合作伙伴已开展了很多实践。虚拟调试技术是在现场调试之前，基于在数字化环境中建立生产线的三维布局，包括工业机器人、自动化设备、PLC 和传感器等设备，可以直接在虚拟环境下，对生产线的数字孪生模型进行机械运动、工艺仿真和电气调试，让设备在未安装之前已经完成调试。应用虚拟调试技术，在虚拟调试阶段，将控制设备连接到虚拟站 / 线；完成虚拟调试后，控制设备可以快速切换到实际生产线；通过虚拟调试可随时切换到虚拟环境，分析、修正和验证正在运行的生产线上的问题，避免长时间生产停顿所带来的损失。

2．运行监控

对正在运行的工厂，通过其数字孪生模型可实现工厂运行的可视化，包括生产设备实时的状态、在制订单信息、设备和产线的综合效率、产量、质量与能耗等，还可以定位每一台物流装备的位置和状态。对于出现故障的设备，可以显示出具体的故障类型。华龙讯达应用数字孪生技术，在烟草行业进行了工厂运行状态的实时模拟和远程监控实践，中烟集团在北京的机构就可以对分布在各地的工厂实施远程监控。海尔、美的在工厂的数字孪生应用方面也开展了卓有成效的实践。

3．故障诊断

步骤一：构建虚拟实体。与虚拟现实和增强现实有一定的区别，预测性维护模式中对数字化实体的要求不单纯是模型外观形状与底层设备相似，更注重其运行参数、状态数据等是否与物理实体保持实时同步。在构建虚拟实体模型时，即便已有充足的设备参数支撑，也需要对虚拟模型不断迭代优化以满足数据的一致性和完整性要求。

步骤二：数据源构建。数据源构建过程主要是由传感器参数采集、设备状态历史数据、设备故障数据、设备维护记录等组成。其中，工业以太网通过传感器对底层设备的机械系统、电气系统以及外部环境等参数进行采集。设备历史状态数据和维护记录可以通过日常运维管理工作进行记录。设备故障数据往往采用 Simulink 等仿真工具进行模拟，得到特定场景下的故障状态值。

步骤三：数据融合。由于步骤二中构建的是多维异构数据源，这些数据是无法直接被使用的，在应用之前需要对数据进行清洗、集成和转换等一系列处理，称为数据融合，统一了数据源中异构数据的格式，并对无意义的垃圾数据进行剔除，同时输入到数字化实体中，确保虚实统一。

步骤四：模式识别。分为故障诊断和故障预测。

（1）经过数据融合后，根据不同类型的设备以及传感器采集到的数据经过特征提取等过程，获得引起故障的特征值，同步传输到数字化实体中。进行虚拟仿真，并将运行结果同故障知识库、设备历史状态等数据分别比较，判断设备故障出现的原因。本步骤中特征值的提取是最关键的，如果对应的特征值对设备故障不敏感，或没有一定的规律性就无法准确地描述设备的工作状况，也不能为数字孪生提供模拟仿真依赖的参数。

（2）故障预测本质是对设备运行状态规律进行建模，预测故障可能产生的趋势。通常对多个时间、不同工况下关联性较强的一系列设备状态参数进行建模，在数字化实体中进行数据挖掘，仿真实验预测可能产生的故障类型以及部位。

步骤五：设备维护决策。找出设备可能存在的隐患因素，按照提前制定的策略针对性地对设备部件进行预测性维护，以减少潜在的故障，将设备的使用价值最大化，降低停机带来的损失。

4．状态监控

状态监控可用于各个领域，如对交通领域进行全景拼接，实现动态交通状况整体实时清晰掌控，实时准确发布拥堵信息及开展疏导对策。全景交通空间数据分析，有效还原事故真相，快速进行事件研判。提供准确有效的交通拥堵依据，均衡路网资源利用，提升城市交通服务管理水平。如对港口码头进行全景立体监控。实现港口、航道、水域等区域的海量视频全景拼接，统观全局，对货轮、集装箱、人流等目标进行空间实景定位，直观有效地进行即时管控、可视指挥和应急处置，确保运输生产和货物安全，提高港口码头运转能力。

5．安防监控

采用融入空间信息的实时感知高新技术和大数据分析方法，应用监控视频、物联感知、智能分析等数据实时感知和决策分层耦合的系统新模式，利用视频融合、数字孪生等技术，实现监所安防及多个业务子系统数据的实景"一张图"管理和呈现，是在传统安防集成平台的基础上，实现的实时动态数据与空间位置融合统一的创新应用，做到监所范围内全要素数据360度全方位直观有效管理。在监管场所三维场景中，可按监所建筑结构实现分层浏览，实现监控视频、监测信息、报警区域与空间场景时空统一，做到实时动态掌控目标区域及事件状态，提高事件感知、事件处置和综合监管等能力。

监控的不同应用场景业务价值体现在识别缺陷；定位故障；信息可视化；保障生命安全。

12.5.3　评估

1．状态评估

在数控领域，利用数字孪生相关技术构建数控折弯机具体的数字孪生模型，对数控折弯机的机理模型、机械系统、液压系统、电气系统和控制系统进行多领域融合建模。然后再使用数控折弯机本身自带的传感器和加装的少量必需的传感器采集运行数据，目的是与折弯机的数字孪生模型实时交互，校准孪生模型。通过数控折弯机的数字孪生模型，就可以使用少量的传感器数据和数控折弯机运行数据，构建出数控折弯机各系统、各机构的运行状态，反映出数控折弯机大部分关键零部件和关键系统的健康状态。除此之外，构建的数控折弯机数字孪生模型，可以通过不同零部件数据分析的需要，获得任意部件的任意位置的运行参数，即可以在数字孪生模型内部的任意位置加装"虚拟传感器"以获得需要的参数数据。这些孪生数据可作为实际传感器数据的补充，作为数据分析时算法模型的输入，加强算法模型的准确性。孪生数据也可结合专业的多领域建模软件的计算能力，独立分析数控折弯机某一零部件的健康状况。

2．性能评估

基于数字孪生技术的航空发动机极速性能数字孪生方法，采用两套结构相似的深度神经网络，借助依照航空发动机原理及气动热力过程建立的航空发动机数值仿真性能模型，有效解决了数据驱动模型单纯依靠数据而忽略实际物理过程所导致的精度不高和所需数据量庞大两个痛点。基于人工智能深度学习方法，构建了航空发动机全新性能数字孪生模型，采用人工智能、最大熵原理加速策略等关键技术极大提高了数字孪生的训练速度和精度。

评估的不同应用场景业务价值体现在提前预判：有了基于 AIoT 场景的性能评估，企业可提前预知并判定目标仪器、设备或系统的各类运行状况，防患于未然。指导决策：预判结果，企业可游刃有余制订相应的指导方案，做到未雨绸缪。

12.5.4　预测

1．故障预测

动车组牵引电机是动车组中的关键部件，由于动车组在运行过程中牵引电机出现故障的后果较为严重，动车运维过程中会定期为动车组牵引电机进行检修。然而，检修需要较大的人力投入。数字孪生作为一种制造业较为新兴的方法，为动车组牵引电机故障诊断提供了新的解决思路。数字孪生技术可以利用构建物理实体的数字孪生体、分析孪生数据的方法模拟物理实体的状态，使用迁移学习方法将孪生体的特征迁移到物理实体中进行分析，从而实现在物理数据较少的情况下进行故障诊断。首先，基于数字孪生技术构建动车组牵引电机的数字孪生体。数字孪生体理论上能够模拟物理实体的数据特征，使用数学物理方法分析数字孪生体的受力特征，利用 Simulink 建立数字孪生体的数学模型，运行数字孪生体得到孪生数据。进行数据的整理，将运行数字孪生体得到的数据以及实验台中物理实体运行测得的实验数据整理成为同一标准形式。利用随机窗口滑动对数据进行切分，数据集划分为同等大小的多条数据，之后进行快速傅里叶变换将时域信号转化为频域信号，加入数据标签形成最终的实验数据集，输入数字孪生数据分析模型。

2．寿命预测

寿命预测是一种基于数字孪生的航空发动机主轴承剩余寿命预测方法。首先利用多个受限玻耳兹曼机和回归算法构建主轴承健康监测模型，其次将从主轴承实测的振动信号中提取的健康状态信息与数字孪生模型中提取出来的主轴承健康状态信息进行比对，利用比对结果对数字孪生模型进行调整和修正，最后利用更新后的数字孪生模型进行主轴承剩余寿命预测。本发明提出的基于数字孪生的航空发动机主轴承剩余寿命预测方法，通过将数字孪生技术引入主轴承剩余寿命预测领域，使得本发明中应用到的主轴承数字孪生模型能够跟随航空发动机主轴承工况变化进行实时更新，从而能够获得更为精确的剩余寿命预测结果。

3．质量预测

现阶段质量管理过程缺少反馈机制、管理存在滞后性等问题，基于数字孪生的产品质量管理方法。构建了物理生产车间、虚拟生产车间、车间质量孪生数据和车间质量管理系统相协同的产品质量数字孪生模型。通过对数据采集融合的方法进行设计形成车间质量孪生数据，并利用预测模型实现对未来质量数据的预测，再通过案例推理模型实现对异常数据的诊断，如齿轮生产过程质量诊断，先对齿轮加工质量进行分析。最后，搭建了质量管理系统验证了本书方法的可行性及有效性，实现了产品质量的预测诊断功能，提升产品质量管理的智能化、实时化和可视化，并为大数据下的质量知识挖掘奠定了基础。

预测的不同应用场景业务价值体现在：

● 减少宕机时间：设备或系统宕机不可避免。基于AIoT的故障预测、寿命预测、行为预测或性能预测，使减少宕机时间成为可能。

● 缓解风险：在数字化技术的支持下，企业能够根据精准预判避免不必要的风险。同时，企业可以大胆地创新，将一些先进的理念和前沿的技术应用到新产品中，而不必担心产品更新的风险。

● 避免灾难性破坏：基于AIoT的数字孪生模拟可实现精准预测，防微杜渐，使一切缺陷或故障提前被预知或调整，避免给企业造成灾难性后果和不可估量的损失。

● 提高产品质量：数字孪生模拟不同的"假设分析"现实场景，帮助组织理解潜在的影响，改进操作和流程，并区分产品质量问题，从而提高产品质量。

● 验证产品适应性：将一些先进的理念和创新技术应用到新产品，基于AIoT的模拟与预测功能使新产品在落地之前先得到充分验证，判断其适应性，为企业进一步投入保驾护航。

12.5.5　优化

1．设计优化

数字孪生通过设计工具、仿真工具、物联网、虚拟现实等各种数字化的手段，将物理设备的各种属性映射到虚拟空间中，打破了物理条件的限制，更便于优化设计、制造和服务。工程师可以在虚拟空间调试、实验，让机器的运行效果达到最佳，从而实现对产品的设计优化。

2．配置优化

在面向服务的智能制造环境下，决策数据的准确性和实时性不足，以及协同和动态决策机制欠缺等问题，制约着企业进一步发展。基于数字孪生的制造资源动态优选决策方法，可设计基于数字孪生的制造资源动态优选决策架构，并提出设备数字孪生（云 / 边数字孪生）和产品数字孪生，为决策者提供准确、实时的评价数据。构建基于实时 Multi-Agent 的资源优选决策多方协同机制，采用赋时层次有色 Petri 网仿真分析复杂制造任务中的瓶颈设备资源；采用序关系分析法计算评价指标权重，引入参考理想法对候选制造资源进行综合评估。将该方法应用于某航空发动机叶片制造企业设备资源优选中，验证了所提方法的可行性和有效性。

3．性能优化

基于数字孪生的机械设备零部件结构参数动态优化方法，通过构建高保真模型，在虚拟空间实现物理空间对应设备的数字化镜像，方便后期结构参数修改和超写实仿真。通过进行超写实仿真，在虚拟空间实时动态同步反映物理空间对应实体的状态，在虚拟空间实现物理设备真实情况的写实运动。同时利用深度学习理论，构建神经网络结构，借助其强大的数字挖掘和映射能力，挖掘建立结构参数和疲劳寿命之间的关系，通过结合高保真模型和超写实仿真环境，实现结构参数的动态优化。通过本发明，实现虚拟空间对物理空间的结构参数的动态优化与反向指导，提高了优化效率和真实性。

4．能耗优化

数字孪生技术引入生产线能耗优化领域，首先建立面向能耗优化的返工型生产系统数字模型，在此基础上引入数字孪生技术，提出一种融合实时数据的返工型生产系统在线能耗优化方法，同时为加快模型求解速度，提出二阶段禁忌搜索算法计算缓存区最佳阈值，以实现实时、在线的能耗优化，最后设计并开发了返工型生产系统的能耗优化数字孪生系统，使车间管理人员第一时间获取生产线的状态以及能耗优化结果，指导车间生产。

优化的不同应用场景业务价值体现在：改进产品开发；提高系统效率；节约资源；降低能耗；提升用户体验；降低生产成本。

第 **13** 章　数智融通：城市时空场景的
数字孪生实践

随着城市规模的扩张和发展，城市运行之时会遇到交通堵塞、公共服务短缺、环境约束等一系列问题。建立一个与物理城市并行的孪生虚拟城市，将城市建设规划、管理运行等在虚拟世界进行仿生，会大大提升城市效率，减少资源损失，数字孪生城市应运而生。根据中国信通院的描述，数字孪生城市可以广泛理解为通过对物理世界的人、物、事等所有要素数字化，在网络空间再造一个与之对应的"虚拟世界"，形成物理维度的实体世界和信息维度上的数字世界同生共存、虚实交融的格局，实现城市全要素数字化和虚拟化、城市全状态实时化和可视化、城市管理决策协同化和智能化。

近年来，数字孪生技术已成为国家新型智慧城市升级新动力。数字孪生城市基于数字孪生技术已在城市规划、建设、管理过程中的综合应用。数字孪生城市强调建立一个与物理城市实时交互的虚拟城市，精准映射物理城市运行情况，形成虚实交互格局，以提升、优化城市的综合治理规划水平。通过建立能感知现实城市变化并进行智能管控的虚拟孪生城市模型，实时反映城市基础设施运行状态，提升城市运行综合水平和智能决策能力。

13.1　城市数字孪生应用特点

数字孪生城市是新型智慧城市建设的最佳解决方案。数字孪生城市以数据作为驱动，综合利用多种信息技术，以提升居民生活环境，优化城市综合管理水平，践行了新型智慧城市以人为本、统筹集约的建设目标。同时，数字孪生城市平台化、一体化的建设思路解决了新型智慧城市遇到的缺乏顶层设计、信息孤岛、行业壁垒等问题，为新型智慧城市的建设提供了一种实践路径。

数字孪生城市具备物联感知、数据融合、空间分析等核心能力，体现了数字孪生城市智能干预、软件定义、虚实交互、精准映射的基本特征，符合新型智慧城市建设要点。数字孪生城市模型平台的建立综合利用了多种信息技术，将多源数据融合交互并以可视化的方式呈现出来，在城市真实数据作为驱动因素条件下，通过统筹资源、集约发展的具体建设方案，将各部门、各行业汇集在同一平台上，实现信息的共享和高效传递，帮助城市精准管控，切实提高居民生活水平。表 13-1 列出了城市数字孪生的技术特点和关键能力。

表 13-1　城市数字孪生的技术特点和关键能力

	目标	行动	技术特点	关键能力
1	描绘城市	融合多源信息 雕琢城市模型	多维空间 极致刻画	城市信息模型分级 空间孪生体开发
2	感知城市	接入海量终端 汇聚巨量信息	万物智联 时空计算	物联网和大数据 事务孪生体开发
3	孪生城市	构建孪生场景 数控物理世界	云边协同 敏捷高效	场景构建和编排 全域人工智能
4	运营城市	洞悉运行态势 预测推演仿真	全息灵动 极智治理	数字线程和知识图谱 业务一体化交付

为实现城市数字孪生，首先需对物理空间以及社会空间中的物理实体对象、事件对象以及关系对象进行数字空间的虚拟表达以及映射。在此基础上，依托信息基础设施实现数据的汇聚、传输以及处理，形成数据资源，在通用服务能力的支撑下进一步融合数字孪生技术，形成能够对外提供的数字孪生服务，并通过交互服务实现与上层应用场景的融合。同时，需提供立体化安全管理以及全生命周期的运营管理，保障数字空间各类资产以及服务的安全高效运行。

1．信息基础设施

信息基础设施是指提供感知、连接、存储以及计算能力的数字化基础设施，其中感知基础设施包含嵌入式传感基础设施、物联网基础设施以及测绘基础设施等。连接基础设施包含 5G 网络、车联网、窄带泛在感知网、全光网络等先进连接通信设备、设施以及系统。存储基础设施主要指多级数据存储中心以及云数据中心，涵盖多种存储方式，包括分布式文件存储、分布式结构化数据存储、分布式列式数据存储、分布式图数据存储。计算基础设施包含高性能计算、分布式计算、云计算以及边缘计算等先进计算基础设施，支持城市建立虚拟一体化计算资源池。

2．数据资源

数据资源是城市各类数据的总和，是构建城市数字孪生系统的基础。从数据来源可分为时空基础数据、物联感知数据、网络传输数据、业务应用数据以及运行评估数据。其中时空基础数据包括矢量数据、影像数据、高程模型数据、地理实体数据、地名地址数据、三维模型数据等。物联感知数据包含通过物联感知设备采集上报的各类感知数据以及状态数据，如温度、湿度、压强、亮度、设备运行状态等。业务应用数据包含来自业务信息系统、行业领域信息系统、第三方社会机构信息系统等多源业务应用数据。运行评估数据主要包括城市规划、城市管理、经济发展、环境保护、气象、能源、交通等领域运行成效以及评估数据。

3．通用服务

通用服务为城市数字孪生提供基础共性能力支撑，其中数据服务是对数据资源利用提供的通用支撑服务，包含但不限于数据模型、资产管理以及数据治理。应用服务提供保障城市数字孪生应用及服务的基础能力，包含但不限于引擎服务、组件管理以及用户管理。计算服务包含但不限于任务调度、资源管理、性能监测。智能服务包含但不限于模式识别、统计分析、知识图谱等。

4．孪生服务

孪生服务是指城市数字孪生所需的特性服务，包括但不限于感知互联、实体映射、多维建模、时空计算、仿真推演及可视化。感知互联是指城市全要素实时感知及互联控制，包括标识解析、智能感知、实时监测、协同控制等。实体映射是指建立物理实体与虚拟实体之间的多层次、多维度的映射关系，包括状态指标、对象管理、属性关联、特征提取等。多维建模是进行全要素多维度数字化表达，包括事件建模、时空建模、语义建模、规则建模等。时空计算指基于时间以及空间坐标的多维计算，包括时空分析、时空解析、时空查询、时空索引等。仿真预测是指模拟仿真、智能预测、动态决策等，包括算法集成、引擎开发、任务管理、优化评估等。可视化是完成物理城市到数字城市的表达，包括虚实融合、模型处理、渲染服务、场景编辑等。

5．交互服务

交互服务是指提供多种类型的能力开放界面，通过统一规范的交互界面实现跨系统数据互通以及服务调用，通过提供平台化、轻量化数据、API、消息、应用等集成能力，第三方应用可以对功能组件进行灵活组合，实现业务逻辑和技术逻辑的分离。开放形式包含但不限于门户、第三方服务、接口、开发工具、应用组件等。

6．安全管理

安全管理是指根据城市安全管理制度，开展数据安全、信息系统和网络安全、安全预警和应急处理等的管理工作。

7．运营管理

运营管理是指基于数字模型和标识体系、感知体系以及各类智能设施，实现城市基础设施、地下空间、能源系统、生态环境、道路交通等运行状况的实时监测和统一呈现，通过数字模型和软硬件系统，实现快速响应、决策仿真、应急处理以及设备和系统的运行、维护和运营。实现城市要素、生态环境等运行状况的实时监测和统一呈现。

13.1.1　城市信息模型

CIM 平台的建设与 BIM 技术的融合，以及物联网所提供的数据可以很好地呈现真实的城市系统。通过设置空间上和时间上的阈值，可以判断城市在发展中是否与规划的目标有所差别。因此，在城市规划的应用中，需要记录全周期的建设阶段，并在建设完成后进行运营。而对于数字孪生技术的应用，需要在全时空的维度上记录全要素。数字孪生城市平台的建设既提升了城市的感知能力和决策能力，也给未来的规划发展带来了更广阔的视野。

城市信息模型（City Information Modeling，CIM）：以建筑信息模型（BIM）、地理信息系统（GIS）、物联网（IoT）等技术为基础，整合城市地上地下、室内室外、历史现状未来多维多尺度空间数据和物联感知数据，构建起三维数字空间的城市信息有机综合体。如图 13-1 所示为自然资源部定义的 CIM 基础平台总体架构。

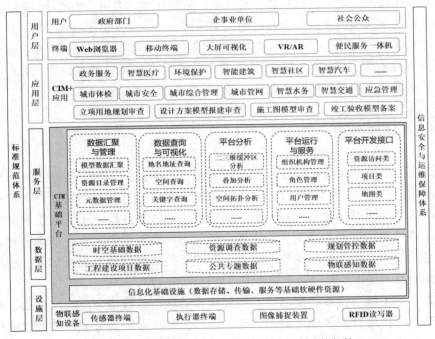

图 13-1　自然资源部定义的 CIM 基础平台总体架构

CIM 基础平台总体架构包括三个层次和两大体系：设施层、数据层、服务层，以及标准规范体系和信息安全与运维保障体系。横向层次的上层对其下层具有依赖关系，纵向体系对于相关层次具有约束关系。

- 设施层：应包括信息基础设施和物联感知设备。
- 数据层：应建设至少包括时空基础、资源调查、规划管控、工程建设项目、物联感知和公共专题等类别的CIM数据资源体系。

- 服务层：提供数据汇聚与管理、数据查询与可视化、平台分析、平台运行与服务、平台开发接口等功能与服务。
- 标准规范体系：应建立统一的标准规范，指导CIM基础平台的建设和管理，应与国家和行业数据标准与技术规范衔接。
- 信息安全与运维保障体系：应按照国家网络安全等级保护相关政策和标准要求建立运行、维护、更新与信息安全保障体系，保障CIM基础平台网络、数据、应用及服务的稳定运行。

CIM 基础平台主要建设内容应包括功能建设、数据建设、安全运维。其中，功能建设必须提供汇聚建筑信息模型和其他三维模型的能力，应具备模拟仿真建筑单体到社区和城市的能力，支撑工程建设项目各阶段模型管理应用的能力。

CIM 基础平台的空间参考应采用 2000 年国家大地坐标系（CGCS2000）的投影坐标系或与之联系的城市独立坐标系，高程基准应采用 1985 年国家高程系，时间系统应采用公历纪元和北京时间。

CIM 基础平台可支撑工程建设项目策划协同、立项用地规划审查、规划设计模型报建审查、施工图模型审查、竣工验收模型备案、城市设计、城市综合管理等应用，用户宜包括政府部门、企事业单位和社会公众等。

13.1.2　实时感知

数字孪生城市技术架构复杂，由数字化标识、自动感知、网络连接、协同计算、新型测绘、3D 建模等多种信息技术体系综合支撑，每一种技术的发展与变革都会影响数字孪生城市建设过程。全域感知体系、边缘计算、5G、人工智能等基础技术的日趋成熟是构成数字孪生城市的基石，实现采集更多更准确的物理城市信息的能力、更快的信息交互能力、更完善的数据处理整合水平以及更优化的决策能力，将推动数字孪生城市的落地建设与成熟。

数字孪生城市依靠数据驱动，需要精确的城市运行信息，全域感知体系是数字孪生城市运行的基础。城市地理信息和三维实景数据等城市基础空间信息在激光扫描、航空摄影、移动测绘等新型测绘技术运用下，能更高精度地采集并更新到城市模型中。城市动态运行信息的收集需要依靠物联网实现全域感知。在信息传感器、射频识别、全球定位、红外传感器等装置，实时采集需要监控、互动的人、事、物的基础上，全域物联感知和智能化设施的发展，能利用多种类设备接入系统并进行数据处理，支撑智能化应用，提升物联感知粒度和数字孪生城市的精细化程度。

边缘计算提供低成本、低时延的存储和计算服务，加速智能化基础设施建设。在多功能杆柱或公共基础市政设施上可装备小型边缘计算节点设备，中型节点设备可放置在城市运营商接入机房。边缘计算节点连通下端感知盒和上端云计算中心城市，利用 MEC 的计算、存储能力，满足视频监控等低成本物联网终端接入、低时延等要求，缓解核心网数据传输、处理压力，提升网络智能化水平。

5G 高性能通信网络从多层面优化数字孪生城市建设。网络连接端、5G 作为数据采集、传输、处理、输出的重要媒介，将数字孪生城市推入一个新进程。与 4G 相比，5G 性能大大提升：数据传输速率提高约 100 倍、延迟降低 30～50 倍、移动性增加 1.5 倍，同时降低成本、节约能源、增加系统容量。这些技术优势将在数据采集与处理的基础上，从以下四个方面大力推动数字孪生城市建设。

- "5G+ AIoT"基础设施升级：5G 将提升智能硬件基础设施和感知环境变化能力，推动智慧路灯、智能充电桩等建设。
- "5G+ MEC"技术融合加速：5G 作为底层技术，加速融合云计算、大数据、边缘计算、物联网等核心技术，实现万物互联。
- "5G+ IOC"数据资源传输：5G 推动建立人、事、物之间的泛在连接，推动传感器和智能终端的普及，将物理城市的信息导入数字城市。
- "5G+ 行业创新"场景应用：5G 商用将推动数字经济发展，推动 AI、VR 前沿技术落地，在多个垂直行业加速城市创新应用。

人工智能技术在数字孪生城市架构中多层部署，是提升城市管理运营优化的关键。建立数字孪生城市的目的是利用数字城市更高效、准确地实现城市规划、管理、运营能力，提升居民幸福感。在数字城市拥有海量视频、音频、图像等信息数据的情况下，单靠人力是不能达成城市管理决策的，因此需要多层次部署人工智能，依靠人工智能深度算法、开源框架软件体系、AI 芯片等人工智能技术实现全域信息分析处理、智能管理决策、协同调度等应用。

- 计算机视觉：图像分类、目标跟踪、语义分割等对目标图像的提取、分析、处理。
- 机器学习：根据城市真实的运行数据，使用算法解析和学习数据，在虚拟城市中做出决定或预测。
- 知识图谱：构建用来描述物理城市的定义、概念及相互关系的结构化语义知识库。

时空人工智能是人工智能领域的新型创新应用技术，指利用时空算法叠加 AI，对城市等多源异构数据进行时空化治理和融合，在数字孪生城市模型搭建过程中起重要作用，能提供城市高精度全景图像，通过智能化算法对城市运行状况进行分析和判断。

- 数据时空化：将各类数据添加时间、空间、属性"三域"标识，便于后续数据统一管理与分析。
- 模型时空化：城市模型中嵌入"AI+时空"算法，实现城市动态监测和异常诊断。
- 场景时空化：静态模型上叠加多维实时动态数据的感知与治理，并能根据历史时空数据计算其未来预测值。

13.2　数字孪生技术在城市管理中应用的场景

近年来，城市化的发展一直是人类社会的热点话题。作为人口载体的城市给人民的生活带来了很大的便利，但城市化发展也带来了许多问题，例如城市化的迅速发展以及不合理规划导致的城市人口剧增、资源短缺、环境污染及交通拥堵等城市问题。

在传统意义上，对于城市的管理是十分被动的，通过对城市实体中已经发生的事件进行收集和处理来管理。随着 GIS、BIM、CIM 等平台技术的打造和落地应用，数字孪生城市逐渐成为人类社会研究的重点方向。对于城市问题的解决，数字孪生在城市的发展中也将起重要作用。

13.2.1　城市规划场景应用

智慧城市的发展需要对城市进行合理规划，不合理的城市规划会导致各种城市问题的出现。数字孪生技术可以使现实中成本比较高、很难通过短期的实验实现的东西在虚拟实体中快速、低成本、多次进行实现。这种以虚拟平台进行多种方案的模型建设，并用来指导现实中建设的方式，可以对城市的规划进行推演。

13.2.2　交通场景应用

交通系统是一个庞大的系统，人车混流、机动车占道等问题困扰着我国的交通系统。我国交通系统中物联网的基础系统比较突出，借助现有的物联网基础可以打造数字孪生的道路系统。通过孪生的道路系统平台实时监控城市道路中的突发事件，做出合理的宏观调控，优化道路的利用效率并提升城市的运行效率。

此外，在不同的日期或时间段，可以通过不同的车流量负载来调节信号灯的时长、平均道路的车流负载，从而实现对道路拥堵等交通问题的提前解决和规划。在孪生系统平台中，通过调节交通系统中的参数，仿真运行道路交通的情况，结合专业的交通学知识优化交通参数，提高交通系统的表现水平。

13.2.3　安全预警场景应用

　　城市中各种系统错综复杂，不同系统中出现的突发事件会对城市的运行造成严重的影响，如火灾、燃气泄漏、供电问题等。对于这些事件以往是通过人工通知的方式进行信息的传递，但这种方式效率低下，同时对事件的反馈还不够准确。因此，对于安全事件的预警和及时反映通过传感器等前端设备构建的数字孪生平台可以很好对突发事件做出及时的判断。通过传感器的感应和相关专业的计算，孪生平台能够给出安全事件发生的具体地点和其他详细信息。

　　同时，利用人工智能等技术可以在数字孪生系统中演练突发安全事件的状况，调节事件的处理方式，优化事件的响应和事件的处理流程，也可以安排演练突发事件的人员撤离路径等，以便在低成本的环境中做出合理决策。

13.3　城市数字孪生整体方案

13.3.1　城市数字孪生架构

　　数字孪生城市技术体系复杂，几乎融合了现有所有信息通信技术手段。技术框架主要由三部分构成，即基础设施端、信息中枢端和应用服务端。通过物理城市数据收集、传输、处理、数字城市可视化呈现，实现城市智能管理。构建核心是高精度、多耦合的数字孪生城市模型平台，该模型在城市信息模型CIM 的基础上将智能感知的城市数据实时反映到 3D 城市模型上。如图 13-2 所示为中国信通院定义的数字孪生城市整体架构。

图 13-2　中国信通院定义的数字孪生城市整体架构

13.3.2　城市数字孪生的关键性设计

信息基础设施成为数字孪生城市的数据底座。物联感知设施和城市级物联网平台是感知城市运行状况的触手，也为城市部件远程控制提供了入口。数字孪生海量数据汇聚和实时数据处理的需求，向城市云网资源提出了更高要求，5G网络、窄带泛在感知网、全光网络等网络设施为万物互联提供了通道，多级数据存储中心、云数据中心满足全域全量数据存储的需要，高性能计算、分布式计算、AI计算、云计算以及边缘计算等先进计算设施为数字孪生提供了高效可靠的算力保障。

信息基础设施主要负责城市数据的收集与传输，通过BIM、GPS等技术收集城市基础空间和3D模型等静态数据。通过智能感知设备，包括传感器等，获取城市基础设施、道路交通、自然环境等动态信息。通过全通达、全接入的移动互联网、局域无线网等泛在高速、多网协同城市智能网络进行数据即时传输。

全时全量数据资源是城市数字孪生体的关键构成。当前，数字孪生城市建设不仅推动政府和行业管理部门数据汇聚，而且推动城市时空数据逐步打通，建筑物、桥梁、道路、市政等传统基础设施的多源数据持续融合，物联感知数据实现实时采集。同时，数据采集装备和能力不断提高，通过倾斜摄影、激光扫描获取地理数据，通过深度学习等AI技术自动提取三维数据，推动形成地上地下、室内室外的一体化、高精度的城市数字孪生体，为市民便捷服务、城市有序管理提供数据支撑。

数据中枢进行数据接收、处理、传导。全域全量的城市数据是数字孪生城市构建基础，需要建立数据管理平台，通过多层次数据融合框架将来源不同、类型不同的多源异构数据接收集成，并以数据流的方式传输到城市模型中，即数字孪生城市模型平台。依靠高性能协同计算分析，以可视化方式呈现和表达城市状态，分析城市空间场景。

数字孪生城市建设需要一个城市级平台支撑，为数字孪生城市提供统一对话界面、操作系统和开发土壤。城市级平台是数字孪生城市承上启下的核心枢纽，平台向下连接各类基础设施，汇聚城市运行、城市部件等多源数据。平台向上为各类应用开发提供低成本、可接入、全要素的开发平台，显著降低政府和企业开发成本，同时，平台提供了数字孪生仿真推演、空间运算等多种技术能力，为企业开发数字孪生应用、市民享受虚实融合服务提供多维度能力支撑。

应用服务端是数字孪生城市模型的实际应用。在数字孪生城市模型中建立智能操控体系，实现对智能市政设施、交通设施等设备的远程操控。通过计算机视觉、机器学习、知识图谱等人工智能技术整体认知城市状态，洞悉城市运行规律，制定最优决策。

数字孪生城市运行以实时映射、虚实操控为重点。数字孪生城市的构建融合运用多种复杂综合的技术体系，建立能感知物理城市运行状态、并实时分析的数字城市模型。利用城市及数据闭环赋能体系，在精准感知城市运行状态和实时分析的基础上，模拟科学决策，智能精准执行，利用数字城市反向操控物理城市。实现城市的模拟、监控、诊断和管理，降低城市复杂性和不确定性，提升优化城市规划、设计、建设、管理、服务等过程。

数字孪生城市强调全域感知和实时交互，这也是其与传统城市 3D 模型的不同之处。在精准感知、分析现实城市一段时间内的运行状态的基础上，依靠大数据算法、人工智能等技术手段制定符合城市情况的管理和决策分析。

数字孪生城市从技术、功能、价值多角度优化城市综合管理。数字孪生城市的建设可以多角度赋能城市综合管理。数字孪生融合了多种新型信息技术，以平台化的思想打破技术孤岛，赋予城市全域感知、信息交互、精准管控等功能，整体提升城市综合运行水平。

数字孪生城市应用已经渗透到城市生产、生活、生态等诸多领域。应用场景是数字孪生城市的活力之源。如通过数字孪生模拟光照和阴影强度，优化路灯明暗程度，使城市照明在安全性和节能性方面达到平衡，实现宜居低碳的目的；通过数字孪生技术实现能源精细化利用和运维、碳轨迹追踪，助力实现碳中和。同时数字孪生技术可以实现对城市人、地、物的整体感知和推演，帮助城市进行全面系统、合理预判的规划设计，避免"拆了建""建了拆"，实现"一张蓝图建到底"。

13.4　城市数字孪生应用场景实例

13.4.1　智慧展馆

在科技飞速发展的时代背景下，互联网新兴技术对传统行业产生了巨大的冲击，实体展馆作为传统文化的传播载体也受到了影响，智慧展馆的出现将改变现有问题，智慧展馆能够优化实体展馆的展示方式，和现实数字展馆互相配合，为展馆的展示提供了全新的科技感、沉浸感。

智慧展馆有数字沙盘、全息投影、弧幕 / 球幕 / 环幕投影、AR、VR 等手段的应用，使展览主题与展览的整体策划、项目执行与管理以及品牌培养等要素达成协同效应。如图 13-3 所示为某智慧展馆案例。

智慧展馆对场景或物体进行真实的"三维重现"，融合了 720° 自由度全景照片、遥感影像、3D 模型、3D 立体投影等多项虚拟现实技术和多媒体技术，实现强大互动。三维场景还原了实际展厅中的布置，在智慧展馆中亦可直接结合声音、视频等多媒体元素。展厅更生动形象地展现给观者，营造全新的体验方式。浏览智慧展馆，极具沉浸感，体验更丰富。

图 13-3　智慧展馆

从运营商重保切入体育赛事、大型展会、数字展馆，以 5G、视频、物联网为触点和抓手，通过打造城市数字孪生场景，实现人流、消防、应急、能耗监测等应用，实现在特定空间场景下、面向特定人群的识别、连接、推送和撮合，打造智能化服务和增值业务。通过室内室外三维空间场景建模，融合物联网、视频采集、实时定位等感知数据，帮助场馆和赛事运营方，实现基于主题事件的高效数字化运营工具，支撑对人流监测、消防预案演练、应急疏散模拟、能耗异常监测、客群偏好识别、精准营销等业务需求。

13.4.2　智慧矿山

智慧矿山是一个汇聚了多学科、多主题、多维空间信息的复杂系统，是在矿山地表和地下开采矿产资源的工程活动中所涉及的各种静、动态信息的全部数字化管理，智能分析，可视化展示，实时采集矿山安全监控、人员位置监测、视频监控等数据，建成一个连接各级用户、各类角色的矿山安全生产综合信息系统，从而实现降本增效，实现企业利益的最大化。

智慧矿山信息化是将移动互联网、物联网、云计算、大数据技术、虚拟化技术、RFID 技术等信息技术应用于此，建设相应的信息系统，实现智能矿山互联化、物联化、数字化、感知化和智能化，从而确保智慧矿山安全生产，提高智能矿山生产效率，促进智能矿山更快更好地发展，迈向无人矿山、安全矿山、绿色矿山。

其中智慧矿山的地质数据是三维地质建模的基础和前提，也是实际项目中矿山资源评估和采矿设计的基础。地质数据一般主要以工程钻探形式获得，通过钻孔来获取基本岩性信息和取样分析数据，从而获得详细的地层信息，如地层年代、地层名称、地层厚度、岩石名称、岩性描述、底界深度等。如图 13-4

所示为某智慧矿山平台案例。

图 13-4　智慧矿山平台案例

可视化图表和动画效果，集成供水、通风、运输、掘锚机运作及井内三维漫游画面，形象地对井下多元应用场景进行详尽的数据解释。可融合智能感知设备数据，实现对矿井的生产环境、工作视角、设备分布、工艺流程、产量走势、巷道划分、设备运行实时状态的真实复现，达到矿井上下透明化管理的目的。

三维立体的巷道监管效果，有利于改善矿山环境及工程实施设计，能将巷道工程变迁情况客观无误地记录和展现。可视化巷道的搭建由点—线—面—单个巷道—多个巷道过渡延伸。单击按键可随意切换工作区视角和井内视角，方便运维人员从不同角度观察到每条巷道的名称、视点位置、设备分布及对应的数据。巷道内部漫游设有前进、倒退等功能，易于实时了解视点位置。如图 13-5 展示了智慧矿山场景构建的过程。

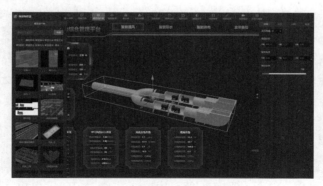

图 13-5　智慧矿山场景构建

13.4.3　智慧机房

随着互联网技术的不断发展，作为增值电信业务的重要组成部分，IDC（互联网数据中心）的作用日益突出。对于相关企业而言，遍布全国的 IDC 是其重要的运营资产，具有极高的资产价值。但在 IDC 建设和运营过程中，同一经营者内部依然面临许多规范化问题。IDC 建设位置分散，往往分布在各个省域，由各地所属公司自建，不易统一管理。IDC 机房的信息管理系统数据项目繁多但彼此独立，造成数据孤岛，难以共享。各 IDC 中心同功能信息系统的建设厂家不同，数据标准不统一，数据模型和数据接口各异，不利于数据的收集和决策分析。为解决多区域 IDC 的统一管理问题，需要在各 IDC 之上另行构建统一的信息管理平台。为消除数据孤岛，该信息管理平台应具备与各数据中心自有信息管理系统的数据对接能力。为解决数据标准不统一的问题，提升数据收集、数据分析效果，需要构建普适性的 IDC 数据模型。

随着智慧城市大规模数据中心的升级建设，数字孪生、数字线程和 5G 等新技术的涌现和应用，全球迎来数字化时代，同时为传统机房管理带来新的挑战：

- 告警监管隐患。机房缺乏预警，异常难以实时把控，普通机耗费人力物力，巡检频率低，问题难以及时发现。
- 电气安全隐患。电源电流异常，电压不稳定，UPS断电，线缆温度过高。
- 环境安全隐患。环境温度超过设备承载温度，造成明火事故、环境漏液或漏水，引发电路短路，空气湿度异常引发安全隐患。
- 安防安全隐患。机房门禁不严，信息泄露，线路被拔除、改接或破坏。
- 运营成本高。机房巡检压力大，人力成本高，不能及时发现问题。
- 资产管理时效性低。设备资产数量庞大、种类众多，传统的表格式管理方式效率低下、实用性差。
- 预警能力不足。没有实时统一的预警机制，无法对系统的风险预警及时响应。
- 配套不足无法实时掌控。配套设施部署不足，不能全面精准、实时获取关键IT设备的环境监控数据，无法精确掌握每一台服务器的实时运行状况。
- 运维管理难度大。运维管理子系统众多且信息孤立，操作不方便，数据多为人工统计，缺乏客观说服力，运营效率低，很难为机房维护改造提供依据。
- 数据信息可读性低。数据报表泛滥，数据不直观，可读性低，无法快速有效地传递关键信息。

通信运营商通过对网络、空间和客户等真实实体的数字孪生，实现更加实时、敏捷、高效、可仿真、可预测的网络运营服务。智慧 3D 机房数字孪生为智慧城市带来新的基础设施管理能力。

（1）酷炫模型立体展示。3D 图像可视化，扭转由于二维信息维度不足而导致的数据与报表泛滥问题，切实提升监控管理水平。

（2）自动化监控统一管理全天候检测。自动化监控管理，多系统多设备统一接入，减少维护人员；24 小时全时巡检，发现异常可通过 7 种告警方式实现实时告警，全面保障环境安全。

（3）安全风险实时预警。实时监控动环设备的报警信息，快速定位报警设备，缩短设备检修时间。

（4）全面分析准确评估。多维度数据查询，报表分析，为机房维护及规划升级改造提供可靠的依据。

数字孪生 3D 机房，以 3D 虚拟化技术和物联网技术为基础，以数字化、可视化、自动化和智能化理念为目标，构建一体化、沉浸式的智能机房实景监控管理系统。基于三维场景及集成的智能楼宇管理系统，以直观、动态的形式展示机房环境及机房内所有智能设备的空间分布及工况，统一连接机房设备、系统，对智能设备进行远程开关操作；以高亮、动画的形式展示机房管线的布置及走向；以悬浮框的形式展示机房内智能实时监测、告警信息；以图表等形式展示机房空间、电力、承重等容量信息统计。3D 机房可视化监控管理可以在做好资产管理的同时，借助可视化平台进行展示与分析，整合集成现有监控工具的监控能力与监控数据，更直观地掌握数据中心的整体情况，对数据中心、机柜、服务器、网元应用、业务系统等逐层钻取、量化分析，从而更便捷地提升 IT 管理效率，更好地进行规划指引。如图 13-6 所示为某智慧机房案例。

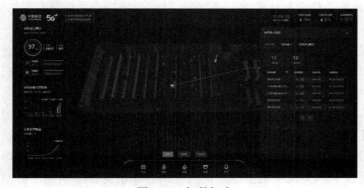

图 13-6　智慧机房

系统主要功能模块包括：

（1）动力监测可视化。支持实时市电参数（市电压、电流、频率、功率等）监测；支持配电开关状态监测；支持 USP 参数（输入输出电压和电流，各部件运行状态）监测；支持蓄电池组参数（电池内阻、电压、温度、鼓包、充放电电流等）监测。

（2）环境监控可视化。支持机房环境温度、湿度、烟雾监控；支持机房漏水监控；精密空调运行状态及参数监控，并能远程开关机；支持普通空调运行状态、温度、模式、来电自启动等监控；支持新风机运行状态监控，并能远程开关机。

（3）防监控可视化。支持门禁监控，对机房人员进出监控记录；支持视频监控，通过视频抓拍全面检测机房实时情况；支持消防监控，对消防设备信号状态实时监控；支持防雷监控，对防雷器干接点报警状态进行监测。

（4）网管监控可视化。支持服务器各参数（CPU、内存、硬盘使用率、网络状态等）检测；支持路由器实时状态（端口状态、流量、连接状态、WAN口流量、运行时间等）检测；支持交换机各参数（交换机端口、连接状态、网络流量、运行状态等）检测；支持实时告警，对设备、环境及系统告警进行实时直观显示。

（5）机房能耗分析。支持机房电源、电池室、电源室、列头柜、空调等电力设备能耗分析；支持对网络设备、服务器及其中业务系统、业务进程进行逐层钻取、能耗分析；支持根据能耗分析结果进行3D热力图直观显示。

13.4.4　智慧楼宇

智慧楼宇是以建筑物为平台，以通信技术为主干，利用系统集成的方法，将计算机技术、网络技术、自控技术、软件工程技术和建筑艺术设计有机地结合起来，打通各个孤立系统间的信息壁垒，使楼宇成为一个信息互通的智能主体，实现对楼宇的智能管理及其信息资源的有效利用。

通过数字孪生技术对楼宇建筑外观、建筑内部空间结构和主要管理设施设备进行全要素可视化，对空间资源使用情况和环境数据进行综合可视化分析，提高园区空间利用效率。根据实时能耗监控数据，在园区数字孪生场景中综合展示空调、电梯、照明、供水、通风、通信、安防、机房等各项耗电情况，包括分类统计面板、分区统计面板和历史趋势图表等，使管理能够准确掌握能源成本比重和发展趋势，制定有的放矢的节能策略，辅助园区节能减排规划。借助图像识别技术，集成视频监控、消防管理、环境监控等系统，提供告警处置联动机制，提升园区应急管理的反应速度。提供实时显示人员在园区和楼宇中空间位置及相关信息的能力。系统能实时展示人员活动轨迹，可调取附近监控视频查看现场真实情况。此外，系统还能展示园区内人员分布情况以及显示人员停留是否超时等信息，从而满足疫情防控和特定办公场地安全保密等管理需求。集成室内室外空气质量监测系统和温湿度监测系统，在三维场景下提供实时监测和显示数据信息的能力。可以根据环境监测的告警阈值，用醒目颜色直观展示一定区域\楼层空气质量和温湿度超标情况。如图13-7所示为亚信大厦智慧楼宇。

图 13-7　亚信大厦智慧楼宇

13.4.5　智慧水务

智慧水务是指以网络为基础、平台为核心、安全为保障，运用云计算、大数据、5G、AI 等新一代信息通信技术，通过顶层规划、分步实施，实现业务与数据双驱动的水务数字化建设。智慧水务支撑水务数据弹性扩容与业务灵活集成扩展，保障"从源头到龙头"的生产、监控、调度、营收、客服、运营、运维等各个环节实时安全可控，全面提升水务管理的效率和效能，优化服务品质，并使水务运营持续产生价值，赋能水务公司完成新业务、新模式、新业态转变与创新。

智慧水务具备智能感知、系统协同、智慧管理、服务优质等特征，可更好地实现城市供水系统安全、稳定、可靠运行，提高城市水系统管理水平和运行效率，是中国水务行业向智慧化的方向发展的必然趋势。如表 13-2 所示为智慧水务应用场景。

表 13-2　智慧水务应用场景

生产管控	业务协同	经营管控	财务管控	用户服务	应用创新
● 智能加药 ● 生产计划优化管理 ● 水质、安全、节能管控	● 业务中台协同工单系统工作 ● 票务系统、GIS 系统、消息系统	● 漏损分析与管理 ● 能源监控与管理 ● 水泵优化控制 ● 大流量用户监控 ● 产销差科学管控	● 绩效分析 ● 成本优化资产管理营收与抄表	● 安全防护（IT\OT\水质） ● 可视化（综合驾驶舱） ● 基于 GIS 的呼叫中心、工单系统、抢维修系统	● 水源、泵站、管网优化调度 ● 水质监测、预测与控制 ● 设备健康状态与预防性维护 ● 管网、泵站、供水设备

智慧水务聚焦供水安全保障与水务精细化管理，以新技术应用带动水务信息化技术水平的全面提升，在生产管控、业务协同、经营与财务管控、用户服务等重点应用系统建设中充分发挥数据价值，结合供水工艺知识体系与业务知识体系，全面提升行业服务水平，通过数字化、标准化、精细化支撑供水业务的运行监管、调度指挥与决策支持，初步建成城市级水务智慧化支撑体系。

1．构建水务感知体系，实现生产精益化

充分利用物联网、无人机、视频监控等技术和手段，构建一体化水务感知体系，提升监测、预警能力，提升供水水质综合达标率，大力提升供水安全、供水服务等管理能力和服务效能，为市民创造出更加优质的供水、用水、饮水环境，提高居民生活饮用水安全保障水平。同时，通过智能调度、智能加药、生产管理等系统，平衡供水能力与用水需求，实现药剂的精准计算与投放、水资源的合理分配、设备的最优搭配，大大提升能源利用率，降低能耗，实现水务生产精益化。

2．融合技术应用发展，辅助决策科学化

融合新一代信息技术，加强水务信息化基础设施、数据资源、业务系统整合与成果复用，实现全面互联和充分共享，强化大数据、人工智能等技术在智慧水务中的应用，提升预测预警、分析研判能力，改善供水企业的管理现状，使得供水企业的运营与管理更加智能化，进而提升企业的运营效率，提高供水的安全性能。促进业务流程优化升级和业务模式创新，提升水务的精细化治理水平与综合智能决策能力。

3．打通数据业务壁垒，达成管理协同化

智慧水务建设需实现网络覆盖和云能力支撑，通过对各子系统的数据与业务打通，实现时间、空间和功能结构的重组，使各级行政主管部门"人—机—物"联通协同，构建水务的"神经网络"，提升资源整合能力和水务跨部门、多层级的协同联动能力。解决"信息孤岛""数据孤岛"和"应用孤岛"三大问题，实现信息的协同、数据的协同和业务的协同，充分发挥智慧水务的"战斗力"。

4．搭建用户沟通桥梁，转型服务主动化

依托智联基础设施体系构建的智慧水务"神经末梢"，实现水务信息的及时感知与预报预警，当供水事故发生时，实现从"断水主动报警"向"智能信息提示"转变，实现服务主动化。同时，利用移动终端和互联网为市民提供一站式涉水业务服务，搭建与居民之间的桥梁，充分改善了传统供水公司、政府机构、用户之间的交流方法，提高用户服务便捷度，为用户提供更加便捷、更加高效、更加舒适的供水服务。

5．数字孪生在智慧水务中的价值

（1）数字孪生技术构建天空地一体化水利感知网。

利用传感、定位、视频、遥感等技术，扩大江河湖泊水系、水利工程设施、水利管理活动等监测范围，补充完善监测要素和内容，实现感知物联化。

（2）数字孪生可视化推进国家水网智能化改造。

聚焦水利基础设施安全可靠和高效运行，推进传统水利工程向新型水利基础设施转型，加快已建水利工程智能化改造，推进数字孪生工程建设，不断提升国家水网工程智能化，全面提高国家水网智慧化调度、控制与安全保障水平。

（3）数字孪生平台建设常规应急兼备水利通信设施。

以卫星通信应用为重点，依托国家公用通信网络，优化水利通信专网，加快北斗卫星导航系统行业应用平台建设，推广北斗短报文应用，施行在线监测站点卫星通信和储能电源"双备份"，探索 5G、低轨卫星通信应用，全面提升水利基层单位和监测站点应急通信能力。

（4）数字孪生系统完善泛在互联水利业务网。

采用依托国家电子政务网络、租赁公共网络、卫星通信等方式，全面应用基于 IPv6 的新一代 5G、微波、卫星通信等技术，广泛应用软件定义网络（Software Defined Network，SDN）优化网络结构，升级改造网络核心设备，增强资源动态调配能力，构建覆盖水利部本级、流域管理机构、省（自治区、直辖市）、市、县以及各类水利工程管理单位、相关涉水单位全面互联互通的水利业务网。

（5）数字孪生方案建设多算力融合水利云。

按照"集约高效、共享开放、安全可靠、按需服务"的原则，建设公有云和专有云有机统一的水利云，形成逻辑一致、服务统一、物理分散的基础设施资源格局，为智慧水利提供"算力"。

（6）数字孪生 PaaS 平台搭建集约高效基础环境。

充分整合利用已有基础设施资源，进一步优化完善水利会商中心和视频会议系统，开展设备设施升级换代，搭建集约、高效的基础环境。

13.4.6 数字乡村

以数字孪生平台作为技术底座，将管理、人员、设备管理等系统融为一体，打造"数字乡村一张图"，通过各种传感器和数据收集设备，收集乡村现有数据，通过"一张图"的形式从村情一览、生态环境、产业资源、社会综治、基层党建五个维度进行可视化展示。如图 13-8 所示为基于数字孪生平台构建的数字乡村应用。

图 13-8　数字乡村实践

● 数字孪生乡村：深度融合GIS、BIM、新型测绘技术以及边缘AI能力，打造高逼真、可视化、虚实互动的虚拟乡村，实现乡村三维实景动态治理，为乡村布局调整、乡村运营管理、新产业发展提供了身临其境的可视化工具。

● 智慧农业：平台集成物联网智能灌溉控制系统，实现用户管理、水卡发行、水权分配、水权交易、水费计收、远程灌溉等功能，提升南屯村农田种植经济效益。

● 乡村旅游：为红色旅游资源提供身临其境的线上体验环境，通过"重走长征路"等场景感受红军长征精神。

● 社会综治：结合物联网、大数据等技术与基层治理深度融合，对基层民生事件提供风险告警、预警、矛盾闭环跟踪处理能力，对乡村风险预防、打击犯罪、保障人居安全提供技术支撑。

13.5　城市数字孪生的业务价值

结合数字孪生最为重要的"预测"理念并且深入结合到各行各业的生产工作业务中，数字孪生将发挥越来越重要的作用。首先，数字孪生城市是智慧城市发展演进的重要方向，是城市演进升级的重要方向。伴随城市功能的丰富和城市财富的增长，城市治理面临的问题和矛盾越发复杂，城市的脆弱性也随之增大。数字孪生城市创新城市的治理方式，如数字规划与模拟为城市规划者生动呈现不同方案特点，数字技术可以助力疫情的管理和防控，可以实时呈现城市危化品的运输轨迹等，让城市更有韧性。

数字孪生城市可以改善居民生活。人口膨胀、交通拥挤、住房困难、资源紧张等"城市病"日益严重，城市可持续发展面临重大挑战。数字孪生城市可以提升居民服务，如智能门磁感知系统守护失能独居老人安全；实时导航服务便捷市民出行；远程医疗、数字教育惠及更多人群，让城市更加宜居。

数字孪生城市助力城市可持续发展。可持续发展是城市发展的主题，城市只有所依赖的资源能够持续，远离环境灾害和能源短缺，才能够实现永续的发展。数字孪生通过智能分析与空间推演优化资源分配，调整人口与产业分布，改善环境承载力；新型分布式综合能源系统促进清洁能源应用，让城市更可持续。

深化数字孪生技术集成创新。数字孪生的本质就是感知、传输、建模、仿真和交互等各项数字技术的集成应用。其应用价值的释放需要各个技术要素的有效衔接，特别是基于实时数据的仿真推演和分析洞察，为城市运行管理活动提供优化的决策支撑。从各个领域数字孪生的发展实践来看，还需要业界加强各个细分技术领域发展，通过打造更加精准智能的城市孪生体，支撑更多业务场景的深度应用。

第14章 仿生自智：通信网络场景的数字孪生实践

14.1　5G 网络发展应用特点

随着 5G 网络逐步规模商用，其超高速率、超大连接和超低时延的三大特性无疑将会给用户带来前所未有的体验。但网络负载不断增加、网络规模持续扩大，网络切片，边缘计算等新业务能力也对未来 5G 网络的运维保障、动态流量预测以及面向垂直行业的业务创新带来了巨大的挑战，所以借助数字孪生、人工智能等技术，推动网络智能化，成为大势所趋。

14.1.1　5G网络自动驾驶网络战略目标

随 5G 网络的建设部署和 5G 业务的迅速发展，在网络运营与运维领域，运营商正在面对巨大挑战。随着云计算、物联网等各种网络应用规模的不断扩大，各种网络技术层出不穷，如 SDN、NFV、MassiveMIMO 等，这些网络应用、技术、设备的快速发展使得网络变得越来越复杂，同时，各种网络应用对安全、可用和性能需求的增长，使得网络管理的作用前所未有的重要，运营商的网络管理目标也已从"确保网络运行稳定"向"高效支撑业务发展"转变。这些变化为网络运营管理工作带来了前所未有的复杂度，传统的人工运维模式已难以满足 5G 网络的运营管理要求，需要引入新的理念和技术提升运营管理效率。

能够提供零等待、零接触、零故障业务服务，并基于自配置、自修复、自优化的网络，即自智网络成为全球运营商共同期待的发展方向，也是 5G 时代运营商自身的重要核心竞争力之一。自 2019 年自智网络理念提出以来，在全球 ICT 产业界迅速形成了共识，主流运营商、设备商纷纷提出了以人工智能为基础的自智网络的概念，无线网络的数智化转型已成为大势所趋。当前业界普遍将运营商网络自动化 / 智能化水平分为 L0 ～ L5 共 6 个等级（等级由低到高代表自动化 / 智能化水平逐步提升）。并通过引入大数据、人工智能、数字孪生等通用目的技术，不断推动通信网络智能化等级向更高级别演进，最终面向消费者和垂直行业客户提供"零等待、零故障、零接触"的新型网络与 ICT 服务，网络智慧运维打造"自配置、自修复、自优化"的数智化运维能力，实现全面自治的通信网络。如图 14-1 所示为国际化标准组织与运营商对自动驾驶网络的定义。

图 14-1　国际标准化组织与运营商对自动驾驶网络的定义

14.1.2　运营商网络数字孪生应用场景

数字孪生技术以其独特的优势，在 ToB 行业、自智网络、智慧运维方面得到了很好的应用，助力运营商实现数智化转型。

14.2　数字孪生技术在网络中应用的场景

目前，运营商网络正处于全面数字化、云化及云网深度融合的发展演进阶段，相比传统网络，弹性更大、灵活性更好、扩展性更强、资源利用率更高，使得 5G 网络能够灵活调度所需的网络资源，保障不同行业客户的 QoS 需求，提供端到端定制化的网络服务。

5G 网络的变革在带来巨大价值的同时，也让网络的管理运维过程变得异常复杂。5G 网络由基于 SBA 架构的纯虚拟、微服务化的网络功能构成，网络功能实例数量以几何级数递增，传统网元之间的固定 IP 配置关系，也变成服务之间、容器之间错综复杂的动态关系。这些因素给 5G 网络的管理提出了更高的要求，单靠传统的运维手段已难以满足 5G 网络发展的需要。

　　首先，传统的单点运维方式无法对运营商网络做整体的数据呈现，整个过程处于黑盒运维，相关人员无法快速掌握网络的全貌，容易造成关键信息的缺漏；其次，复杂的网络现状和网络的封闭性特点也限制了运维人员的可操作空间，现在的网环境牵一发而动全身，为确保操作安全，即使很微小的调整也要背负很高的风险，无法激活相关人员探索网络优化技术的主动性和积极性。除此之外，传统运维方式缺乏将网络历史数据和网络全局数据有效组织起来并挖掘数据潜在关联价值的有效手段。

　　为了弥补传统运维方式的这些不足，结合运营商网络的特点，将网络数字孪生技术融合到网络的全生命周期管理过程中，可以助力运营商网络实现更高更智能的运维目标。例如，可以提前确定前期规划的网络结构、网络参数能否满足运行过程中的业务需求；可以在网络建设过程中找到最合适的站点和计算出最佳配置参数；可以快速掌握运行中的网络的实时状态和是否出现过故障，并获取到故障定位所需的完整信息链；可以有效预测网络的未来状态和业务发展趋势，并实现网络的提前优化调整等。

　　运营商网络数字孪生的一些典型应用场景如图 14-2 所示。

数字孪生技术 / 应用场景		拓扑透视	全息可视	数据分析	追溯回放	仿真测试	趋势预测	风险预警	闭环控制
网络规划	无线信号覆盖模型	✓				✓			
	承载网络容量规划	✓				✓			
	切片数据规划	✓				✓			
网络建设	网络扩容评估	✓	✓			✓			
网络维护	局数据验证	✓		✓		✓			✓
	故障诊断分析	✓	✓	✓	✓			✓	
网络优化	网络效能评估	✓		✓		✓	✓		
	无线参数优化	✓				✓		✓	✓
网络运营	低效资产分析			✓					
	客户感知分析		✓	✓		✓	✓		
	业务发展趋势评估			✓			✓		

图 14-2　典型应用场景

14.2.1　ToB行业网络数字孪生应用

　　随着经济社会数字化转型进程的持续推进，通信网络在实现"万物智联"中发挥的支撑作用越发凸显，基础设施属性持续增强。网络技术迅速迭代演进，速率更高、连接更广、时延更低、可靠性更强、灵活性更好，持续赋能千行百业数字化转型。但网络新业务层出不穷，网络规模持续扩大，负载不断增加，导致网络运营维护复杂度高，创新技术落地部署困难，制约了网络技术进一步发展。垂直行业网络复杂度高，对可靠性有极致的要求，网络服务需遵循"底线思维"，对无人值守运维模式的需求强烈，网络故障的高代价要求运营商构建数字化、智能化的行业网络运维管理能力体系。

相比于 C 端公网而言，垂直行业网络在目标客户、技术用途、性能要求、管理方式、终端设备等方面存在较大差异，导致 5G ToB 专网需求存在四大特征。一是可用性，垂直行业用户要求专网网络服务始终在线，以使停机时间几乎为零，并且可以控制任何系统维护，以确保最大的可用性。二是可靠性，要求在预定的持续时间内以高成功概率传输给定数量的业务的能力，需要足够的网络覆盖范围和容量，以及强大的切换功能。三是灵活性，垂直行业客户要求吞吐量、延迟、抖动、丢包率等网络性能参数灵活可变、按需定制、可感可控。四是安全性，特定垂直行业要求极高的端到端安全性，以确保信息、基础架构和人员免受威胁。同时要求利用网络隔离、数据保护和设备 / 用户身份验证来保护关键资产，保持企业对关键数据的主权，确保敏感信息保留在本地。

基于上述需求，垂直行业网络数字孪生技术体系应运而生。将数字孪生理念应用于垂直行业网络"规、建、运、维、优"全生命周期管理中，创建物理网络设施的虚拟镜像，搭建与物理网络设备一致、拓扑一致、数据一致的数字孪生网络平台，在网络状态实时监测、流量全息透视、故障诊断分析、设备全生命周期管理等场景发挥重要作用，同时，虚拟空间的网络镜像环境可以提供网络配置正确性验证，大大降低现网风险，消除错误配置导致现网故障的可能性。通过物理网络和孪生网络精准映射、实时交互和闭环优化，助力垂直行业网络实现低成本试错、智能化决策和高效率创新，进而助力极简网络、智慧运维和极致服务。

结合数字孪生整体技术架构和理念，依托数字孪生建立的 5G ToB 专网全生命周期管理能力体系应包含以下几个方面，如图 14-3 所示。

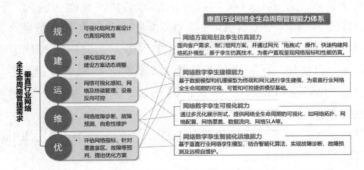

图 14-3　基于数字孪生的 5G ToB 专网全生命周期管理能力体系

（1）5G 行业网方案规划及仿真能力。构建基于 5G 专网、新型无源、新型短距、蓝牙、TSN 等网络技术的 5G 行业网拓扑数字仿真模型，"拖曳式"操作，便捷高效地实现 5G 行业网方案规划及仿真功能，以快速实现频段专享、上行高速率传输、高精定位、定制全面覆盖、高可靠传输等组网要求，满足行业客户在复杂应用场景下不同生产或管理环节对异构网络架构和组网的需求。

（2）5G 行业网数字孪生建模能力。提供垂直行业运行设备、终端、行业网关等设备的孪生建模，包含物理空间模型、机理模型、语义模型等，实现数字空间和物理实体的关联，在"规划、建设、运维、优化"网络全生命周期中，为 5G 行业网数字孪生的仿真、可视化及智能运维能力提供基础能力支撑。

（3）5G 行业网数字孪生可视化能力。面向 5G 行业网全生命周期提供数字孪生多维可视化功能，涵盖网络设计、网络运营和维护等各个阶段，既为行业客户提供定制化和可视化的端到端网络解决方案、网络组网规划及网络建设进度监控等功能，也能提供网络运行状态、网络配置、网络覆盖等可视化能力。

（4）5G 行业网数字孪生智能化运维能力。基于智能运维算法，结合 5G 行业网基础设施运行参数、业务数据、历史故障、告警日志等数据，通过孪生仿真等技术提供 5G 行业网故障诊断、故障预测及自愈性维护等服务。

14.2.2　数字孪生助力自智网络实现

数据中台技术、通信人工智能、网络数字孪生是驱动自智网络发展的三大支撑技术。网络数字孪生技术目前被定义为 6G 的潜在关键技术，网络数字孪生将是未来运营商走向真正全自智网络的重要助推力。网络数字孪生技术不仅能够对现有网络进行全面的复现，更为重要的是结合数据底座以及 AI 技术，能够前瞻性展望未来网络发展。

1．自智网络概念

自智网络通过三层四闭环架构构建网络自动化、智能化能力，旨在构建网络全生命周期的自动化、智能化运维能力，面向消费者和垂直行业客户提供"零等待、零故障、零接触"的新型网络与 ICT 服务，面向网络智慧运维打造"自配置、自修复、自优化"的数智化运维能力。此外，还需支持自服务、自发放、自保障的电信网络基础设施，为运营商的规划、营销、运营、管理等部门的内部用户提供便利。

自智网络框架分为三个层级和四个闭环。其中，三个层级为通用运营能力，可支撑所有场景和业务需求：

● 资源运营层：主要面向单个自治域提供网络资源和能力自动化。

- 服务运营层：主要面向多个自治域提供IT服务、网络规划、设计、上线、发放、保障和优化运营能力。
- 业务运营层：主要面向自智网络业务，提供客户、生态和合作伙伴的使能和运营能力。

四个闭环实现层间全生命周期交互，包括：

- 用户闭环：上述三个层级之间和其他三个闭环之间的交互，以支持用户服务的实现。三个层级之间通过意图驱动式极简API接口进行交互。
- 业务闭环：业务和服务运营层之间的交互。业务闭环可能会在其实现中调用相关的服务闭环和资源闭环。
- 服务闭环：服务、网络和IT资源运营层之间的闭环。服务闭环可能会在其实现中触发相关的资源闭环。
- 资源闭环：以自治域为粒度的网络及ICT资源运营间的交互。

三层四闭环架构如图 14-4 所示。

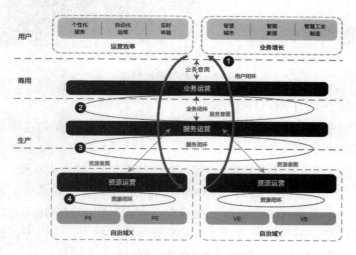

图 14-4　三层四闭环架构

2. 自智网络等级

为了实现和衡量客户体验和 SLA，TM Forum 定义了自智网络等级，以指导网络和服务的自动化和智能化，评估自智网络服务的价值和优势，并指导运营商和厂商的智能升级。

- L0——人工运维：系统提供辅助监控能力，所有动态任务都需要人工执行。
- L1——辅助运维：系统可根据预先配置，执行特定的重复性子任务，以提高执行效率。

- L2——部分自智网络：在特定外部环境中，系统可以根据预定义的规则/策略，面向特定单元使能自动化闭环运维。
- L3——条件自智网络：在L2的基础上，系统可以实时感知环境变化，并在特定网络专业中进行自优化和自调整，以适应外部环境。
- L4——高度自智网络：在L3的基础上，系统可在更复杂的跨多网络领域环境中，实现业务和客户体验驱动网络的预测式或主动式的闭环管理，从而进行分析并做出决策。
- L5——完全自智网络：这个等级是电信网络演进的终极目标，系统具备面向多业务、多领域、全生命周期的全场景闭环自治能力。

自智网络等级如图14-5所示。

自智网络等级	L0:人工运维	L1:辅助运维	L2:部分自智网络	L3:条件自智网络	L4:高度自智网络	L5:完全自智网络
执行	P	P/S	S	S	S	S
感知	P	P/S	P/S	S	S	S
分析	P	P	P/S	P/S	S	S
决策	P	P	P	P/S	S	S
意图/体验	P	P	P	P	P/S	S
适用性	N/A	选择场景				所有场景

P 人（手工）　　S 系统（自主）

图 14-5　自智网络等级

3. 数字孪生助力实现自智网络

在数字孪生技术体系的语境中，Digital Twin Network 指的是由数字孪生服务连接构成的数字孪生交互网络。其中，代表物理实体的数字孪生体可以在互联网多云环境下实现数字化连接，通过边缘层实现实时的虚实互动。

在电信网络体系的语境下，Network Digital Twin 能更加准确地说明网络的数字孪生化，也就是利用数字孪生技术构建物理网络的数字化镜像，全生命周期管理运营网络。进一步而言，依靠网络数字孪生技术，可以更好地提升自智网络等级，加速网络自智朝着完全自智网络等级演进。

借助数字孪生技术，一个与自智网络深度交互的孪生体将为全生命周期管理带来全新理念，包括：

- 网络全息立体可视：随着三维 GIS、BIM、增强现实、虚拟现实等技术的快速发展，融合相关技术实现对通信网络组网拓扑、网络路由分布、网络业务运营状态的全息可视化。充分展现室内到室外、地上到地下的网络分布及运行状态。帮助用户精准掌握网络状况，助力客户有效挖掘网络价值信息。真实还原复杂网络环境，构建网络三维立体沙箱。
- 数据驱动全生命周期管理：建设以数据驱动的网络全生命周期管理，通过对通信网络网元的数字化建模，实现对通信网元的可管、可控、可视。基于底层数据开放，全面实现网元的数据接口场景化、标准化、自动化。建设不同网元的本体模型，利用深度学习、机器学习等人工智能算法，将业务场景中的运行规则集成于知识图谱，辅助网络网元全生命周期管理中精准推理、业务预测、动态规划等工作。逐步实现网元本体基于历史运行数据实现自学习，进一步完善自有数据模型。

● 网络运行模拟仿真：打造数字孪生网络的仿真、分析和预测功能，面向现有网络的规划、建设、维护、优化、运营等应用场景，建设通信网络模拟运行环境。通过数字线程等技术，实现对网络运行态、模拟态的镜像管理。基于孪生网络模拟运行环境实现对网络运行趋势的模拟与推演，从而满足网络的自验证、自演进的能力。降低现网部署的试错风险和成本。

● 网络实时闭环控制：实现物理网络与网络孪生层之间的实时映射关联，可实现基于网络孪生层进行测试、仿真、分析、验证，并将相关网络调整或规划方案实时下发到物理网络层。让用户对物理网络层进行实时控制与优化。

网络数字孪生赋能网络全生命周期管理，助力自智网络等级快速提升，如图 14-6 所示。

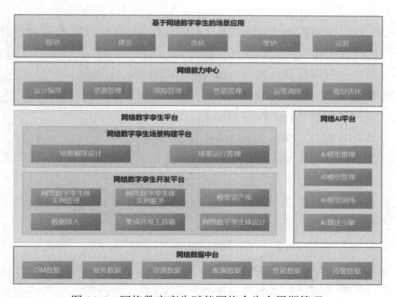

图 14-6　网络数字孪生赋能网络全生命周期管理

14.2.3　数字孪生助力智慧运维

近年来运维技术飞速发展，运维团队大多建设好了各种系统，如虚拟化、容器化、持续集成等。但是如何有效利用这些系统最终实现站点的高可用、高性能、高可扩展？随着智能化技术的发展，为了解决上述运维领域的问题，智能运维的呼声越来越高。

1. 智能运维概念

智能运维，也称为 AIOps（Artificial Intelligence for IT Operations），即将人工智能 /M 或其他高级分析技术应用于业务和运营数据，以建立关联并实时提供规范性和预测性答案的软件。这些洞察力产生实时的业务绩效 KPI，使团队能够更快地解决事件，并帮助完全避免事件。

随着业务的发展、服务器规模的扩大，以及云化（公有云和混合云）、虚拟化的逐步落实，运维工作就扩展到了容量管理、弹性（自动化）扩缩容、安全管理，以及（引入各种容器、开源框架带来的复杂度提高而导致的）故障分析和定位等范围。

传统的运维工作经过不断发展（服务器规模的不断扩大），大致经历了人工、工具和自动化、平台化和智能运维（AIOps）几个阶段。这里的 AIOps 不是指 Artificial Intelligence for IT Operations，而是指 Algorithmic IT Operations（基于 Gartner 的定义标准）。

Gartner 定义的 AIOps 平台拥有 11 项能力，这些能力算是对智能化运维的概念描述：

- 包括历史数据管理（Historical Data Management）。
- 流数据管理（Streaming Data Management）。
- 日志数据提取（Log Data Ingestion）。
- 网络数据提取（Wire Data Ingestion）。
- 算法数据提取（Metric Data Ingestion）。
- 文本和NLP文档提取（Document Text Ingestion）。
- 自动化模型的发现和预测（Automated Pattern Discovery and Prediction）。
- 异常检测（Anomaly Detection）。
- 根因分析（Root Cause Determination）。
- 按需交付（On-premises Delivery）。
- 软件服务交付（Software as a Service）。

基于算法的 IT 运维，能利用数据和算法提高运维的自动化程度和效率，比如将其用于告警收敛和合并、根因分析、关联分析、容量评估、自动扩缩容等运维工作中。

在 Monitoring（监控）、Service Desk（服务台）、Automation（自动化）之上，利用大数据和机器学习持续优化，用机器智能扩展人类的能力极限，这就是智能运维的实质含义。

智能运维不是一个跳跃发展的过程，而是一个长期演进的系统，其根基还是运维自动化、监控、数据收集、分析和处理等具体的工程。人们很容易忽略智能运维在工程上的投入，认为只要有算法就可以了，其实工程能力和算法能力在这里同样重要。

智能运维需要解决的问题有：海量数据存储、分析、处理，多维度，多数据源，信息过载，复杂业务模型下的故障定位。

2．数字孪生助力智能运维

智能运维的出现，成功帮助运维人员快速收敛故障范围，加快故障定位速度，提升了运维效率，降低整体运维成本。

随着 5G 新技术的出现，网络的融合程度将空前加强，终端和服务将继续朝着多元化的方向发展，虽然这种发展正在推动社会进步，但我们也看到运维背后的巨大压力，即运维场景变得更加错综复杂，运维人员需要不断地学习以适应新技术、新系统、新工具。纵使智能运维工具可以快速收敛故障范围，加速定位故障原因，但是如何快且准确定故障解决方案，如何保障方案实施后的效果，却成为了一个新难题。即使一个拥有多年丰富运维经验的专家，也无法保证方案实施后的效果。

数字孪生技术的出现恰巧很好地解决了这个难题。它是一种超越现实的概念，被视为一个或多个重要的、彼此依赖的装备系统的数字映射系统，可以在众多领域应用，采用信息技术对物理实体的组成、特征、功能和性能进行数字化定义和建模，在计算机虚拟空间存在的与物理实体完全等价的信息模型，可以基于数字孪生体对物理实体进行仿真分析和优化。

运维人员可以借助支持数字孪生的智能运维系统，在确定故障解决方案之后，通过系统生成基于某时刻的一个孪生或者镜像环境（具备某时刻真实环境必备的数据）。解决方案可以在该仿真环境上进行实操，并能够实时查看实施效果。如果效果不够理想，或者没有真正解决问题，那么可以继续优化完善解决方案，通过这种不断迭代尝试效果的方式来最终确定解决方案，以达到在彻底解决故障的同时对现网的影响最小化的目的。

14.3　网络数字孪生整体方案

本节针对数字孪生网络，对构建全流程进行介绍，包括架构、模型构建、进行孪生体实例化管理、场景编排，并对其在智慧运维场景中的应用进行介绍。

14.3.1　网络数字孪生定义

"网络数字孪生"是数字孪生技术在网络上的应用，"网络数字孪生"可被定义为一个具有物理网络实体及虚拟孪生体，且二者可进行实时交互映射的网络系统。在此系统中，各种网络管理和应用可利用数字孪生技术构建网络虚拟孪生体，基于数据和模型对物理网络进行高效分析、诊断、仿真和控制。基于此定义，网络数字孪生应当具备 4 个核心要素：数据、模型、映射和交互，如图 14-7 所示。

网络数字孪生的四大核心要素的含义如下：

● 数据是构建网络数字孪生的基石，通过构建统一的数据共享仓库作为网络数字孪生的单一事实源，高效存储物理网络的配置、拓扑、状态、日志、用户业务等历史和实时数据，为网络孪生体提供数据支撑。

● 模型是网络数字孪生的能力源，功能丰富的数据模型可通过灵活组合的方式创建多种模型实例，服务于各种网络应用。

图 14-7　网络数字孪生的核心要素

● 映射是物理网络实体通过网络孪生体的高保真可视化呈现，是网络数字孪生区别于网络仿真系统的最典型特征。

● 交互是达成虚实同步的关键，网络孪生体通过标准化的接口连接网络服务应用和物理网络实体，完成对于物理网络的实时信息采集和控制，并提供及时诊断和分析。

基于四要素构建的网络孪生体可借助优化算法、管理方法、专家知识等对物理网络进行全生命周期的分析、诊断、仿真和控制，实现物理网络与孪生网络的实时交互映射，帮助网络以更低成本、更高效率、更小的现网影响部署各种网络应用，助力网络实现极简化和智慧化运维。

14.3.2　网络数字孪生的架构

网络数字孪生的架构为如图 14-8 所示的"三层三域双闭环"：三层指构成网络数字孪生系统的物理网络层、孪生网络层和网络应用层；三域指孪生网络层数据域、模型域和管理域，分别对应数据共享仓库、服务映射模型和网络孪生体管理三个子系统；"双闭环"是指孪生网络层内基于服务映射模型的"内闭环"仿真和优化，以及基于三层架构的"外闭环"对网络应用的控制、反馈和优化。

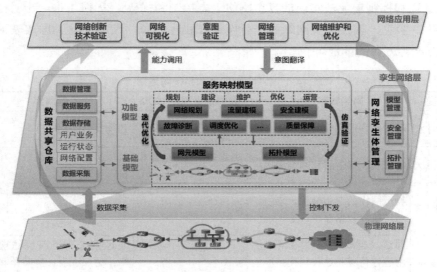

图 14-8　网络数字孪生的架构

网络数字孪生架构的三层介绍如下。

第一层：物理网络层。物理实体网络中的各种网元通过简洁开放的南向接口同网络孪生体交互网络状态和网络控制信息。作为网络孪生体的实体对象，物理网络既可以是蜂窝接入网、蜂窝核心网，也可以是数据中心网络、园区企业网、工业物联网等；既可以是单一网络域（例如，无线或有线接入网、传输网、核心网、承载网等）子网，也可以是端到端的跨域网络，既可以是网络域内所有的基础设施，也可以是网络域内特定的基础设施（例如，无线频谱资源、核心网用户面网元等）。

第二层：孪生网络层。孪生网络层在网络管控平面上构建物理网络的虚拟镜像，包含数据共享仓库、服务映射模型和数字孪生体管理三个关键子系统：数据共享仓库负责采集和存储各种网络数据，并向数据映射模型子系统提供数据服务和统一接口；服务映射模型完成基于数据的建模，为各种网络应用提供数据模型示例，最大化网络业务的敏捷性和可编程性；网络孪生体管理子系统负责网络孪生体的全生命周期管理以及可视化呈现。

第三层：网络应用层。网络应用层通过北向接口向孪生网络层输入需求，并通过模型化实例在孪生网络层进行业务的部署，充分验证后，孪生网络层通过南向接口将控制更新下发至物理实体网络。网络运维和优化、网络可视化、意图验证、网络自动驾驶等网络创新技术及各种应用能够以更低的成本、更高的效率和更小的现网业务影响实现快速部署。

从网络数字孪生的架构可以看出，网络数字孪生不局限于软件定义网络 SDN 的架构；同平行网络相似，网络数字孪生能够基于虚拟层的仿真，实现 SDN 管理和控制层无法实现的复杂网络动态控制和优化。表 14-1 进一步对比了网络数字孪生、软件定义网络和平行网络在物理对象、架构层次、虚实映射和分析方法等方面的区别。

表 14-1 DTN、SDN 和平行网络对比

维度	网络数字孪生	软件定义网络 SDN	平行网络
物理对象	各种类型的物理网元	具备 SDN 特性的物理网元	各种类型的物理网元
架构层次	物理层、孪生层和网络应用层	物理层、控制层和管理层	物理层、"人工网络＋计算机"实验层
虚拟网络	物理网络的孪生镜像，孪生层通过统一数据建模构建	N/A	基于人工系统生成物理网络对应的人工网络；人工网络基于 SDN 架构构建
虚实映射	通过功能映射模型对网络应用进行仿真和迭代优化；注重虚实映射的实时性和精确性	N/A	通过人工网络逼近物理网络；更加强调计算实验和外在行为的干预
分析方法	基于孪生层的共享数据仓库，充分利用大数据分析、人工智能技术，通过模型化实例的迭代仿真，实现网络的全局动态实时控制和优化	只具备基本的网络控制和管理能力，缺乏对于复杂网络的动态控制和优化能力	通过对人工网络（以及人工数据）进行各种实验，对网络行为进行分析和预测，进而平行执行至物理网络并根据反馈迭代优化

网络数字孪生架构的三域介绍如下。

1. 数据共享仓库

数据共享仓库通过南向接口采集并存储网络实体的各种配置和运行数据，形成网络数字孪生的单一事实源，为各种服务于应用的网络模型提供准确完备的数据，包括但不限于网络配置信息、网络运行状态和用户业务数据等。数据共享仓库主要有以下四项职责：

- 数据采集。完成网络数据的抽取、转换、加载，以及清洗和加工，便于大规模的数据实现高效分布式存储。
- 数据存储。结合网络数据的多样化特性，利用多种数据存储技术，完成海量网络数据的高效存储。
- 数据服务。为服务映射模型子系统提供多种数据服务，包括快速检索、并发冲突、批量服务、统一接口等。
- 数据管理。完成数据的资产管理、安全管理、质量管理和元数据管理。
- 作为网络数字孪生的基石，数据共享仓库中的数据越完备、越准确，数

据模型的丰富性和准确性就越高。

2．服务映射模型

服务映射模型包括基础模型和功能模型两部分。

- 基础模型是指基于网元基本配置、环境信息、运行状态、链路拓扑等信息，建立的对应于物理实体网络的网元模型和拓扑模型，实现对物理网络的实时精确描述。
- 功能模型是指针对特定的应用场景，充分利用数据仓库中的网络数据，建立的网络分析、仿真、诊断、预测、保障等各种数据模型。功能模型可以通过多个维度构建和扩展：按照网络类型构建，可以有服务于单网络域（如移动接入网、传输网、核心网、承载网等）的模型或者服务于多网络域的模型；按照功能类型划分，可分为状态监测、流量分析、安全演练、故障诊断、质量保障等模型；按照适用范围划分，可以划分为通用模型和专用模型；按照网络生命周期管理划分，可分为规划、建设、维护、优化和运营等模型。将多个维度结合在一起，可以创建面向更为具体应用场景的数据模型，例如，可以建立园区网络核心交换机上的流量均衡优化模型，通过模型实例服务于相应的网络应用。

基础模型和功能模型通过实例或者实例的组合向上层网络应用提供服务，最大化网络业务的敏捷性和可编程性。同时，模型实例需要通过程序驱动在虚拟孪生网元或网络拓扑中对预测、调度、配置、优化等目标完成充分的仿真和验证，保证变更控制下发到物理网络时的有效性和可靠性。

3．网络孪生体管理

网络孪生体管理完成网络数字孪生的管理功能，全生命周期记录、可视化呈现和管控网络孪生体的各种元素，包括拓扑管理、模型管理和安全管理。

- 拓扑管理基于基础模型，生成物理网络对应的虚拟拓扑，并对拓扑进行多维度、多层次的可视化展现。
- 模型管理服务于各种数据模型实例的创建、存储、更新以及模型组合、应用关联的管理。同时，可视化地呈现模型实例的数据加载、模型仿真验证的过程和结果。
- 安全管理与共享数据仓库中的数据管理一起，负责网络数字孪生数据和模型安全保障相关的鉴权、认证、授权、加密和完整性保护。

14.3.3　网络数字孪生关键技术

构建网络数字孪生系统面临以下主要问题和挑战：

- 兼容性问题。网络中不同厂商设备的技术和支持的功能不一致，因此建立面向全网领域的数据共享仓库，设计适配异厂商设备的接口以进行统一数据采集和处理的难度较高。

- 建模难度大。基于大规模网络数据，数据建模既要保证模型功能的丰富性，也需考虑模型的灵活性和可扩展性，这些需求进一步加大了构建高效的、层次化的基础模型和功能模型的难度。

- 实时性挑战。对于实时性要求较高的业务，模型仿真和验证在网络数字孪生上的处理会增加延迟，所以模型的功能和流程需要增加多种网络应用场景下的处理机制；同时，实时性要求也会进一步增加系统的软硬件性能需求。

- 规模性难题。通信网络通常网元数量多、覆盖地域广、服务时间长，因此网络数字孪生体必将是一个规模庞大的复杂性系统，这会显著增加数据的采集和存储、模型的设计和运用等方面的复杂度，对系统的软硬件要求也会非常高。

为了解决以上问题和挑战，网络数字孪生需要采用目标驱动的网络数据采集、多元网络数据存储和服务、多维全生命周期网络建模、交互式可视化呈现以及接口协议体系五大关键使能技术，完成网络数字孪生系统的构建。

（1）目标驱动的网络数据采集。

数据采集是构建数据仓库的基础，作为物理网络的数字镜像，数据越全面、越准确，网络数字孪生越能高保真地还原物理网络。数据采集应当采用目标驱动模式，数据采集的类型、频率和方法需以满足网络数字孪生的应用为目标，兼具全面、高效的特征。当对特定网络应用进行数据建模时，所需的数据均可以从网络孪生层的数据共享仓库中高效获取。以目标应用为驱动，只有全面、高效地采集模型所需数据，才能构建精准数据模型，为目标应用提供良好服务。

网络数据采集方式有很多，例如技术成熟、应用广泛的 SNMP（Simple Network Management Protocol）、Netconf，可采集原始码流的 NetFlow、sFlow，支持数据源端推送模式的网络遥测（Net-Work Telemetry）等，不同的数据采集方案具备不同的特点，适用于不同的应用场景。

目前，业界通常认为，网络遥测是指自动化远程收集网络多源异构状态信息，进行网络测量数据存储、分析及使用的技术。网络遥测系统具备如下主要特征：

- 推送模式。设备支持通过推送（Push）模式主动向遥测服务器发送采集数据。
- 大容量和实时性。网络遥测数据可直接被系统使用，因此支持大容量和实时数据。

● 模型驱动。数据使用YANG模型描述，可扩展性好。

● 定制化。支持网络管理员基于特定应用需求定制网络采集方案。

如图 14-9 所示为网络遥测系统的数据结构关系。网络数字孪生的数据主要包括用户业务数据、网络配置及运行状态数据三大类数据，依据网络遥测系统的数据结构，各类数据源使用统一的数据建模语言 YANG，而数据流编码格式、数据流输出协议和传输承载协议根据不同的数据源按需择优选择。

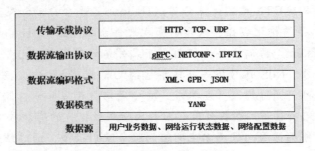

图 14-9 网络遥测系统数据结构

按照测量与转发是否分离，网络遥测可分为带外遥测和带内遥测。带外遥测具有网络开销较小、测量信息种类较多的优点，但很难满足对用户数据流检测的实时性和准确性要求，同时可编程性也较弱，包括 NetFlow、IPFIX、PBT 等方案；带内遥测的随路检测特性能够保证获取业务测量的准确性，能够对网络拓扑、网络性能和网络流量实现更细粒度的测量，同时具有较好的可编程性，包括 INT、In-situ OAM、iFIT 等方案。

针对不同网络建模需求可按需选择最适合的网络遥测方案。以网络运行状态数据中的时延数据为例，可使用带内网络遥测（Inband Network Telemetry，INT）技术进行采集：数据报文经过每一台交换机时都将设备时延数据插入数据包，插入的位置依据报文封装格式不同而不同，最后一跳交换机将收集所有的转发时延，通过 gRPC 协议输出至数字孪生数据共享仓库。

（2）多元网络数据存储和服务。

数据仓库是一个面向主题的、集成的、随时间变化的，但信息本身相对稳定的数据集合，用于对管理决策过程的支持。数据共享仓库是网络数字孪生的单一事实源，存储海量的网络历史数据和实时数据，并将各种数据集成到统一的环境中，为数据建模提供统一的数据接口和服务。针对网络数据规模大、种类多、速度快等特点，可综合应用多元存储和服务技术构建网络数字孪生的数据共享仓库，参考功能如图 14-10 所示。

- 数据采集层：负责将网络采集的源数据进行抽取、转换和加载（Extract-Transform-Load，ETL），完成数据清洗和优化，以尽可能小的代价将数据导入分布式数据库。

- 数据存储层：根据网络数据的应用场景、数据格式和实时性要求等特性的不同，选用多种数据存储技术构建多源异构数据库，分别存储结构化、非结构化的网络数据。结合数据孪生网络的建模数据以结构化数据为主的特点，可基于大规模并行处理MPP（Massive Parallel Processing）数据库构建DTN的主数据仓库。Hadoop云平台存储和处理技术可用于管理非/半结构化数据，采用分布式文件系统HDFS（Hadoop Distributed File System）存储文件，使用分布式并行计算框架MapReduce并行执行计算操作。NoSQL数据库支持半结构化或者非结构化数据的海量存储、高扩展性、高可用及并发要求，其中图形数据库和列存储数据库适用于网络特定场景下的数据处理，可作为传统数据库的有效补充。

- 数据服务层：面向数据孪生网络的服务映射模型，通过统一的数据服务接口提供建模所需数据，同时提供包括快速搜索、数据联邦、并发冲突、批量服务、服务组合、历史快照与回退等各种服务。

- 数据管理：负责数据采集、存储和服务过程中的数据准确性、完全性和完整性，具体包括源数据管理、数据安全管理、数据质量管理和数据资产管理。

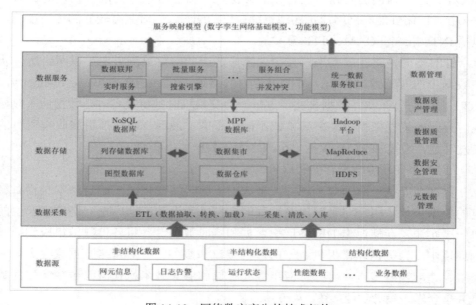

图 14-10　网络数字孪生的技术架构

（3）多维全生命周期网络建模。

基于本体的基础模型建模。网络数字孪生的基础模型通过定义基于本体的统一数据模型，实现多源异构网络数据的一致性融合表征，为构建网络数字孪生奠定基础。基础模型中网元模型和拓扑模型的构建包括三个步骤：构建本体模型、构建"统一表征数据库"及构建网元模型和拓扑模型。具体流程如图 14-11 所示。

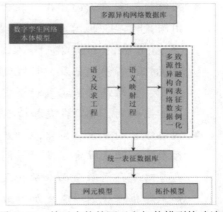

图 14-11　基于本体的网元和拓扑模型构建流程

孪生网络本体模型是实现多源异构网络数据一致性表征的基础，可指导生成"统一表征数据库"。具体实现方式可结合网络领域知识，定义本体的组成要素（类、属性、关系、公理、实例），继而通过本体对多源异构数据进行一致性表征。以交换机为例，其本体模型的组成要素可设计如下：

- 类：对应交换机的种类，如二层、三层、四层等类型交换机。
- 属性：对应交换机的基本属性。物理属性包括交换机的尺寸、功耗、端口数量等；功能属性包括交换机支持的各种转发功能、管理功能等。
- 关系：对应交换机实例之间或者交换机同其他网元之间的关系，例如物理直连、逻辑互联、IP可达等。
- 公理：交换机公知的规则及原理，例如存储转发需要耗时、互联互通时需要统一的接口和协议等。
- 实例：基于交换机种类创建的多个个体。

统一表征数据库的构建。基于孪生网络本体模型构建，通过语义反求工程、语义映射过程和多源异构数据一致性融合表征实例化操作，形成具有统一格式的数据，完成从多源异构数据到统一表征数据的映射。

网元模型和拓扑模型的构建。根据不同网元模型的功能或拓扑模型的结构，可基于统一表征的数据库，按需组合构建网络基础模型，从而实现孪生网络和物理网络的虚实映射。

全生命周期功能型建模。功能模型面向实际网络功能需求，通过全生命周期的多种功能模块，实现动态演进的网络推理决策。功能模型可以根据各种网络应用的需求，通过多个维度构建和扩展。本文从网络数字孪生的功能模型服务于物理网络的全生命周期运维的维度，描述规划、建设、维护、优化及运营五个方面数据建模时分别适用的关键算法。

- 网络规划和建设的建模。基于数据仓库中的网络及业务相关的数据，利用深度学习、机器学习[随机森林、梯度提升决策树（Gradient boosting decision tree，GBDT）]等人工智能算法对业务预测、网络性能预测、覆盖优化、容量规划及站址规划等场景进行一一建模，通过数据仓库不断补充、更新训练数据到模型中，进行模型更新迭代，形成一种AI模型的自适应机制，以实现更加精确的模型推理。

- 网络维护的建模。网络维护是一项庞大而复杂的工程，面对网络维护中存在的各种故障定位及定界问题，当前已有的抽象出来的数学算法还不具备对现存问题全面准确的表达能力。面向网络维护的建模，基于经验知识的推理规则通常更加有效。因此，我们引入知识图谱作为数字孪生体中一种重要的核心技术，人类的经验知识通过知识图谱固化下来。知识图谱的规模随着不同的场景域相关经验知识的不断沉淀，构建的事物之间的关联关系体系越发庞大，所累积的背景知识亦不断增加。将网络专家自身的经验转换为推理规则集成于知识图谱，可实现对故障诊断及定位等网络维护场景的精准推理。

- 网络优化的建模。网络优化包括诸如资源调配、流量工程、内容分发网络调度等多种场景。对于网络优化模型的建模，由于其问题的非凸性、非平稳性、随机性等困难，可采用进化类算法，如遗传算法、差分进化算法、免疫算法等，或者采用群智能算法，如蚁群算法、粒子群算法等。另外，对于复杂的动态调度优化场景，可引入强化学习。基于强化学习的智能调度方法组合了动态规划、随机逼近和函数逼近的思想，与传统调度方法相比，无须建立精确的问题模型，适合解决基于动态调度的网络优化问题。

- 网络运营的建模。网络运营包括基于网络所提供的多种服务，如话音、数据流量等基础业务以及多媒体社交和娱乐等富媒体业务。建模过程中需要有针对性地采集相关网络与业务数据，借助深度学习、集成算法等进行模型训练，为了节省计算资源，对于不同领域之间或者相似领域内的不同场景的建模，可借助迁移学习，针对不同情况利用基于实例的迁移、特征的迁移及共享参数的迁移等方法进行快速精准建模。以视频用户体验评估（Quality of Experience）为例，采集网络侧关键性能指标数据和用户侧视频体验数据（如初缓时延、卡顿等）进行关联，利用深度学习算法构建视频用户体验的评估模型，实现运营商对用户体验的智能感知评估。鉴于视频业务的相似性，可将一个视频业务训练好的模型利用迁移学习应用于另外的视频业务，以达到快速精准建模。

（4）交互式可视化呈现。

利用网络可视化技术，高保真地可视化呈现网络孪生体中的数据和模型，直观反映物理网络实体和网络孪生体的交互映射，是网络数字孪生系统的内在要求。图形化展示网络数据和模型，一方面可以辅助用户认识网络的内部结构，另一方面有助于挖掘隐藏在网络内部的有价值信息。网络数字孪生的可视化面临孪生网络规模大、虚实映射实时性要求高、数据模型的可解释性偏低等挑战，需要探索高效、实时、精确、互动性强的可视化呈现方法。根据需求范围不同，网络孪生体可视化呈现分为以下三类：

- 网络拓扑可视化。网络拓扑结构是通信网络各种元素（链路、节点等）的排列，是图论的应用，其中通信设备被建模为节点，设备之间的连接被建模为节点之间的链路。作为网络数字孪生可视化的基础，网络拓扑可视化将网络节点和链路以点和线构成图形进行呈现，清晰直观地反映网络运行状况，辅助人们对网络进行评估和分析。可视化布局算法是拓扑可视化的核心。一个好的拓扑布局算法需要满足3个条件：①有效避免拓扑图中节点的重叠；②拓扑结构图中边的交叉尽可能减少；③网络拓扑满足基本美学标准，如区域最小原则、边交叉最小原则、节点密度均匀原则。文献列举了常用的拓扑布局算法，结合通信网络规模大、隧道多、分域自治等特点，网络数字孪生的拓扑可视化可选用层次型布局、启发式布局或力导向布局等算法（或者几种算法的组合）进行拓扑布局。同时，网络拓扑可视化需要反映网络数据时间的动态变化，连续显示网络拓扑的状态或者按需显示任意时刻的网络拓扑快照。

- 功能模型可视化。网络数字孪生功能模型的可视化是指将模型实例的创建、数据的加载、模型的仿真验证过程和结果利用网络可视化技术呈现出来，帮助用户更好地理解、探索和推演模型。近些年来，诸多网络领域包括网络流量和资源规划、安全威胁描述、网络异常分析、网络攻击检测等已实现了网络功能的可视化呈现。将相关的可视化技术运用到网络数字孪生的流量建模、故障诊断、质量保障、安全建模等功能模型中，基于网络孪生体完成功能验证的同时实现可视化呈现，可进一步直观体现统一数据模型作为网络数字孪生能力源所发挥的作用。

- 可视化动态交互。动态交互是用户通过与系统之间的对话和互动操作理解数据的过程。交互操作可有效缓解有限的可视化空间和数据过载之间的矛盾，拓展可视化中信息表达的空间。网络数字孪生的网络拓扑和数据模型需要尽可能提供动态交互功能，让用户更好地参与对网络数据和模型的理解和分析，帮助用户探索数据、提高视觉认知。常用的网络可视化动态交互方法有直接交互、"焦点+上下文"交互、关联性交互和沉浸式模拟，网络数字孪生系统可根据不同的应用场景选用不同的交互方法或通过多种交互方法的组合实现虚实网络的可视化动态交互映射。

（5）接口协议体系。

面对构建大规模网络数字孪生的兼容性和扩展性需求，网络数字孪生系统需要设计标准化的接口和协议体系。基于本文网络数字孪生的参考架构，系统主要包含以下三种接口：

- 孪生南向接口。包括孪生网络层和物理网络层之间的数据采集接口和控制下发接口。数据采集接口负责完成孪生网络层数据共享仓库的数据采集，控制下发接口负责将服务映射模型仿真验证后的控制指令下发至物理网络层的网元。
- 孪生北向接口。包括网络应用层和孪生网络层之间的意图翻译接口和能力调用接口。网络应用层可以通过意图翻译接口，将应用层意图传递给孪生网络层，为功能模型提供抽象化的需求输入。孪生网络层可以通过能力调用接口，把其内部的数据和算法模型能力，提供给上层各式各样的应用调用，满足网络应用对数字孪生体的数据和模型的调用，简易实现对实体状态的监控、诊断和预测等功能。
- 孪生内部接口。包括孪生网络层内部数据仓库和功能模型之间的接口、功能模型和数字孪生体管理之间的接口、功能模型之间的接口等一簇接口。孪生层内部基于功能模型对网络应用进行闭环控制和持续验证，内部数据的交互数量和频率将非常高，因此内部接口通过标准化定义保证扩展性的同时，需要使用高效的协议保证数据传输的效率。

随着网络规模的发展，上层应用系统越来越多，下层的物理网元数量也会逐步增加，导致网络接口的实际数量迅速增加。为了新应用、新功能的快速引入和集成，需要在孪生网络接口设计时考虑采用统一的、扩展性强的、易用的标准化接口。

- 孪生北向可以考虑使用轻量级的、易扩展的RESTful接口。表现层状态转移（Representational State Transfer，Restful）以资源为核心，将资源的CRUD（Create，Read，Update，Delete）操作映射为HTTP的GET、PUT、POST、DELETE等方法。由于REST式的Web服务提供了统一的接口和资源定位，简化了服务接口的设计和实现，降低了服务调用的复杂度。
- 孪生南向接口由于需要频繁、高速的数据采集，可以考虑使用RDMA协议，即远程直接数据访问（Remote Direct Memory Access，RDMA），是一种远端内存直接访问技术，数据收发时通过网络把数据直接写入内存，可以大大节约节点间数据搬移时对CPU算力的消耗，并显著降低业务的传输时延，提高传输效率。

● 网络应用层和孪生网络层之间的意图翻译接口和能力调用接口可以考虑使用基于QUIC的HTTP/3.0协议。QUIC（Quick UDP Internet Connections）协议是一种新的多路复用和安全传输 UDP 协议，具有连接快、延迟低、前向纠错、自适应拥塞控制等特点。HTTP/3.0是HTTP协议的第3个版本，采用QUIC作为传输层，解决了很多之前采用TCP作为传输层存在的问题。

14.3.4　网络数字孪生模型建模

网络数字孪生模型，涉及两个方面：一是基于本体的基础模型；二是刻画孪生体运行的功能模型。

1．基于本体的基础模型

基于本体的基础模型，和本体的类型强相关，因此也被称为单体模型。

单体模型是针对单个网络的实体的模型定义，并进行数字化、孪生化的过程，通过实体数据模型、几何模型、属性定义模型、可视规则模型、事件规则模型来定义一个网络实体的数字化模型，并通过此模型完成现实网络数字化、孪生化。

（1）实体数据模型。

管理对象多为描述性的信息，例如编码、名称、出厂厂家等。对于描述性信息，多采用图表、文字等方式进行表达。

（2）几何模型。

单体模型的几何模型定义，是通过模型资产库，选择与需要描述的事物相近、相似甚至一致的三维模型。三维模型可以直观地描述事物的特征或者相关形状，能够载入场景中，并获得直观的显示，进行有效的可视化表达。

孪生体的几何模型定义主要通过绑定几何模型来实现。选择与需要描述的事物相近、相似甚至一致的三维模型。

以某厂家的某款型号的交换机为例，如图 14-12 所示。在几何模型的编辑中，定义其模型名称、描述、分类、等级以及几何外观，几何外观可以做到和真实的形状一致。

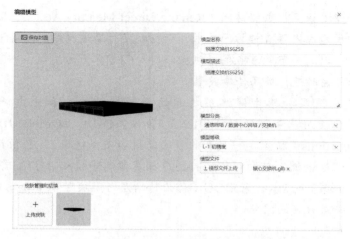

图 14-12　网元模型构建

（3）属性定义模型。

单体模型的属性定义，包括物理属性和功能属性。物理属性是几何模型的数字化描述，功能模型客观呈现孪生体实际支持的功能。按照如下的方式模型定义孪生体的属性，如图 14-13 所示。

属性分类	字段英文名	字段中文名	字段默认值	操作
▸ 几何模型	prdTYpe	产品型号	RG-S6250	修改 删除
▾ 设备模型	supplier	供应商	锐捷	修改 删除
▾ 物理属性	equipmentType	设备类型	交换机	修改 删除
基本信息	hardwareVersion	硬件版本	S6250	修改 删除
功能	softswareversion	软件版本		修改 删除
内存	prdDate	出厂日期	2018-01-01	修改 删除
▸ 端口信息	oid	OID		修改 删除
转发模块				
风扇				
温度				
▸ 控制模块				
CPU				
温度				
▸ 能力属性				

图 14-13　网元模型属性定义

（4）可视规则模型。

数字孪生体作为一个数字体，其拟真、仿真能力是通过数字孪生体可视化变化来进行表达，因此单体模型需要能够针对数字孪生体进行可视化内容的定义，针对不同的属性、控制的指令、传输的信息能够让数字孪生体呈现不同的可视化内容，这些可视化内容基于三维模型可视变化的基础进行提供，包括但是不限于模型颜色变化、大小变化、透明度变化、光线变化、位置变化、动画效果、显示与隐藏等。孪生体可视规则定义的实现主要通过选择待设计项、设计可视内容、变更可视内容、预览可视内容来实现。

基于三维模型可视变化的基础能力，提供图形化的配置功能，组合成不同类型的三维模型可视状态以及动画效果，如图 14-14 所示。

（5）事件规则模型。

单体模型中提供运行规则定义的能力。运行规则是指在数字孪生场景中，在特定的属性、接口的变更、调用的情况下，做出对应的属性变化、可视变化等。运行规则定义，是指在数字孪生体的属性、接口基础上，结合数字孪生体的可视形态，设计其运行规则。其主要功能包括如下。

图 14-14　网元模型可视化设计

触发条件：根据属性的变化，结合各类运算符（包括但是不限于等于、大于、小于、不等于），通过与参数相结合，完成出发条件的设计并保存。

响应动作：根据接口的调用，在调用某个接口之后，与具体的响应动作相关联，确定其接口对应的响应动作，并通过该响应动作决定数字孪生体的可视形态。

指导运维：能够在运行规则中指定需要加载的动作，影响到对应的孪生体运行状态，通过事件或者告警的方式提醒运维人员做出运维动作。

新增运行规则，如图 14-15 所示。

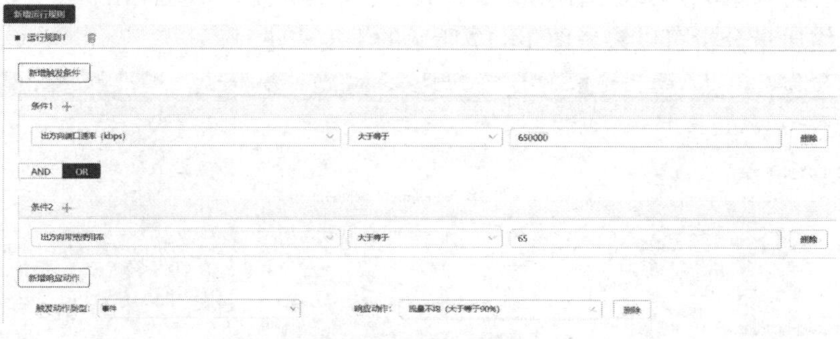

图 14-15　网元模型运行规则设计

规则满足条件后，触发相应的事件，如图 14-16 所示。

事件名称	中文描述	事件描述	操作
cpu_alarm	CPU利用率告警		修改 删除 可视化配置
memory_alarm	内存利用率告警		修改 删除 可视化配置
up_rate_alarm	上行利用率告警	上行利用率告警	修改 删除 可视化配置

图 14-16　事件触发规则设计

事件被触发后，对孪生体的运行施加影响，醒目提醒系统管理人员。

2. 刻画孪生体运行的功能模型

功能模型用来刻画孪生体的内在运行逻辑，支持对孪生体进行反馈和控制。

（1）事件检测模型。

网络事件检测可以分三类：一是网络设备故障；二是设备性能异常；三是带宽越限、端口拥塞等。

涉及的相关模型数据如下：

● 网络告警监测：关注重要告警（尤其端口UP/DOWN、链路断开、协议断链、CPU利用率冲高、设备性能状态异常等）。

● 网元性能数据的监测：主控CPU/内存利用率、板卡CPU/内存利用率、板卡温度等。

● 对业务流量的网络路径端口设置snmp trap，收集端口性能数据（端口当前流入流量）、当前流出流量（字节计数/包计数）、端口最大流入速度（含时间节点）、端口最大流出速度（含时间节点）、端口平均流入速度、端口平均流出速度，等等。

（2）网络质量分析模型。

重点监测网络流量的网络路径的所有端口性能数据，包含性能采集中的端口当前流入流量、当前流出流量（字节计数 / 包计数）、端口最大流入速度（含时间节点）、端口最大流出速度（含时间节点）、端口平均流入速度、端口平均流出速度。发送超大帧率、发送超小帧率、发送 CRC 错误帧率、发送丢包率、接收超大帧率、接收超小帧率、接收 CRC 错误帧率、接收丢包率等。从而形成网络质量分析模型。

网络质量分析可以参考图 14-17 所示的维度来进行。

评估指标	指标类型	单项指标计算说明	综合计算方式
孪生在线	否决指标	不在线就是0分	1. 孪生体不在线，0分 2. 孪生体在线，计算公式：100-CPU使用率扣分-内存使用率扣分-带宽使用率扣分
CPU使用率超阈值	投票指标	1. 超过50%，扣10分 2. 高于50%，每增加1%，扣1分，扣分计算公式：(使用率-50%)*100+10 3. 低于50%，该项指标正常，不扣分	
内存使用率超阈值	投票指标	1. 超过50%，扣10分 2. 高于50%，每增加1%，扣1分，扣分计算公式：(使用率-50%)*100+10 3. 低于50%，该项指标正常，不扣分	
带宽使用率超阈值	投票指标	1. 超过50%，扣10分 2. 高于50%，每增加1%，扣1分，扣分计算公式：(使用率-50%)*100+10 3. 低于50%，该项指标正常，不扣分 4. 如果孪生体有多个端口实体都超过阈值，那么扣分公式：最高扣分+其他扣分的总和*0.1	

图 14-17　网络质量分析模型设计

（3）拓扑规则模型。

拓扑规则模型分两类：物理拓扑规则和逻辑拓扑规则。

Underlay 拓扑是由 IP 及 OSPF 协议形成的拓扑，涉及的相关模型数据如下：

● 链路发现采集：互联IP地址自动发现链路连接情况。

● 配置信息采集：机框/机槽信息（编号、类型、所插板卡等）、物理/逻辑端口信息（端口名称、端口描述、端口带宽、IP地址、子网掩码、管理状态、协议状态等）。

● 路由采集：OSPF接口、建链关系、地址前缀、公告设备、路由类型、Metric值、变化类型等。

● 通过对物理拓扑和逻辑拓扑信息的采集，根据拓扑规则模型，实时展示孪生体的拓扑，如图14-18所示。

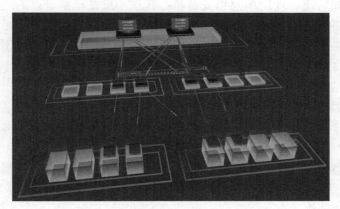

图 14-18　网络拓扑可视化规则模型

（4）路径拟真模型。

指的是网络流量的路径拟真模型，基于拓扑规则模型，叠加的模型数据主要包括：端口的路径权重（COST 值）、协议 ECMP 配置、端口负载分担模式。经过数据解析，获知网络流量的可选路径和最优路径。

在内闭环控制阶段，模拟调整相应参数（端口的路径权重"COST 值"、协议 ECMP 配置、端口负载分担模式），模拟模型数据的输入，依然是经过数据解析，获知内闭环调整后的最优路径。

（5）流量拟真模型。

指的是网络流量大小的拟真模型，基于上述路径拟真，叠加的模型数据主要包括：性能采集，网络中每个端口的每秒收发报文数、每秒收发字节数。依据采集的端口带宽等信息，经过数据解析，获知每个端口的带宽利用率，从而呈现出网络中所有链路的负载率，链路上的流量大小。

在内闭环控制阶段，基于路径拟真模型，结合内闭环调整前的流量参数，模拟模型数据的输入，依然是经过数据解析，获知内闭环调整后的最优路径上的流量大小。

（6）孪生体反馈模型。

反馈模型是定义的数字孪生体能够对外发出的信息，也即数字孪生体自己的"反馈"。

反馈模型定义的内容主要有：属性，即数字孪生体对外反馈的关于数字孪生体的静态信息，例如编码、名称等；数字模型的运行结果，数字孪生体可以对外反馈数字模型运行后的相关结果；与智能设备相关的反馈信息，反馈模型获取现实世界中物理实体反馈的结果，并直接基于数字孪生体实现。

综上，以告警信息为例，首先反馈模型可以通过静态的属性信息，反馈告警内容，例如容量、使用率等相关信息；其次，反馈模型可以通过数字模型运行的结果，进行告警反馈，如果数字模型运行结果一旦触发告警，反馈模型则反馈对应的告警信息；最后是智能设备反馈的告警信息，反馈模型复杂对接实时告警数据与服务、历史告警数据与服务，基于数字孪生体反馈其告警信息。

（7）孪生体控制模型。

控制模型指的是对数字孪生体能够施加的控制信息，在数字孪生的世界中，本质上数字孪生体的所有行为初始都是因为控制模型对数字孪生体输入了对应的控制信息。

控制模型定义的是数字孪生体能够施加的控制信息，控制模型除了可以定义类似启动、关闭等针对设备的操作信息，也可以定义类似扩容、拆除、开通等业务相关的动作。

总的来说，控制信息是指一个数字孪生体在数字世界中能够接收到的动作之和。

14.3.5　网络数字孪生实例化管理

孪生体实例是构建数字孪生场景的重要元素，也是在数字世界试错与物理世界执行的关键能力。通过在孪生体规格中的定义到孪生体实例化赋予整个孪生体交互能力。在构建场景中需要引用孪生体实例以及加载孪生体模型，供孪生场景的搭建使用。

网络数字孪生实例化是指根据规格和接入的网络业务数据生成数字孪生体实例的过程。该过程本质上是通过接入现实世界中的物理网元信息，比如网元编码、网元名称、基础属性、运行数据等，与指定的数字孪生规格进行关联，将物理网元数字化的过程。在该过程中，需要解决基本的数据接入、数据转换、数据存储等问题。如图 14-19 所示为网络孪生体实例化示例。

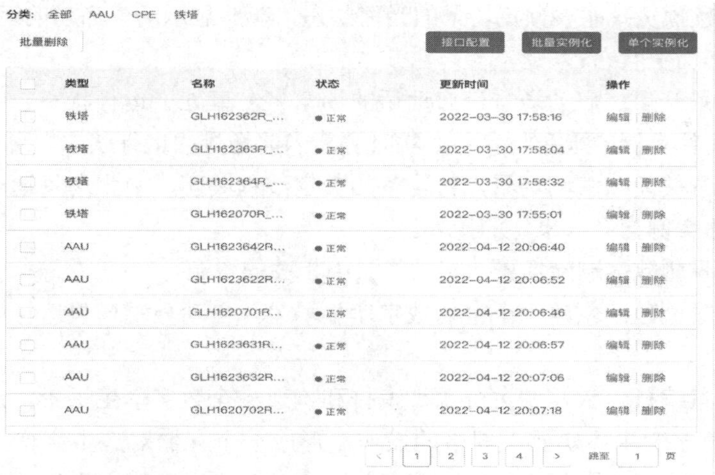

图 14-19　网络孪生体实例化

主要的功能包括：

（1）数据接入：提供接入其他业务系统数据的能力，能够支持通过调用服务接入其他系统的相关数据。

（2）业务数据属性获取：能够获取接入数据的属性列表信息，包括属性字段名称、属性字段类型等，并以列表的方式进行呈现。

（3）字段对应：能够将接入数据的字段与数字孪生体规格的字段进行对应。

（4）字段内容导入：根据字段对应的内容，将接入数据的对应字段信息生成数字孪生体实例对应的属性信息。

（5）字段校验：在导入过程中提供关于字段类型、字段长度的基本校验。

（6）实例存储：提供数字孪生实例后数据的存储能力，能够记录实例数据与源数据的映射关系。

14.3.6　网络数字孪生场景编排

数字孪生编排提供数字孪生场景的管理与对应的编排能力，针对数字孪生场景提供基本的场景查询、预览、启用、暂停、删除等操作，同时负责场景在运行过程中的状态监控以及日志管理。场景编排具备快速搭建、集成接入、业务编排等能力，包括页面创建、场景模板、模型载入、资源导入、图表组件编排、滤镜效果配置、交互配置、运行规则、数据服务接入等。如图 14-20 所示为网络数字孪生场景编排示例。

（1）场景查询：提供场景查询的功能，能根据多种维度查询检索场景。

（2）场景预览：能够预览场景的当前状态，能够显示场景当前的运行状态，也可以预览其历史状态。

（3）场景开启：启动场景，启动后的场景将一直处于运行状态之中，通过针对数字孪生体实例的指令与事件，实时更新当前场景的运行状态。

（4）场景关闭：关闭场景，将场景的数字线程关闭，中止场景运行数据的接入与孪生体实例指令与事件的接入。

（5）场景删除：删除场景，释放场景中相关的资源。

（6）场景创建：创建一个空的数字孪生场景，自动分配场景运行中所需要的相关资源。

（7）场景编排：依托相关资源，编排和构建一个数字孪生场景。通过载入场景模型、数字孪生体实例、规格的操作，形成一个存储对应数字孪生体实例的运行环境；通过数据节点或者业务节点的接入功能，把数字孪生体与对应现实实体的运行数据相结合，形成接入了现实数据的数字孪生体实例；通过规则的编排与选用，确定当前场景下的运行规则。通过上面几步，形成一个能够充分拟真现实运行环境又能依托一定规则进行运行的数字孪生场景。

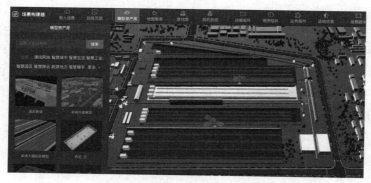

图 14-20　网络数字孪生场景编排

14.3.7　网络数字孪生智慧运维应用

5G 网络具有组网复杂、用户需求多样等特点，运维管理的挑战日益凸显，故障分析定位、根因追溯困难。现有的被动响应运维模式效率低、客户体验差，亟待引入智能的行业现场网络运维技术，对运维业务进行赋能，形成以客户和业务为核心的自动化和智能化运维能力，提升运维效率、改善客户网络体验。

近年来，得益于物联网、人工智能、大数据、云计算等新一代技术的发展，数字孪生得到越来越广泛的应用。将数字孪生技术引入网络中，构建网络数字孪生，基于数据驱动与功能模型实现对物理网络进行高效的分析、诊断、仿真，辅助进行无线网络的智慧运维，是网络运维发展的必然趋势。因此，借助人工智能、AI 算法、专家经验、大数据分析等技术，数字孪生网络（DTN）将成为未来网络智慧运维的新方向，成为实现网络智能化运维的重要手段。

（1）网络故障主动发现以及隐患故障预测：将物理网络由"黑盒"变成"白盒"，帮助用户更清晰地感知网络状态，直观发现网络故障。同时结合智能挖掘算法，挖掘网络的隐性故障，通过形象化的方式展示推送给运维人员防范风险，进行提前的干预化解问题，提高用户满意度。

（2）根因定位：基于专家经验形成的规则库和 AI 算法对现场网络中故障场景进行精确匹配，并自动识别故障根因，给出最合理的修复建议。

（3）网络智能优化：通过网络配置在孪生网络层内进行调整与优化，同时可实现数字孪生网络对物理网络的实时控制、反馈与优化，最终实现网络自学习、自验证、自演进的实时闭环控制。

（4）网络仿真：借助数字孪生网络对网络优化方案高效仿真，充分验证后部署至实体网络，降低现网部署的试错风险和成本，提高方案部署的效率，同时可实现低成本、高效率的网络创新技术研究。

14.4　网络数字孪生应用场景实例

本节主要介绍数字孪生网络独特的优势在重保场景、垂直行业、自智网络、核心网场景中的应用。

14.4.1　运营商重保场景网络数字孪生应用

无线通信基于其构建成本廉价、建设工程周期短、适应性和扩展性好、设备易维护等特性，为用户在日常生活中的使用带来了广泛的便利性。当前包括但不限于智慧景区、智慧园区、智慧社区、智慧楼宇、智慧场馆等基本都是运用无线通信技术用于场景下的日常运作。

特定的无线网络应用场景往往对性能、覆盖范围等有不同要求，现场组网方式也有显著差异，既要满足用户对网络能力的要求，又要降低场景相关负责人的管理难度。需要一种具备极致透视能力的网络管理办法，实现对特定场景下无线网络的精细化管理。基于数字孪生技术的无线网络的实时重保应用，首先应对重保区域定义地理化围栏，依据网络孪生体（包括 AAU、CU、DU 等）实例，自动化构建复现重保区域的无线网络情况，运用数字线程技术驱动孪生体实例运行，可模拟网络的运行状态及验证网络的性能，也可同步监测物理网络的运行情况。运用可视化技术将网络节点和链路以点和线的形式构成图形进行呈现，直观地反映网络运行状况，基于孪生体与网元实体交互特性，依据场景的演化趋势，网元实体也可以接收孪生体的指令做相应配置调整，同时基于网元实体的运行状态，孪生体进行可视化呈现的需求说明，本需求基于 GIS 能力，以地理空间数据为基础，实现资源数据体提前预测网络的运行趋势，辅助人们对网络进行评估和分析。让用户更好地参与对网络数据和模型的理解和分析，帮助用户探索数据、提高视觉认知。提升网络全息化呈现水平，如各种网元、拓扑信息、网络业务负荷、网络质量、详细告警等的实时状态、演化方向等信息等。如图 14-21 所示为网络重保场景业务监测案例。

图 14-21　重保场景业务监测

14.4.2　垂直行业网络数字孪生专网监控

行业现场场景普遍存在网络异构、定制化现象，企业用户除了对现场网提出一网收编、数据不出场等需求，对复杂的网络系统运维也提出了更高需求，传统运营商网管和代维团队无法满足行业网络的运维和管理需求。行业现场网络需要考虑多样化的无线接入技术，以满足工业现场多网并存的行业网络的运维 和管理需求。

行业现场网数字孪生平台基于数字孪生的网络服务，定义支持自优化能力的完整流程，包括无线连接、工厂网络以及 5G 网络之间的交互，提供面向工业现场网络的信息建模、标识解析、基于模型驱动智能化网络运维，实现网络可视、可管、可控，降低驻场运维成本；实现工业制造产线的远程、集中控制，同时将产线设备的运行数据、生产数据进行有效备份，形成产线设备数据闭环，逐步优化控制策略，提升生产效率、助力企业对生产活动进行调度和管理，助力企业向"智慧企业"转型升级。如图 14-22 所示为某钢铁厂数字孪生场景。

图 14-22　某钢铁厂数字孪生场景

14.4.3　无线自智网络数字孪生场景应用

将数字孪生理念应用于网络自智中，搭建与物理网络设备一致、拓扑一致、数据一致的数字孪生网络平台，在网络状态实时监测、故障定位、故障优化、优化仿真、效果验证等网络自智场景中发挥重要作用。同时，通过物理网络和孪生网络精准映射、实时交互和闭环优化，助力网络运维优化实现低成本试错、智能化决策和高效率创新，进而助力极简网络、智慧运维和极致服务。如图 14-23 所示为数字孪生与自智网络应用架构图。

图 14-23　数字孪生与自智网络应用架构图

14.4.4 核心网网络数字孪生场景应用

众所周知，数字孪生技术最早用于航空航天飞行器的健康维护与保障，然后经过逐渐完善并成为普遍适应的理论技术体系，它可以应用于众多领域，在工程建设、产品制造、智慧城市、智慧工厂、水利电力等领域应用较多。

仔细分析可以发现，这些数字孪生应用相对成熟的领域，即它们都有一个共同的特点，那就是数字孪生建模的对象均是看得见摸得着的物理实体。实现过程大体一致，先将物理实体进行数字化建模，然后使用多种技术手段采集物理实体的数据，并在虚拟空间进行数据同步，最后基于数字化模型进行各种仿真、分析和控制。因此，这些领域数字孪生技术应用的效果，关键在于数字化，孪生体拟真度越高，价值贡献度也越高。

1. 核心网网络数字孪生的目标

相比于上述领域，通信网络有其特殊性，核心网的网络实体已经是纯数字化产品，这就意味着，网络实体是可以无限复制的。如果把物理实体的产品副本作为一个仿真模型对待，那可以算得上1：1无差别完美仿真，但用行业术语描述，其实际被称为镜像环境或者镜像网络。传统的运维方式中，镜像环境通常被搭建用于现网的网络功能验证、压力测试、故障复现分析等多种用途。

核心网的数字孪生，构建的是整个物理网络的孪生网络，如果通过镜像网络实体来实现，从以下几个角度考虑，不具备可行性。首先，运营商网络往往涉及众多网元，需要消耗大量的物理资源，1：1复制意味着要付出高昂的成本，同时部署难度也很大；其次，数字孪生网络需要具备快速预测能力，这样才能提供有时效的决策参考数据，并应用于物理网络，协助完成网络优化，这个是镜像环境无法实现的。

所以，镜像环境、镜像网络并不能称为数字孪生网络，或者说，只能归属于孪生网络众多应用场景中的一个特例。

综上所述，网络数字孪生的目标和重点，不是如何实现对物理网元功能的高拟真度仿真，即不是通过另一种方式去还原物理网元的功能原貌，而是从实际应用场景出发，打造能够充分反映物理网络的信息、能够灵活编排仿真任务、资源消耗少、运行速度快、具备预测功能、仿真度满足应用需求的数字孪生网络，使其成为能够有效辅助物理网络健康运行的影子网络。因此，核心网网络数字孪生需要具备以下几个核心功能：

- 网络拓扑透视及全息可视：全息化呈现核心网网络状态，实现虚实映射交互，将核心网的各种网元、拓扑信息进行动态可视化呈现。

- 局数据的功能仿真：网络规划、网络割接、业务变更，均会涉及局数据的设计或者修改，属于物理网络日常维护的重要操作，但运营商网络网元众多。通过孪生网络，实现局数据的仿真验证，能有效提高网络操作的安全性，降低网络风险，同时减轻相关人员的压力。

● 网络性能仿真预测：网络的基本功能具备幂等性特征，因此网络的功能验证，在对应镜像环境上进行测试是合理的。而网络的实时性能数据，却无法像基本功能那样通过镜像环境快速获得。因为在物理网络中，用户个体的行为是不可预知的，全体用户的行为叠加在一起，又构成更复杂的网络现状。利用孪生网络的数据同步机制获取实时数据，结合通过AI和大数据技术构建的网元性能模型，快速对网元进行仿真预测，能够及时为网络规划和网络优化提供决策建议。

2．核心网网络数字孪生的基本要素

为了准确描述核心网网络数字孪生系统的实现思路，对如表 14-2 所示的基本要素进行了说明。

表 14-2　基本要素说明

基本要素	说明
物理实体	对应于物理网络中的网元/网络功能
物理空间	泛指物理网络及其相关的物理网元、物理资源、虚拟资源
孪生体	物理网元对应的数字孪生体，主要由对应的外观模型、功能模型、性能模型组合而成
外观模型	数字孪生网络中，网元对用户呈现的可视化外观，随网元实际运行状态变化而变化
功能模型	网元的确定性行为归纳为功能模型，即明确的输入直接确定了网元的行为输出结果，具备幂等性的特征
性能模型	相对于功能模型的幂等性特征，网元其他不具备幂等性的行为统一归类为性能模型。性能模型应用于无法准确界定和控制影响网元输出的所有因素的场景，主要通过AI技术，结合大数据，建立数据模型，通过持续的训练，来对网元的行为趋势进行预测
孪生空间	孪生空间是物理空间的虚拟映射，为孪生体的构建及孪生体之间的连接互动提供一个统一的空间平台，承载相关的可视化功能和仿真功能
仿真任务	实现孪生体及其模型的编排管理，基于测试目的和测试范围，将孪生网络中不必要的网元、网元中不必要的模型去掉，达到仿真过程轻量化的效果
仿真任务实例化	仿真任务的实例化就是将仿真任务涉及的孪生体各模型进行实例化，变成运行态的功能仿真单元，能够对输入数据进行仿真处理，输出仿真结果

3．核心网网络数字孪生的体系架构

核心网网络数字孪生系统被划分为四个层次，即物理层、数据层、模型层和功能层。物理层是构建数字孪生网络的基础和依据，是驱动数字孪生系统运行的数据来源；物理层之上是数据层，主要包含两类数据，连接孪生网络基本要素的关系型数据和从物理层采集来的用于虚实同步的数据；模型层是根据各种应用场景和需求开发构建的组件，是组成孪生体的基本单元，决定了孪生体的行为表现；最上层是功能层，提供可视化、局数据仿真、流量预测等具体功能，直接体现了数字孪生网络的价值。

另外，数字孪生系统还需要 EMS、大数据平台和 AI 平台的协同。

整个体系架构如图 14-24 所示。

4．核心网网络数字孪生的技术框架

由于核心网网络数字孪生的模型是开放性的，完全根据应用场景来决定模型功能实现的范围大小和仿真粒度，需要具备松耦合、独立、弹性、启动快速的特点，因此采用微服务架构是最合适的，具体技术框架如图 14-25 所示。

图 14-24　核心网数字孪生体系架构

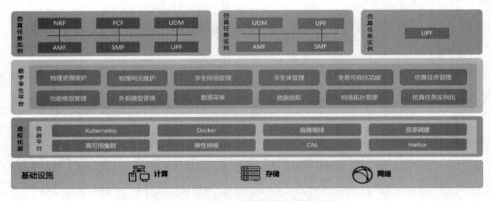

图 14-25　核心网数字孪生技术框架

5．核心网网络数字孪生的功能框架

如图 14-26 所示的功能框架图描述了核心网网络数字孪生系统的功能划分及关系。

物理设备维护和物理网元维护用于录入物理空间的相关实体，作为孪生体数据同步的来源，通过数据采集模块按照物理实体支持的方式采集，并存入数据库。

这些采集到的数据既可以作为全息可视化输出，也可以作为孪生体模型运行的输入条件，还可以作为性能模型的训练数据。

孪生网络包含一系列的孪生体，反过来，孪生体构成了孪生网络，孪生网络提供了物理网络的各种仿真操作。

通过仿真任务完成仿真场景的编排，按需选择合适的网元和模型后，通过

仿真任务实例化触发孪生体进入运行态，得到仿真结果。

孪生体由外观模型、若干功能模型和性能模型组成，孪生体进入运行态，意味着功能模型和性能模型被实例化。

网络拓扑是孪生网络全息可视化的骨架，根据采集到的配置数据生成，物理网络同步上来的实时数据叠加到网络拓扑进行呈现，最终实现物理网络的可视可管。

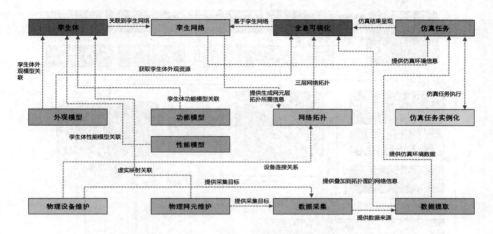

图 14-26　核心网数字孪生功能框架

6．核心网网络数字孪生的数据同步框架

数据同步框架由三大部分组成，分别是：数据采集、数据存储和数据提取。

为实现孪生网络的全息可视，本着应采尽采的原则，数据源包含了物理网络从下到上的所有元素，物理层—虚拟层—应用层，分别对应服务器、容器和网元。根据采集对象不同，分别设计了 FTP 采集器、Socket 采集器和 node-exporter。FTP 采集器用于通过网元北向接口采集网元性能和资源数据，而 Socket 采集器则采集网元告警数据。node-exporter 用于采集物理网络主机的运行数据。除此之外，集成 promethus 进行虚拟层的容器数据。

网元采集的数据通过 Kafka 进行收集，以提高数据采集的吞吐率，上层采用 flink 作为消费者读取数据存入 OpenTSDB 时间序列数据库。其他容器数据、服务器数据直接由 promethus 存入 OpenTSDB。告警数据为了便于检索，统一由 ElasticSearch 进行管理。

持久化后的采集数据，通过数据提取模块由统一开发的 API 接口暴露给外部应用模块。核心网数字孪生数据同步框架如图 14-27 所示。

7．核心网网络数字孪生的模型实现

为了达成孪生网络仿真任务可灵活编排、孪生体资源消耗少、运行速度快的目标，组成孪生体的模型，需要遵循如下原则：

- 模型支持以积木搭建的方式任意选择和聚合，易扩展，易升级。
- 模型结构高内聚低耦合，支持跨语言跨平台，以容器为单位进行实例化。
- 模型按系统统一要求提供功能API列表。

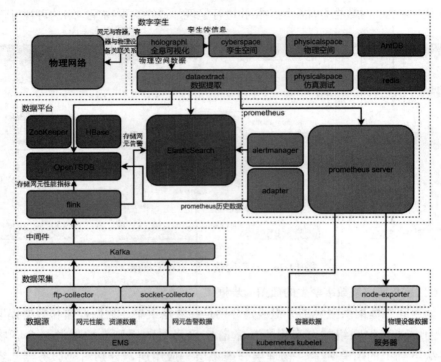

图14-27　核心网数字孪生数据同步框架

- 模型的拟真度要求取决于应用场景。

模型在孪生网络的位置及运行，如图14-28所示。

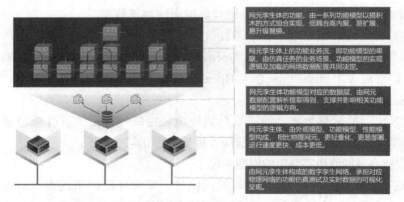

图14-28　核心网数字孪生模型在孪生网络的位置

8. 核心网网络数字孪生的落地场景

（1）通过数字孪生网络进行切片 DNN 开通模拟。

切片开通 DNN 时，会给相关网元下发配置，最终确定服务于 DNN 的 SMF 和 UPF 等网元。为了确保配置数据的正确性，通过网络数字孪生系统进行仿真验证。首先使用数字孪生网络构建 SMF 和 UPF 的孪生体模型，然后按需编排仿真场景，最后下发数据配置影响数字孪生体的对外行为，进而通过业务仿真结果来验证整个 DNN 开通过程的正确性，具体过程如图 14-29 所示。

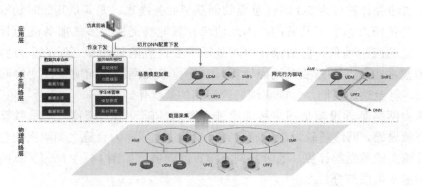

图 14-29 核心网数字孪生 DNN 开通仿真

（2）AMF POOL 负荷分担仿真。

物理网络中多个 AMF 组成 POOL 池，AMF 之间分担业务负荷。由于物理网络中业务类型比较复杂，通过人工无法及时准确地计算和预测部分 AMF 异常造成的可能后果。基于网络数字孪生系统，使用通过 AI 和 AMF 历史数据训练的 AMF 负荷模型，对 AMF POOL 的运行环境进行模拟。在网络负荷高位运行时，及时推演预测，提前暴露网元存在的可能风险，并采取相应预防措施，具体过程如图 14-30 所示。

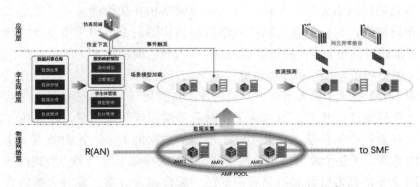

图 14-30 核心网数字孪生 AMF POOL 负荷分担仿真

14.4.5　算力网络数字孪生应用

算力网络是新一代云网融合技术，是云网融合发展演进的必然结果，也是数字经济发展的必然选择。通信运营商近年来的云网融合实践以云网业务的联合快速开通为主要抓手，以 SDN/NFV 技术实现为主要特征，实现了网络控制系统与自身云管理系统和外部主要公有云业务系统的互联互通，从而使云网业务的同开同调成为可能。

随着边缘计算成为 5G 时代重要的创新型业务模式，尤其是其低时延特性，被认为是传统方案所不具备的，因此边缘计算能够提供更多的服务能力且具有更为广泛的应用场景。但边缘计算与处于中心位置的云计算之间的算力协同成为新的技术难题，即需要在边缘计算、云计算以及网络之间实现云网协同、云边协同，甚至边边协同，才能实现资源利用的最优化。

算力网络基础设施是网络基础设施和算力基础设施的统称，是承载算网业务的资源设施。网络基础设施用连接算力设施，完成算力设施之间数据的传输；算力设施完成数据的计算，二者共同支撑算网业务。如图 14-31 描述了算网基础设施的基本组成部分。

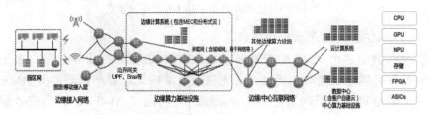

图 14-31　算力网络数字孪生基础设施

算力网络基础设施节点类型多样、规模大、拓扑关系复杂，是一个具有时空地理分布特征、分级分层的图结构关系图。基于算网的整体架构，算网孪生可视化需要通过网络分层、架构分级来实现网络拓扑规模的减小。采用三维立体分层布局算法，构建层级清晰的网络分层结构图。避免因网络节点规模大，导致可视加载时间过长、性能较低等问题。引入新的前端技术实现线流动、高亮，避免交叉抛物线等，极致可视展现算力网络的开通情况。

如图 14-32 描述了算力节点内不同层次的仿真显示，既包含了算力节点诸如 CPU、内存等物理层状态，也包含了算网业务层应用状态信息，还显示了中间虚拟机、容器等中间件状态，并实现了不同的层次的关联。算力节点孪生体直观而全面地展示了整个算力节点的运营状态，极大降低了算力节点管理的难度。

算网业务是算力资源和网络资源的统一编排调度方案。算网大脑将客户需求转化成统一的可量化的算力和网络需求，包括性能属性和资源属性。算网大

脑利用 AI 智能算法模型计算出算网基础设施中可以承担此业务需求的算网节点
和可用算网路径的方案。在可选的算网方案中，算网大脑基于算网业务孪生模型，
结合业务资源和性能属性数据进行仿真预测，评估算网业务方案的优劣，最终
确定最优的算网编排方案。

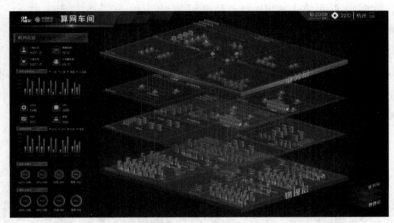

图 14-32　算力网络数字孪生算力节点分层孪生展示

如图 14-33 描述了算网编排方案的仿真，显示了不同的算网编排方案的性能
结果，完整展示了算网资源运行态和资源调度情况。通过结合空间计算与行政
区划图形找到中心点，实现算网地图上物理设备或逻辑设备在地图上的布局呈
现。结合 AI 算法提供编排调度方案的性能评估，算网业务孪生能够直观地显示
不同方案的性能指标和路径信息，在不同业务策略，比如最低费用、最优性能、
省内优先等中，同一编排调度方案最终评估结果也不尽相同。

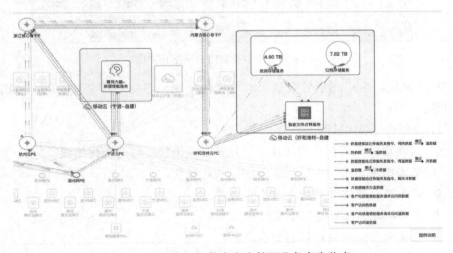

图 14-33　算力网络数字孪生算网业务孪生仿真

14.4.6 数通网络数字孪生场景应用

数通网络即 IP 网络，主要是基于 TCP/IP 技术的网络；"路由 + 交换机"是网络的基本组成设备。

小型数据中心网络 IDC 作为一种数通网络，结合了数字孪生技术，实现了网络数字孪生应用场景。

利用数字孪生技术，以小型数据中心网络为数字孪生的对象网络，创建小型数据中心网络（如图 14-34 所示）的孪生镜像，实现物理网络和虚拟网络之间的实时交互映射，进而基于数据和模型对物理网络进行高效的分析、诊断、仿真和控制。

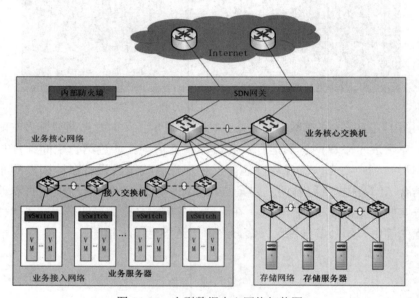

图 14-34 小型数据中心网络拓扑图

具体来说，应用场景包含高保真可视化呈现、虚实实时交互映射、双闭环控制等。

1. 高保真可视化呈现

（1）物理网元、拓扑的建模，以及基于数据的动态可视化呈现。

（2）多维度、多层级、细粒度的可视化呈现。

● 设备级、链路级的流量状态和趋势。

● 各层级逻辑拓扑、VPN 隧道的展示。

● 重要网络协议运行状态的展示。

● 业务、flow 级的状态，flow、数据包级的转发路径等。

（3）可视化呈现功能模型驱动下，网络模拟、仿真和优化的过程。

（4）支持一定程度的可视化交互，便于用户在网络孪生体上进行网络演练及控制。

2. 虚实实时交互映射

（1）利用设备所支持的各种接口完成所有所需数据的采集，需要构建数据仓库完成数据的存储、加载、查询及服务接口。

（2）物理网络的变化能够通过数据实时反馈到网络孪生体中。

（3）数据模型的实例能够基于历史数据和实时数据完成网络的分析、预测、仿真和优化，形成的策略能够通过控制接口准确下发到物理网元。

（4）虚实交互（包含采集和控制）的接口支持快速信息交互；可选地，可支持多类接口选项（10s 级、秒级、近实时及实时接口）。

3. 双闭环控制

（1）选定特定场景（例如，通过流量智能调度实现网络负载均衡，创新技术验证，网络容量规划等），基于数字孪生系统，实现对用户意图的双闭环控制。

（2）内闭环模拟仿真：根据应用需求，通过模型上实时模拟仿真和多轮优化，形成可信的优化策略，然后通过控制接口将配置变更下发到物理网络。

（3）外闭环验证：优化策略应用后，物理网络实时反馈状态至孪生网络，如果存在故障或意图偏差，则通过孪生层内的模型进行智能分析，对意图进行修复和校正；然后将配合变更下发到物理网络。

小型数据中心网络的数字孪生方案的功能架构图如图 14-35 所示。

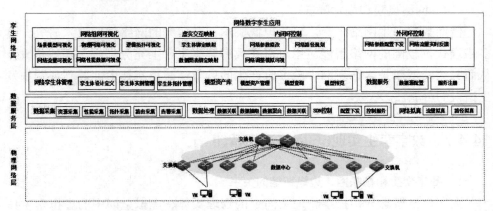

图 14-35　小型数据中心网络的数字孪生方案

在四个方面将体现数字孪生技术在数通网络应用的核心价值，具体如下：

（1）拓扑透视和流量全息。

基于交互式的网络可视化技术，数字孪生网络可大大提升网络全息化呈现水平。不仅网络中各种网元、拓扑信息能够动态可视化呈现，网络全生命周期的动态变化过程、实时状态、演化方向等信息也能够随数字孪生网络的模型以全息化的方式呈现给用户。全息化呈现网络虚实交互映射，将帮助用户更清晰地感知网络状态、更高效地挖掘网络有价值信息，以更友好的沉浸交互界面探索网络创新应用，将物理网络由"黑盒"变成"白盒"。

（2）从设备到组网的全生命周期管理。

网络设备的生命周期包括"设计、开发、测试、试产及发布"，主要由设备供应商管理；网络的生命周期包括"规划、建设、维护及优化"，主要由网络运营商管理。因网络和设备的责任主体不同，因此生命周期管理并没有很好融合，不利于网络故障回溯、故障预测、网络优化设计等。数字孪生网络不仅包括网络功能模型，也包括网元模型，通过对网元模型的特征分析可预测设备在网络中的运行状态。当网络运维中出现故障，不仅能回溯到网络的"过去"，也能通过网元模型回溯到网络设备的"过去"，从而实现网络和设备的生命周期关联分析。通过数字孪生网络将网络和设备的生命周期紧密结合，可实现网络和设备的全流程精细化管理。

（3）网络实时闭环控制。

基于数字孪生网络具备的仿真、分析和预测功能，生成相应的网络配置，实现网络实时闭环控制。网络配置既可在孪生网络层内进行"内闭环"调整与优化，又可实现数字孪生网络三层"外闭环"实时控制、反馈与优化。通过"内闭环"与"外闭环"，最终实现网络的自学习、自验证、自演进的实时闭环控制。

（4）网络风险和成本降低。

借助数字孪生网络平台，可实现低成本、高效率的网络创新技术研究。更多错误代价较高的网络智能应用可以在数字孪生平台上充分训练、高效仿真，从而大大降低新技术在现网中验证时产生的风险，减小新技术部署到现网中发生错误的可能性。

14.4.7　数字孪生实现6G网络边缘智能

1．数字孪生和物联网、边缘智能的关系

数字孪生概念分别描绘物理空间中的物理实体、虚拟空间中的虚拟孪生体以及物理实体和虚拟孪生体之间的关系。物理空间中真实的物理实体很多时候需要通过物联网体系，来连接物联网设备和传感器，以收集构建数字孪生所需的各种数据。因此，物联网需要作为数字孪生的基础底座之一，不仅使得数字孪生变得更加多样化和复杂化，而且让数字孪生中的虚拟孪生体真正"动"起来，

从而使得虚拟孪生体能够精准、精确、实时反映物理实体的状态。

2．边缘智能在边缘计算中的定位

随着硬件和网络基础设施的不断完善，边缘计算的设备性能不断增强，智能算法和智能应用在边缘侧部署也迎来了新的契机。边缘智能、AI 的"最后一公里"，如何赋能数字孪生场景的智能化？如何找到最佳平衡点？引发行业内更多的思考。

3．边缘智能的使用场景

随着各行各业数字化转型步伐的加快，物联网、边缘计算的场景也越来越丰富，边缘智能的重要性则日益凸显。在很多细分领域，AI 算法从云端运行下沉到边缘节点，诞生出越来越多的标志化场景，为数字化、智能化提供了丰富的需求供给。

在智慧交通方向，通过边缘智能的特征识别、图像检索、图像处理等算法能力，能够高效识别车型信息、核载质量、轴型类别等方面的差异，及时准确地发现交通违法违规行为。确保交通安全，提高通行效率。除此以外，边缘智能还能够为智慧交通的各个方向提供创新技术支持，比如车辆监管、高速公路收费、安全隐患排查等，边缘智能将助力交通领域的这些场景实现更智能、更实时、更高效的目标和效果。

在智慧园区方向，利用新一代信息与通信技术来感知、监测、分析、控制、整合园区各个关键环节的资源，在此基础上实现对各种需求做出智能、实时的响应。智慧园区以信息技术为手段、智慧应用为支撑、边缘智能为驱动，实现内外资源的全面整合，做到基础设施网络化、建设管理精细化、服务功能专业化和产业发展智能化，使管理服务等更高效便捷。主要涉及场景包括园区内能耗监测、环保监控、安防管理等。

在智慧零售方向，通过构建基于云—边—端三层架构的方案体系，实现零售行业的智能运营。在端侧，接入边缘设备，采集基础数据，作为 AI 能力的原料；在边缘侧，通过内置 AI 算法对采集的数据进行本地化的分析、处理，完成清洗和过滤；在云端，结合大数据技术，提供能够满足业务需求的统计、分析、预测等能力。整体来看，此方案充分利用边缘智能、云计算的优势能力，对新零售行业提供全方位的技术支持。不仅可提高数据分析的实时性，减少带宽消耗，同时也有效打消了客户对于数据隐私的疑虑，提升了安全可靠性。

不仅如此，数字孪生结合边缘智能的特性，融合 5G、物联网、云计算、大数据等技术，借助 VR/AR、高清视频、无人机、机器人等共性能力，能广泛赋能智慧政务、智能制造、智慧农业、智慧医疗、智慧景区、智慧校园等各个领域，使得边缘智能的各类使用场景附着在数字孪生的载体之上，呈现出更加直观、实时的可视化体验。

4．边缘智能结合数字孪生场景落地的步骤

边缘智能结合数字孪生场景的落地整体可以分为几个阶段：寻找痛点、收集信息、智能计算、虚实互通。

- 寻找边缘智能的切入点。以智慧能源领域综合能源场景为例。综合能源为用户提供电、冷、热等多元化能源供应，以及多样化的增值服务。除了基本的能耗管控和能源管理，还需要用能优化、能效诊断、能源安全保障等服务，而这些都需要智能化方案。

- 边缘侧接入和集成物联网感知设备。通过物联网技术接入储能、光伏、制冷、供暖等各种能源设备，采集用能储能信息，并通过数字孪生技术为用户提供实时性高、多维度、全方位的数字化监控。

- 建立计算、决策、分析的边缘智能体系。以边缘智能为基础，进行能效分析和节能诊断，决策能源合理生产、调度和用能。包含优化用户用能方案，诊断峰谷用电差价，以及提升综合能源园区安防技防水平。除此之外，视频监控数据实现本地边缘端分析和处理，做到实时响应。能耗数据在边缘节点进行逻辑运算，做到实时决策。

- 建立物理实体和虚拟实体的互通。在虚实之间建立一套数字模型和仿真模拟机制，结合边缘智能的计算、决策和预测能力，为数字孪生提供更加准确、可靠、可信的孪生模型。

- 简言之，在面临大量数据需要进行运算、处理时，靠近数据源头，提供智能分析和决策能力至关重要。能够为数字孪生的场景提供有价值的智能分析，做到快速决策。

5．边缘智能结合数字孪生的优势和价值

边缘智能为数字孪生场景提供高效、实时、安全的全智能化技术支持，完美地继承了边缘计算的大多数优势。

- 高实时性。在数字孪生的各类应用场景下，对于实时性的要求极高。传统模式下，应用需要将数据传送到服务端或者云计算中心进行智能分析、计算，再将数据处理结果请求返回，大量数据在网络上传输增加了系统延迟。以车联网自动驾驶为例，高速行驶的汽车需要毫秒级的反应时间，一旦由于网络问题加大系统延迟，将会造成严重后果。总之，在数据生产者近端做智能处理，没有网络传输，没有云服务响应，极大减少了延迟，增强了响应能力，保障数字孪生可视化的实时性。

- 突破带宽瓶颈。在万物互联的背景下，海量设备接入物联网平台，实时产生了大量的设备数据。将全部数据传输至云端计算会对网络带宽造成巨大压力。因此，构建边缘智能体系，能就地取材，使用边缘侧数据进

行智能分析和计算，避免网络传输，突破带宽瓶颈。总之，在网络边缘处理大量数据，不用全部上传云端，减轻网络带宽压力，保障数字孪生的虚拟空间和真实物理空间信息交换稳定性。

● 数据本地化安全。大量的物联网设备会产生海量的结构化和非结构化数据，诸如智慧家居中的安防智能网络摄像头产生的视频数据、智慧交通中行车记录仪产生的行车轨迹数据。在边缘侧进行分析和处理，就会减少用户隐私信息泄露的风险。基于此，面向边缘设备所产生海量数据智能分析的边缘智能模型应运而生，它隶属于边缘计算的子类，是在网络边缘执行智能分析的一种新型计算模型。能够有效解决数据本地化安全问题。总之，边缘智能使用的数据存储在边缘侧，不再上传，减少数据泄露风险，极大提高了在数据孪生场景下的安全性。

14.5　网络数字孪生的业务价值

数字孪生助力自动驾驶技术。为了满足 5G 及未来网络变化与用户成倍增长带来的运维管理新挑战，利用数字化手段建立物理实体的数字化镜像，通过虚拟实体与物理实体的实时映射，构建虚实交互、全流程智能优化的系统；数字孪生的模块化建模可按需灵活调用，极大提高数字化资源的拓展性；同时，多维度、跨系统、跨对象的数据集成可有效支撑网络智能运维、自治、自优化的实现，是实现自动驾驶网络的重要支撑，将在自动驾驶技术演进中发挥重要作用。

通过多种采集方式将物理网络层的各种数据，如物理 CM 数据、PM 数据、资源数据、DPI、告警、MR、状态等进行采集，为网络孪生体建模以及为网络孪生体赋能提供基础的数据支撑，同时借助人工智能、AI 算法、专家经验、大数据分析等技术实现对物理网络进行全生命周期的分析、诊断、仿真和控制，构建通信网络网元模拟运行环境，有效支撑新业务开通测试、网络模拟验证、业务发展预测等能力，降低现网部署、维护、优化的试错风险和成本，提高方案执行效率，增强现有网络的仿真、分析和预测能力结合网络智能化技术，逐步实现网络自治、自动化、自主化，助力自动驾驶技术。

后 记

数字孪生使用信息技术来绘制与现实世界实体高度逼真的数字孪生模型，或称为数字孪生体。换句话说，数字孪生是通过建立数字化的物理对象模型实现数据和信息交互，联系和反馈的技术、物理对象与数字模型之间的关系等。

数字孪生产业链具有很长的联系，包括数据收集、模型构建、模拟分析、人机交互和行业应用程序。目前，它显示出明显的碎片。每个行业环节都有相应的公司提供服务，每家公司规模相对有限。它们可以从顶层设计中提供全套解决方案咨询能力，并能够整合产业链上下游以提供完整的技术交付功能。供应商将具有更强的竞争力。

数字孪生在发展过程中必将遇到无数挑战。例如，数字孪生与其他技术的协同发展问题，数据如何获取、收集、高速传输、快速计算和处理以及实现实时通信等。这些过程还将涉及硬件和软件的问题。在许多方面，而不仅仅是数字孪生领域中的问题。例如，当模型数量和数据量超出现实负担时，如何轻量化数字孪生模型的问题也值得考虑。

数字孪生技术仍然具有可追溯性，在数字系统中，所有设备、操作和动作都会记录并可以追踪。发生瓦斯事故后，这些记录可以帮助网站分析有形的因素，使责任制度更加透明科学化，解决了双系统的复杂管理问题，例如因未知的责任而导致的问题。

数字孪生技术具有可推演性。数字孪生技术是可以推动的，如在燃气管网的传统运维系统中，通常只有阀门实际上松动漏气时才能发现问题。但是，数字孪生系统可以通过监测和收集燃气管道的气体压力、流速和其他数据来推演阀门松动时间，提前派遣维修人员干预以降低事故发生率。这种三维可视化监控系统对于提高整个城市的安全性具有突破性意义。

数字孪生技术使电影中的许多科幻场景成为现实。例如，数字孪生技术可以实时监控救护车，调整救护车遇到的路况，为救护车一路亮绿灯，使救护车快速通过，并在大量交通中实现奇迹般的畅通无阻。这不仅是智能医疗，而且还是智慧交通。数字孪生技术可以在城市生活的无数末梢神经中应用。

　　数字孪生技术可以根据人类出生到成长过程中的所有数据以及父母的遗传病史等信息建立数字虚拟模型。这个数字模型相当于人体的数字双胞胎，它可以帮助判断和推演身体未来的健康状况并提前干预。数字孪生人具有与人类共生的特征，即数字孪生中的数字模型。它应该反映出实际人的全生命周期并同时更新人体的变化。

　　数字孪生人技术的目的不是在虚拟世界中制造"新人类"，而是使用数字孪生技术为人类提供辅助。例如，辅助用户进行健康检查，协助医生进行个性化的手术前演练以及帮助运动员分析如何使动作训练更加完美。3 月 20 日，牛津大学发表了一篇关于数字孪生心脏病学理疗的论文。该论文表明，通过监测和记录心脏数据并建立心脏的数据模型，在进行心脏手术之前应提前对数字孪生的心脏进行预演，以制订操作计划，可以提高手术的安全性、准确性和成功率。

　　写在最后。数字孪生是人们的一个美好的愿景，也是我们致力于通过技术创新，实现对社会服务、城市治理、经济提升的举措之一，其本质仍然离不开"数字化、自动化、智能化"等关键性设计。在本书中，我们尝试提纲挈领、抽丝剥茧、建立核心逻辑、寻找最优路径，系统化为读者呈现我们的若干思考和方法实践，希望为行业数字化转型探索出一条新的路径。